全国高等职业教育示范专业规划教材
（机械设计与制造专业）

机械创新设计

主编　徐起贺

参编　王高平　赵晓运
丛晓霞　李玉东

主审　秦东晨

机械工业出版社

为了培养面向21世纪的高职高专应用型创新人才，本书系统地介绍了机械创新设计的基本知识和方法，力求理论联系实际，提高读者创新设计能力。

本书主要内容有：机械创新设计绪论；常用创新设计的基本思维；常用创新设计的基本原理；常用创新设计的基本技法；机构构型方案的创新设计；机械运动方案的创新设计；机械结构方案的创新设计；机械产品的反求设计与创新；基于TRIZ理论的创新设计；机械产品创新设计实例分析。本书以机械创新设计为主线，密切结合工程实际，通过大量的机械创新设计实例分析，将设计过程和创新思维有机结合，突出体现创新特征，通过对学生创新能力和工程应用能力的培养，提高学生创新意识和解决实际问题的能力，体现高职高专应用教育的特点。

本书可作为高职高专院校机电类各专业的教材，也可供有关教师、工程技术人员及科研人员参考。

图书在版编目（CIP）数据

机械创新设计/徐起贺主编．—北京：机械工业出版社，2009.5（2016.1重印）
全国高等职业教育示范专业规划教材．机械设计与制造专业
ISBN 978-7-111-26681-5

Ⅰ．机…　Ⅱ．徐…　Ⅲ．机械设计—高等学校：技术学校—教材
Ⅳ．TH122

中国版本图书馆CIP数据核字（2009）第043943号

机械工业出版社（北京市百万庄大街22号　邮政编码100037）
策划编辑：王海峰　责任编辑：王德艳
版式设计：张世琴　责任校对：申春香
封面设计：鞠　杨　责任印制：李　洋
北京瑞德印刷有限公司印刷（三河市胜利装订厂装订）
2016年1月第1版·第6次印刷
184mmx260mm·13印张·321千字
14001—15900册
标准书号：ISBN978-7-111-26681-5
定价：28.00元

凡购本书，如有缺页、倒页、脱页、由本社发行部调换

电话服务	网络服务
社服务中心：（010）88361066	教材网：http：//www.cmpedu.com
销售一部：（010）68326294	机工官网：http：//www.cmpbook.com
销售二部：（010）88379649	机工官博：http：//weibo.com/cmp1952
读者购书热线：（010）88379203	封面无防伪标均为盗版

前　言

当今世界，科学技术日新月异，以信息技术和生物技术为代表的高新技术产业迅猛发展，科技与经济的结合日益紧密，知识对人类社会经济和生活的影响日趋明显，人类社会已经步入了以知识的生产、分配和使用为基础的、以创造性的人力资源为依托的、以高科技产业为支柱的知识经济时代。知识经济的社会是创新的社会，创新是知识经济的灵魂，创新更是一个国家国民经济可持续发展的基石。没有创新就没有新兴技术，经济的发展也就成了无源之水，无本之木。

为了适应21世纪人才培养的要求，必须更新教育观念，探索教育改革之路，而教育改革的重点是加强学生素质教育和创新能力的培养。创新是科学技术和经济发展的原动力，当今世界各国之间在政治、经济、军事和科学技术方面的激烈竞争，归根到底是综合国力的竞争，实质上就是科技创新能力和人才的竞争，而人才竞争的本质是人才创造力的竞争。在培养具有创新能力的跨世纪的高素质人才上，高等教育具有义不容辞的重要责任。因此，在深化教育体制改革，全面推进素质教育的今天，极有必要在高等院校中开设机械创新设计课程，以便培养学生的创新意识，掌握创新设计的基本理论和方法。这也是体现理论与实践相结合，知识服务于经济建设的有效举措。

高职高专教育是以培养生产一线所需要的新技术应用型、适应型人才为目标，注重培养学生应用、适应、技术创新等方面的能力，更应关注企业的技术创新活动，这对正确定位高职高专教育的功能，规划高职高专教育的人才培养模式，更好地为企业服务是十分必要的。因此，通过对机械创新设计课程的学习，让学生充分了解专业技术的发展现状，尤其对技术应用创新的典型案例及创新思路、方法有较全面的了解和较为深入的理解，启发学生的创新意识、激发学生的创新欲望。同时，注重培养学生的独立思维能力、创新能力、合作能力、科技成果转化能力及分析解决问题的能力。

为了配合开设机械创新设计课程的需要，本书结合目前国内外技术创新领域的研究成果与发展方向，从创造学、设计方法学以及各种创新理论出发，介绍了创新思维、创新原理和创新技法以及机械产品设计中的机构设计、结构设计、方案设计、反求设计的各种创新原理与方法，此外，还对TRIZ发明问题解决理论作了简要介绍。本书在讲述过程中密切联系工程实际，引入大量创新实例，深入浅出，循序渐进，图文并茂，叙述力求简明、通俗易懂、有趣味性，突出体现创新思维特征，注重培养学生创新意识和能力，引导学生去观察、分析、思考，培养学生参与创新活动的兴趣，从而亲手从事创新设计实践。为学生将来在工作实践中能尽快适应科学技术高速发展的形势，打下了良好的基础。希望大家从机械科学发展史上众多的创新实例中，看到前人智慧的火花，用这些火花来点燃头脑中创造的欲望。如果学生在学完本书后，能发现并解决生产、生活中的一些问题，有所创意、创新、发现和发明，就会享受到从事创新活动所带来的快乐，作者将感到无限欣慰。

本书由徐起贺教授任主编并负责全书统稿工作，郑州大学秦东晨教授任主审。参加本书编写的人员有：河南工业大学王高平（第一章），河南理工大学李玉东（第三章第七节），河南科技学院丛晓霞（第六章第六节），河南机电高等专科学校赵晓运（第二章），本书其他部分章节由河南机电高等专科学校徐起贺编写。

由于编者水平有限，书中不足和疏漏之处在所难免，敬请广大师生及各位读者批评指正，以便再版时修改和补充。另外，由于实施创新教育是一项全新的课题，许多问题尚在探索之中，编者在编写过程中参考了许多论文、论著，有些地方引用了文中的部分成果和观点，参阅了目前已出版的有关的许多教材，在此特向原作者表示衷心的感谢。

编　者

目　录

第一章　机械创新设计绪论

第一节　创新设计与社会发展

一、创新是人类文明进步的原动力

创新是人类文明进步、技术进步、经济发展的原动力，是国民经济发展的基础。纵观人类的进步史和中华民族的发展史，不难发现，生机勃勃的发展时期总是充满了科学技术的创新，发展和进步总是伴随着创新而存在。哪一个国家和民族善于创新，就会发展和强大；反之，墨守成规，因循守旧，就会落后和失败，在世界上就会处于被动挨打的地位。创新在人类社会进步中，不仅对人类科学世界观的形成和发展产生了重大而深远的影响，而且使科学成为一种在历史上起推动作用的革命力量，极大地促进了人类文明发展的进程。在历史上，创新为建立近代科学体系奠定了知识基础；在现代，也正是创新使人类的视野得到前所未有的拓展。

中华民族五千年文明史的形成和持续发展，充分证明了中华民族是一个充满智慧、富于创新的民族。西方学者的统计表明，现代社会赖以建立的基本发明创造有一半以上来自中国。近代以来中国的落后，并不能说明中国人缺乏创新能力，只是这种创新能力在政治、经济、文化传统以及外来入侵等多种因素的作用下，被埋没于一个缺乏创新体系的社会之中，从而制约甚至扼杀了民族的创新能力，导致了国家和民族的落后。

近代以来，西方一些国家之所以迅速发展，就是由于他们通过文艺复兴等思想运动，使人们从封建专制中解放出来，观念发生了根本的转变，为人类智慧和才能的发展铺平了道路。在1953～1973年的20年间，世界总共500种重大技术发明和创新中，美国就占了一半。正因为如此，它在国际市场上总有最具竞争力的产业和商品，因此一个多世纪以来，它一直是经济实力最强的国家。仅以美国20世纪80年代以来发展具有高知识含量、高回报率的经济，向立足于制造业的日本经济挑战为例，在日本仍以数倍于美国的速度发展汽车、钢铁、家用电器等产业时，美国却以千倍于日本的速度发展具有高知识、大信息含量的计算机与软件产业，使这些产业成了美国经济增长的主要支柱。现在信息产业已占其国内总产值的十分之一，超过了汽车、建筑等重要传统产业的产值。仅比尔·盖茨任总裁的微软公司，就曾一度以每周4亿美元的幅度增加其资产，它的产值已超过美国三大汽车公司的总和。在知识经济方面的明显优势，成为美国对日取得经济胜利的重要原因。

新中国成立后，我国科技人员经过艰苦创业，取得了“两弹一星”、高速粒子同步加速器、万吨水压机等多项重大科技成果，特别是实行专利制度和知识产权保护法以来，每年的发明成果数以万计。这些成果凝聚着我国广大科技人员的心血和智慧，是极其宝贵的财富。正是这种永不满足的创新精神，给我们展现了一个五彩缤纷的“发明世界”，推动着人类社会的发展。中国的联想集团、方正集团等企业，其创造价值成倍、几十倍、几百倍地增长，充分显示出知识创新和技术创新在促进国民经济发展中的巨大作用。

在世界进入知识经济的时代，创新更是一个国家国民经济可持续发展的基石。世界各国综合国力竞争的核心，是知识创新、技术创新和高新技术产业化。对于一个国家而言，拥有持续创新能力和大量的高素质人力资源，就具备了发展知识经济的巨大潜力。缺乏科学储备和创新能力的国家，将失去知识经济带来的机遇。江泽民同志根据世界发展趋势的特点，指出“创新是一个民族进步的灵魂，是一个国家兴旺发达的不竭动力”，尤其强调科技创新，这确实是对时代脉搏的准确把握，是对近代以来世界历史发展，特别是对当前国际激烈竞争的科学概括。

二、创新是技术进步的主要途径

技术进步一般通过技术创新来实现。技术创新的综合体现出一流的技术产品，所以大到国家的工业进步，小到企业的产销兴衰，靠的是在国内外技术市场上占绝对优势的技术产品。随着科学技术的进步，技术产品更新的速度越来越快，技术市场将被更加新颖、功能更加齐全的技术产品所取代。技术创新包括三个基本方面：一是产品创新，即在技术变化基础上的产品商业化，既可以是全新技术的全新产品商业化，也可以是技术发现后的现有产品改进；二是过程创新，也叫工艺创新，是指商品生产技术上的重大变革，包括新工艺、新设备及新的经营管理和组织方法的创新；三是技术的扩散，是指技术通过市场或非市场渠道的传播，没有技术扩散，创新的技术就不可能产生最佳的经济效益。

实现技术进步一般通过获得新技术、新产品来实现，其途径概括起来有两条：技术引进和自主技术开发。

1. 技术引进

技术引进可以使企业在短时间内获得先进技术，是企业发展的有效途径，但实施和完成技术引进却是一件非常不易的事。技术引进方完成技术引进有三个重要环节：技术引进、技术积蓄和技术普及。技术引进环节较容易做到，但实现技术积蓄和技术普及则需付出极大的努力。我国在引进国外先进技术方面虽然取得不少成绩，但为数不少的技术引进仅仅做到了第一步，没能在引进的基础上消化、改进、发展和普及，经常发现有技术水平较高的进口设备被弃之不用，有的虽然在应用却没有发挥高水平设备的先进功能。

技术转让方在技术转让时，非常担心技术转让会带来“飞去来器效应”，即技术引进者通过自己的开发，发展了引进技术，反过来向技术拥有者出口更新的技术和产品，并成为技术转让者的竞争对手。基于这一点，技术转让者转让的技术往往是即将过时的技术，自己却在不断地研究开发更新的技术，以便确保技术领先的地位。技术引进者应当明白，任何一家企业都不会轻易地把自己辛辛苦苦研究开发出来的最新技术、最新产品拱手让人，况且有许多新技术靠技术引进是得不到的。以为引进技术就能使所有问题迎刃而解，是一种不切合实际的非常幼稚的想法。技术引进的原则是：重视技术引进，更重视技术的发展和推广，千万不能放松靠自己的双手、艰苦奋斗革新技术、开发新产品的努力。

2. 自主技术开发

形成自主技术开发能力的关键是建立起适合于技术市场竞争的科技体制和培养出能够不断提供创造性成果的人才群体。

人才领先是创造新技术、新产品的智力基础。事实已经充分表明，技术市场上的一切竞争都归结为人才的竞争，竞争越激烈，对创新能力的需求越迫切。只有具备人才济济的独到优势，才能不断创造出占绝对优势的创造性成果。

培养科技新人需要新理论、新技术、新方法的武装，提高在校大学生的机械创新能力，更需要新理论、新技术及新思想的充实。

第二节 创造与发明并不神秘

人类历史上有无数的发现、发明和创新，对人类的生产、生活产生了非常深远的影响，极大地推动了生产力的发展，促进了人们生活水平的不断提高。一谈到创造发明、发现，人们可能会认为是很神秘的事，以为创新发明是学者专家的专利品，一般人很难办到。实际上创造与发明并不神秘，通过加强创造性思维的训练，掌握必要的创造技巧，增强自信心，积极投身于创造活动的实践，不断提高自身创造力，你也能进行创造与发明。因此，创造力是每个正常人都具有的能力，不是个别天才人物所独有的神秘之物。

一、留心生活中身边的发明

只要留心观察，身边的小事也会激发创造的灵感，如鲁班根据野草上的小刺能划破手的启发而发明了锯子；瓦特在观察到水烧开后蒸汽能将壶盖顶起这一现象而发明了蒸汽机；人踏在香蕉皮上为什么会滑倒？一般无人思考和探索，而有心人注意到这个问题，通过研究香蕉皮的结构，发现它是由几百个薄层组成，因而层与层之间很容易产生滑动现象，由此想到如能找到与香蕉皮相似的物质，它会是很好的固体润滑剂。经反复研究，发现二硫化钼的结构是极薄的薄层集合体，其层数相当于香蕉皮层数的数万倍，因此，其易滑性也相当于香蕉皮的数万倍，所以二硫化钼很快成了一种性能优良的新型固体润滑剂，在生产实践中得到广泛的应用。

我们身边处处有发明，如日常生活中所见的带收音机和小灯的笔、一次性相机、手摇削水果机、自动晒衣架、折叠自行车等。大家都熟知拉链，拉链的发明据说开始时是为了代替鞋带，使穿鞋、脱鞋方便，后来又有人将拉链创造性地用于衣、裤、裙、帽、睡袋、笔盒、公文包、枕套、沙发垫、笔记本、钱包等方面；而外科医生将这项技术移植到皮肤拉链缝合上，这项新技术可使肌肉和表皮的愈合速度加快，且伤痕极小。一位名叫吉利的美国人，有一次因为要赶火车，起床急急忙忙刮胡子时不小心将脸刮伤了，他坐在火车上就想能不能设计出不会刮伤脸的安全剃须刀呢？此后，他常常为此事困扰。1895 年，有一天他到理发店理发时，无意中发现理发师正用梳子一边梳头，一边用剪刀剪梳子外的头发，他突然由此得到灵感，经过多次试制，发明了安全剃须刀。

二、创新需要勇气和毅力

从上述实例可以看出，大多数发明家在创新发明之前都是非常普通的人，很多创新发明往往是通过一次偶然事件触发灵感从而开启智慧之窗而获得的，但是创新发明也不是轻而易举的事。

1763 年，欧洲流行天花这种可怕的疾病，凡传染上天花病的人几乎必死无疑，但是英国15 岁的少年琴纳从一些医生中听到了“得牛痘者几乎不得天花”这样的说法，后来琴纳详细地研究这种说法是否正确；1796 年他试着为他 8 岁的儿子种植了牛痘，他的儿子开始稍有些发烧，但不久就恢复正常了，接着琴纳冒着失去儿子的危险，将天花病人的脓移植到儿子身上，事实证明他儿子没有得天花；经过30多年的努力，琴纳终于发现了牛痘免疫天花的方法，攻克了这个曾被认为是不治之症的顽疾。诺贝尔为了发明安全的烈性炸药，进行了近20年的实验，在实验中他的弟弟被炸死，父亲受重伤，但他并没有因此而被吓倒、退却，终于获得了成功。美国的杰克逊在发明了拉链后为了设计出生产拉链的机器，花费了19年的时间。发明家爱迪生为了找到实用的电灯灯丝材料，经历了无数次的实验，用到了6000多种植物纤维，试验了1600多种耐热材料，终于发明制造出碳化灯丝的白炽电灯，为慢慢长夜带来光明，他还对电灯和用电设施加以不断改进，产生了一系列新的发明，像电线插座、电表、保险丝、配电盘、电力机车等。法拉第虽然出身贫民家庭，连学校都没有进过，但他经过自学对科学研究产生了浓厚的兴趣，并在大科学家戴维的帮助下，来到研究所担任戴维德助手兼差役，在经过长达18年的大量实验、研究之后，终于发现了电磁感应现象。居里夫人在发现放射性元素之后，花了五个多月的时间，终于从1t沥青铀矿石中提炼出了0.1g镭。达尔文经过5年的环球考察之后，又用了20多年的研究才完成巨著《物种起源》，揭开了生物进化之谜。我国数学家陈景润废寝忘食，全身心地投入，经历十几个春秋，才摘取了哥德巴赫猜想这一数学皇冠上的明珠。

这些实例说明，任何一个创新发明都经过了人们长期地探索，不仅需要坚韧不拔的毅力和勇气，而且有些是以生命为代价换来的。如果没有冲破传统观念和不怕失败的勇气，没有不怕牺牲的冒险精神，就不可能达到光辉的彼岸。

第三节 创新人才的培养

教育部曾经组织进行的教学调查结果表明，我国高等院校的学生，在校期间虽然学了很多知识，但可用于创造性劳动的知识太少，一方面我们每年培养了近百万的大学生；另一方面，在年轻人中只出现为数很少的发明家。这种情况说明，我们的高等教育对发明创造能力的培养是非常薄弱的，因此，必须把学生创新能力的培养提到议事日程上来，努力培养并造就出大批具有创新精神和创新能力的复合型创新人才，只有这样，才能培养出适合我国社会主义市场经济建设和激烈的国际竞争所需要的高等技术应用性人才。创新人才的培养一般可以从培养创新意识、学习创新原理和创新技法、加强创新实践等方面进行。

一、培养创新意识

创新活动首先来自于强烈的创新意识，日常生活中的一些事物常给人启迪，引起人们的联想和想象，因此，对日常生活的关注和思索，常常可以触发创新灵感。

多年前，一家酒店的电梯不够用，打算增加一部，于是请来了建筑师和工程师研究增设新电梯的方案。专家们一致认为，最好的办法是每层楼打一个大洞，直接安装电梯。当几位专家进一步商谈工程计划时，一位正在扫地的清洁工听到了他们的谈话，清洁工对他们说：“每层楼都打个大洞，会尘土飞扬，杂乱不堪的”，工程师说“那是难免的”，清洁工又说“施工期间最好将酒店关闭一段时间”，工程师说：“那可不行，那会影响酒店收益”。清洁工最后不经意的说到：“我要是你们，就会把电梯装在楼外”。专家们听到这句话，对视良久，他们不约而同地为清洁工这一想法击掌叫绝。于是，便有了近代建筑史上的伟大变革

——把电梯装在楼外，既美观又可在电梯内观赏景色。在一次闲谈中，有人提到洗衣机洗衣服时，衣服上总是沾满线头绒毛，一位老太太听在耳里，记在心里，发明了三角形的吸毛器。

又如，很多人都知道，当灶里的煤火燃烧不旺时，只需拿根铁棍拨弄一下，火苗就会从拨开的洞眼中窜出，火一下子就会旺起来。而山东有位叫王月山的炊事员就想到了做煤球煤饼时，主动在上面均匀地戳几个洞，不仅火烧得旺，而且可节省燃煤，大家熟悉的蜂窝煤就这样发明了。

因此，创新发明并非少数杰出人才的专利，人人都有创造力，人人都可以搞创新。在创新中要善于摆脱习惯性思维的束缚，突破自我，便能调动创造性而获得出乎意料的创造性成果。要培养独立思考、勇于探索的意识，而不要做只会记住正确答案的“复印机”。

二、掌握创新原理和创新技法

设计过程是一个创造过程，设计人员创造能力的高低及发挥，将直接影响产品创新程度和设计质量，为此，必须使广大工程技术人员掌握创新设计原理和技法，调动和训练工程技术人员的创造性思维能力。

创新本身存在一定的理论和规律，也具有其科学的原理和方法。创新原理和创造技法是以总结创造学理论、创新思维规律为基础，通过大量的创造活动概括总结出来的原理、技巧和方法，了解和掌握创新原理和创新技法，往往能更自觉、更巧妙地进行创新活动，进一步发掘创新者的潜在能力。

人的创造能力可以通过学习和训练得到激发和提高，通过改进自己的思维习惯，通过独立思考，多想多练，通过训练自己集中注意力、发挥想象力，进行扩散思维、求异思维训练等，能够提高创新思维能力，而将思维运用到实际中去，才可能起到良好的效果。日本一家钢铁厂，把 12 名普通的高中毕业生集中起来，每周六进行创新能力的学习和训练，不到半年时间，参加人员就纷纷提出创造发明项目，结束时取得了 70 多项专利，由此可见创新能力可以通过学习和训练来培养和提高。

三、加强创新实践

形成创新能力，除了学习理论，更重要的在于实践。所有的创造力培养离不开大量的创新实践。积极参加创新设计活动，有意识地进行各种活动的培养与训练，可以显著地提高创新能力。

一般情况下，创新实践可分为如下三个阶段：

（1）了解问题　目标是什么；未知量、已知量有哪些；情况如何；能否满足情况的需要；能否决定未知量，是否足够，是否重复或抵触。可以画张图，引入合适的标志，把情况的各部分加以分解。

（2）设计方案　是否遇到过这个问题；是否知道相关的问题；可能运用什么原理。通过不同方法设计各种方案，并进行优化。

（3）执行方案　实施设计方案，在每一步骤中对方案修改完善，必要时重新设计方案，以取得最好的成效。

任何一个创新几乎都要经过上述三个阶段，一般最困难的是第二阶段，最关键的往往是第三阶段。

对于高职高专的学生，除了必要的理论教学外，必须通过设置一系列设计实践教学环节，进行大量的动手安装、维护、设计、制作等实践活动，才能培养综合分析和创新设计的能力，因此，学校在开设创新设计课程的同时，还应开设创新设计实验，为学生营造一个良好的创新实践环境。另外，大学生的各种课外科技活动和竞赛也是很好的创新实践活动，其中不少作品在学科中具有突破性的意义。人类社会所有的创新和发明，都是通过人们的双手而实现的，一个人的设想，如果不将它们物化，即使构思再好，那也可能只是水中月、雾中花。

麻省理工学院是美国最富创造力的“发明家”大学，仅在1996年的一年里，他们的研究人员就推出了400多项发明。学院的师生走在现代科学技术的最前沿，在这里描绘人类下一个千年的前景；在这里创造美国公司赖以占领全球未来市场的创新知识和技术，一直充当美国政府和公司的“发展实验室”，成为美国高科技的摇篮。麻省理工学院的研究人员和工业生产之间没有隔阂，几乎没有一所大学能像它那样把科研、市场营销、学术上的远大抱负和追求利润紧密地联系在一起。

四、培养协作精神

现代科技创新要想取得成功，一个很重要的方面就是要有团结协作的精神。现代科学学科门类繁多、学科知识更新快，如果仅凭一个人的知识和经历，完全靠个人取得有影响的科技创新成果，已经是极少有的了，而大多数有影响的科技创新成果，均是出自多方面人才的团结协作而取得的。在现代科研工作中，强调团队精神，强调集体力量，强调团结合作是取得成功的重要保证。“阿波罗”登月计划有120所大学、约400万人参加；中国的“两弹一星”和载人运载火箭的研制也是如此，这些说明现代科研靠个人单枪匹马已很难作出有影响的创新成果。科技人才间的通力合作能充分发挥个人与集体的力量，是推动科技创新活动发展的重要动力。合作能使知识互用、才能互补，是解决重大科研课题、突破难关的重要途径，因此，科技工作者应增强集体意识和集体观念，发扬团结协作的精神。

第四节　机械创新设计的概念及过程

设计是人类改造自然的一种基本活动，是复杂的思维过程，设计的本质就是创新。设计的目的是将预定的目标，经过分析决策，通过一定的信息（文字、数据、图形）而形成设计方案，并通过制造、实施使设计成为产品，造福人类。通过设计，不断为社会提供新颖、优质高效、价廉物美的产品。创新设计要求在设计中更加充分地发挥设计者的创造力，利用最新科技成果，在现代设计理论和方法的指导下，设计出更具竞争力的新颖产品。

根据设计的内容特点，一般将设计分为下面三种：

（1）开发性设计　在工作原理、结构等完全未知的情况下，应用成熟的科学技术或经过实验证明是可行的新技术，针对新任务提出新方案，开发设计出以往没有过的新产品，这是一种完全创新的设计。

（2）变型设计　在工作原理和功能结构不改变的情况下，针对原有设计的缺点或新的工作要求，对已有产品的结构、参数、尺寸等方面进行变异，设计出适用范围更广的系列化产品。

（3）适应性设计　在原理方案基本保持不变的前提下，针对已有的产品设计，进行深入分析研究，在消化吸收的基础上，对产品作局部变更或设计一个新部件，使产品能更好地满足使用要求。

开发设计以开创、探索创新；变型设计通过变异创新；适应性设计在吸取中创新。无论是哪种设计，创新都要求设计者在设计的每一个环节上突破常规惯例，追求与前人、众人不同的方案，将设计者的智慧具体物化在整个设计过程中。在创新设计的全过程中，创造性思维将起到至关重要的作用，深刻认识和理解创造性思维的本质、类型和特点，不仅有助于掌握现有的各种创造原理和创新技法，而且能够推动和促进对新的创造方法的开拓和探索。

一、机械创新设计的概念

机械创新设计是指充分发挥设计者的创造力和智慧，利用人类已有的相关科学理论、方法和原理，进行新的构思，设计出具有新颖性、创造性及实用性的机构或机械产品的一种实践活动，它包含两个部分：一是改进、完善生产或生活中现有机械产品的技术性能、可靠性、经济性、适用性；二是创造设计出新机器、新产品，以满足新的生产或生活的需要。由于机械创新设计过程凝结了人们的创造性智慧，因而机械创新设计的产品无疑是科学技术与艺术结晶的产物，具有美学性，反映出和谐统一的技术美。

（1）机械创新设计与常规机械设计的关系　机械的类型、用途、性能和结构的特点虽然千差万别，但它们的设计过程却大多遵循着同样的规律，概括起来说，常规机械设计过程一般可分为四个阶段：

1）机械总体方案设计。主要包括机械的选型与组合、运动形式的变换与组合、机械运动简图、传动系统图等的绘制。

2）机械的运动设计。主要包括机构主要尺寸的确定，机械运动参数的分析，传动比的确定与分配等。

3）机械的动力设计。主要包括动力分析、功能关系、真实运动求解、速度调节和机械的平衡等。

4）机械的结构设计。主要包括绘制零件工作图、部件装配图和机械的总装图。

常规设计一般是在给定机械结构或只对某些结构作微小改动的情况下进行的，其主要内容是进行尺度设计、动力设计和结构设计。

机械创新设计是相对常规设计而言的，它特别强调人在设计过程中，特别是在总体方案设计阶段中的主导性及创造性作用。机械创新设计有高、低层次之分，这可用创新度来衡量。创新度可用来衡量一个设计项目创新含量的深度和广度，创新度大，创新层次高；反之，创新层次低。例如，工程中的非标准件设计虽属常规设计范畴，却已含有较多的创造性设计成分。

（2）机械创新设计与机械创造发明的关系　机械的创造发明大多属于机械结构方案的创新设计。阐述创造发明过程及方法的专著已经问世，但大多是宏观概括的论述，缺乏具体的可操作性，学生学过之后，在机械创新设计的原理、方法及实现等方面仍缺少实用的知识。机械创新设计的一个核心内容就是要探索机械产品创新发明的机理、模式、过程及方法，并将它程式化、定量化乃至符号化、算法化，提高设计的可操作性。

随着机械系统设计、计算机辅助设计、优化设计、可靠性设计、摩擦学设计、有限元设计等现代设计方法的不断发展，以及认知科学、思维科学、人工智能、专家系统及人脑研究的不断深入，机械创新设计正在日益受到专家学者的重视。一方面，认知科学、思维科学、人工智能、设计方法学、科学技术哲学等已为机械创新设计提供了一定的理论基础及方法；另一方面，机械创新设计的深入研究及发展有助于揭示人类的思维过程、创造机理等前沿课题，反过来促进上述学科的发展，实现真正的机械设计专家系统及智能工程，因此，机械创新设计承担着为发明创造新机械和改进现有机械性能提供正确有效理论和方法的重要任务。

综上所述，机械创新设计是建立在现代机械设计理论的基础上，吸收科技哲学、认知科学、思维科学、设计方法学、发明学、创造学等相关科学的有益成分，经过交叉而形成的一种设计技术和方法。

二、机械创新设计的过程

机械创新设计的目标是由所要求的机械功能出发，改进、完善现有机械或创造发明新机械，实现预期的功能，并使其具有良好的工作品质及经济性。

机械创新设计是一门有待开发的新的设计技术和方法。由于技术专家们采用的工具和建立的结构学、运动学与动力学模型不同，逐渐形成了各具特色的理论体系与方法，因此，提出的设计过程也不尽相同，但其实质是统一的。综合起来，机械创新设计基本过程主要由综合过程、选择过程和分析过程组成。图 1-1 所示为机械创新设计的一般过程，它分四个阶段：

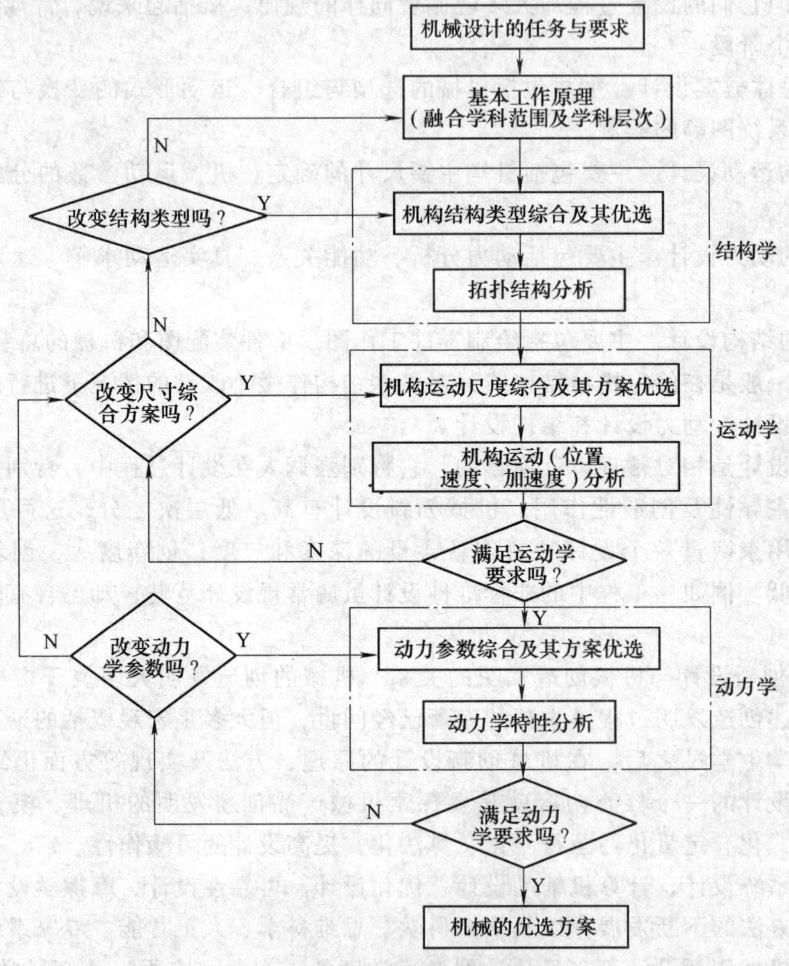

图 1-1　机械创新设计的一般过程

(1) 确定机械的基本工作原理　它可能涉及机械学对象的不同层次、不同类型的机构组合，或不同学科知识、技术的问题。

(2) 机构结构类型综合及优选　优选的结构类型对机械整体性能和经济性具有重大影响，它多伴随新机构的发明，因此，结构类型综合及优选是机械设计中最富有创造性、最有活力的阶段，但又是十分复杂和困难的问题，它涉及到设计者的知识、经验、灵感和想象力等众多方面。

(3) 机构运动尺度综合及其运动参数优选　其难点在于求得非线性方程组的完全解或多解，为优选方案提供较大空间。随着优化法、代数消元法等数学方法引入机构学，使该问题有了突破性进展。

(4) 机构动力学参数综合及其动力学参数优选　其难点在于动力参数量大、参数值变化域广的多维非线性动力学方程组的求解，这是一个急待深入研究的课题。

完成上述机械工作原理、结构学、运动学、动力学分析与综合，便形成了机械设计的优选方案。而后，即可进入机械结构创新设计阶段。

三、机械创新设计的特点

(1) 独创性　机械创新设计必须具有独创性和新颖性。设计过程中相当部分工作是非数据性、非计算性的，因此，设计者必须依靠在知识和经验积累基础上的思考、推理、判断以及创造性思维相结合的方法，打破一般思维的常规惯例，追求与前人、众人不同的方案，敢于提出新功能、新原理、新机构、新材料，在求异和突破中体现创新。

(2) 实用性　机械创新设计是多种层次的，不在乎规模的大小和理论的深浅，因此，创新设计必须具有实用性，纸上谈兵无法体现真正的创新。只有将创新成果转化成现实生产力或市场商品，才能真正为经济发展和社会进步服务。设计的实用性主要表现为市场的适应性和可生产性两方面。

(3) 多方案选优　机械创新设计涉及多种学科，如机械、液压、电力、气动、热力、电子、光电、电磁及控制等多种科技的交叉、渗透与融合。应尽可能从多方面、多角度、多层次寻求多种解决问题的途径，在多方案比较中求新、求异、选优。以发散性思维探求多种方案，再通过收敛评价取得最佳方案，这是创新设计方案的特点。

第二章 常用创新设计的基本思维

第一节 思维的类型及创新思维的特征

人最强大的力量并非来自肢体，而是人所特有的思维能力。思维是人脑对客观现实的反映，是发生在人脑中的信息交流。它不仅揭示客观事物的本质或内部联系，还可使人脑机能产生新的信息和新的客观实体，如科学和自然规律的新发现、技术新成果等。思维是创造的源泉，正是由于人类的创新思维才产生了各种各样的发明创造，因此，只有对创新思维的本质、特点、形成过程、与其他思维的关系有所认识和掌握，才能指导我们进行创新思维，增强创新能力。

一、思维的类型简介

人类的思维方式可以归纳为如下几种：

1. 形象思维与抽象思维

形象思维也称为具体思维，是人脑对客观事物和现象具体形象的反映。例如，设计一个零件或一台机器时，设计者在头脑中想象出零件或机器的形状、方位等外部特征，在头脑中对想象出的零件或机器进行分解、组装、设计等思维活动，就属于形象思维。在工程技术创新活动中，形象思维是基本的思维活动，工程师在构思新产品时，无论是新产品的外形设计，还是内部结构设计以及工作原理设计，形象思维都起着重要的作用。

抽象思维是以抽象的概念、判断和推论为形式的思维方式，概念是客观事物本质属性的反映，判断是两个以上概念的联系，推论则是两个以上判断的联系。

形象思维具有灵活新奇的特点，而抽象思维较为严密。按照现代脑科学的观点，形象思维和抽象思维是人脑不同部位对客观实体的反映活动，左半脑主要是抽象思维中枢，右半脑主要是形象思维中枢，两个半脑之间有数亿条神经纤维，每秒钟可交换传输数亿个神经冲动，共同完成思维活动。因此，形象思维和抽象思维是人类认识过程中不可分割的两个方面，在创新过程中，应该把两者很好地结合起来，以发挥各自的优势，创造出更多的成果。

2. 发散思维与收敛思维

发散思维是根据提供的信息，多方位寻求问题解答的思维方式。如列举某一物品的多种用途，从一物思万物，不满足于现成原理和答案，而去寻找尽可能多的答案等。

收敛思维是一种在大量设想或多方案基础上寻求某种最佳解答的思维方式。

在创造活动中，提出的方案越多，选择最优方案的可用空间就越大，但光有发散思维并不能使问题得到有效解决，因为在科技活动中，最终结果只能是有限的几个或唯一的一个，所以，既需要有充分的信息为基础，设想多种方案，又需要对各种信息进行综合、归纳，多方案优化。发散思维与收敛思维的有机结合组成了创新活动的一个循环过程。

3. 逻辑思维与非逻辑思维

逻辑思维是抽象思维方式，它是严格遵循逻辑规则按部就班、有条不紊进行的思维。它的主要方法是分析、归纳、综合与演绎。

非逻辑思维是一种不严格遵循逻辑规律，突破常规，通过想象、直觉、灵感等方式进行的自由思维方式。

直觉思维是创造性思维的一种重要形式，它是指创造者基于有限的信息或事实，调动已有的一切知识经验，对客观事物的本质及其规律连续作出迅速的识别、敏锐的洞察、直接的理解和整体的判断的思维方式。直觉思维总是以跳跃的方式，把目标直接指向最后结论，似乎不存在中间的推导过程，人们常把它誉为“理性的眼睛”。例如，德国气象学家魏格纳从世界地图上发现非洲西海岸凹进部分与美洲东海岸凸出部分吻合得十分巧妙，凭直觉他提出了一种被誉为“诗人之梦”的科学假说——“大陆漂移说”。

4. 直达思维与旁通思维

直达思维始终围绕需要解决的问题进行思考，旁通思维则将问题转化为另一个问题，间接分析求解。旁通思维后要返回到直达思维，才能较好地解决所提出的问题。如美国的莫尔斯受到马车到驿站要换马的启示，采用设立放大站的方法，解决了信号远距离传输衰减的问题，就是旁通思维的一个例子。

5. 逆向思维

逆向思维是从一种事物想到另一种相反事物，从一种条件想到另一种相反条件，从一种可能想到另一种相反的可能，从原因追溯结果的创新思维能力。逆向思维摆脱了单一思维的束缚，异想天开，引导人们从“山重水复疑无路”的困境走出来，寻找新的途径和高明的办法，得到意想不到的收获。

圆珠笔漏油问题的解决，就是逆向思维的成果。圆珠笔问世之初，笔珠漏油，严重影响了它的推广和使用。开始时，人们寻着一般的常规思路去寻找对策：从分析笔珠漏油的原因入手，去探索解决方法。他们发现，圆珠笔在书写过程中，笔珠因磨损而逐渐变小，笔油就随之流出，于是，人们用不锈钢或宝石做笔珠，大大提高了笔珠的耐磨性，但是，新的问题又接踵而来：笔珠与笔芯内侧长期接触磨损后，笔芯的头部会变大变形，导致笔珠弹出，漏油的问题仍得不到解决。日本的中田藤三郎另辟蹊径，从改造笔芯着手，他发现，当圆珠笔写到1.5万字左右时，笔珠就变小、漏油；如果减少笔芯的流量，当笔珠写到1.5万字左右时，笔油就用完，漏油的问题不就解决了吗？这一逆向思维解决了许多人久未解决的难题。

6. 类比思维

类比思维是指不同种类、不同性质的事物之间往往会存在着某种程度上的相似性，属于相似理论，人们可以利用这种相似性来进行模拟和移植，达到创新的目的。古语说：“他山之石，可以攻玉。”人们为了解决本行业的难题，可以借助于其他行业的工具和手段，例如，通过类比思维，医生由建筑上的爆破联想到人体器官内结石的爆破，而发明了医学上的微爆破技术。

二、创新思维的特征

创新思维是一种人类高层次的思维活动，既具有一般思维的特点，又有不同于一般思维的特性。一般思维仅能肤浅地、简单地揭示事物的表象以及事物之间常规性的活动轨迹，而创新思维不仅能揭示事物的本质和事物之间非常规性的活动轨迹，而且能够提供新的、具有社会价值的产品，因此，创新思维是逻辑思维与非逻辑思维有机结合的产物，借助非逻辑思维开阔思路，产生新设想和新点子，通过逻辑思维对各种设想进行加工整理，产生创新成果。由此可知，创新思维具有以下特征：

1. 思维结果的新颖性和独特性

它指思维结果的首创性，具备与前人、众人不同的独特见解，思维的结果是过去未曾有过的。也可以说，是主体对知识、经验和思维材料进行新颖的综合分析、抽象概括，以致达到人类思维的高级形态，其思维结果包含着新的因素。例如，20 世纪 50 年代在研究晶体管材料时，人们都只考虑将锗提纯的方法，但未能成功；而日本科学家在对锗多次提纯失败后，他们采用求异探索法，不再提纯，而是一点一点加入少量杂质，结果发现当锗的纯度降低为原来一半时，会形成一种性能优越的电晶体，此项成果轰动世界，并获得诺贝尔奖。又如，灯的开关许多年来一直是机械式的，随着科学技术的发展，出现了触摸式、感应式、声控式开关。光控式开关能在一定暗度下使路灯自动点亮，而在天明时又自动关闭。红外线开关在进入室内时自动亮灯，并准确做到“人走灯灭”。

2. 思维方法的多样灵活性和开放性

它指对于客观事物或问题，表现出敢于突破思维定势，善于从不同的角度思考问题，善于提出多种解决方案；能根据条件的发展变化，及时改变先前的思维过程，寻找解决问题的新途径。灵活性、开放性也含有跨越性的因果关系。例如，美国某公司的一位董事长有一次在郊外看一群孩子玩一个外形丑陋的昆虫，爱不释手，这位董事长当时就想，市面上销售的玩具一般都形象俊美，假如生产一些形状丑陋的玩具，情况又会如何呢？于是他安排自己的公司研制一套“丑陋玩具”，迅速推向市场，结果一炮打响。丑陋玩具深受孩子们的喜爱，非常畅销，给该公司带来巨大的经济效益。又如，苍蝇是人类憎恶的东西，可科学家们的创新思维却跳出了死板的框框，经过对苍蝇与蛆的研究发现，这些人人痛恨的东西却包含着丰富的蛋白质，可以用来造福人类。这不是将风马牛不相及的事连到一起了吗？这正是思维跨越性的结果。跨越性是创新思维极为宝贵的一个特点，主要有两种思维形式：一是从思维的进程来说，它集中表现为省略思维步骤，加大思维前进的跨度，以此获取创造奇迹；二是从思维条件的角度讲，它表现为能够跨越事物“可观度”的限制，迅速完成“虚体”与“实体”之间的转化，加大思维的“转换跨度”。

3. 思维过程的潜意识自觉性

创新思维的产生，离不开紧张的思维和认真努力为解决问题所做的准备工作，但其出现的时机却往往是思维主体处于一种紧张之后的暂时松弛状态，如散步、听音乐、睡觉中。这就说明了创新思维具有潜意识的自觉性，这是因为人在积极思维时，信息在神经元之间的流动按思考的方向进行有规律的流动，这时候不同神经细胞中的不同信息难以发生广泛的联系，而当主体思维放松时，信息在神经网络中进行无意识流动、扩散，这时候思维范围扩大，思路活跃，多种思维、信息相互联系、相互影响，这就为问题的解决准备了更好的条件。

4. 思维过程中的顿悟性

创新思维是长期实践和思考活动的结果，经过反复探索，思维运动发展到一定关节点时，或由外界偶然机遇所引发，或由大脑内部积淀的潜意识所触动，就产生一种质的飞跃，如同一道划破天空的闪电，使问题突然得到解决，这就是思维的顿悟性。

美国在设计阿波罗登月飞船时，技术人员曾为其照明问题困惑了达一年之久，由于在实验中发现灯泡的玻璃外壳总是在飞船着陆时被振碎。经过无数次的方案修改、材料实验的失败后，技术人员猛然想起，玻璃壳的用途是为了阻隔空气对灯丝的氧化，而月球上根本没有空气，所以也就用不着玻璃外壳，使问题迎刃而解。

如何捕捉创新思维？创新思维是大脑皮层紧张的产物，是神经网络之间的一种突然闪过的信息场，信息在新的神经回路中流动，创造出一种新的思路。这种状态由于受大脑机理的限制，不可能维持很久时间，所以创新思维往往是突然而至、瞬间离去，若不立刻用笔记下来，紧紧抓住使之物化，等思维“温度”一低，连接线断了，就再难寻回。郑板桥对此深有体会，他说：“偶然得句，未及写出，旋又失去，虽百思不能续也”。一生有一千多项发明创造的爱迪生，从小有个习惯，就是把各种闪过脑际的想法记下来。这是一条重要的经验：先记下来再说，无论是睡觉还是休闲，心记不如笔记，切记此经验。

第二节　创新思维的形成与发展

一、创新思维的形成过程

首先是发现问题，提出问题，这样才能使思维有方向性和动力源。发现一个好的问题，才能使人的思维更有意义和价值。爱因斯坦说过：“提出一个问题往往比解决一个问题更重要，因为解决一个问题也许仅是一个科学上的实验技能而已，而提出新问题、新的可能性以及从新的角度看旧的问题，却需要创新性的想象力，而且标志着科学的真正进步”。科学发现始于问题，而问题是由怀疑产生的，因此，生疑提问是创新思维的开端，是激发出创新思维的方法，其主要内容为：问原因，每看到一种现象，均可以问一问产生这些现象的原因是什么；问结果，在思考问题时，要想一想：“这样做，会导致什么后果呢?”；问规律，对事物的因果关系、事物之间的联系要勇于提出疑问；问发展变化，设想某一情况发生后，事物的发展前景或趋势会怎样？

在问题已存在的前提下，基于脑细胞具有信息接受、存储、加工、输出四大功能，创新思维的形成过程大致可分为以下四个阶段：

1. 储存准备阶段

在准备阶段，就是明确你要解决的问题，围绕问题收集信息，使问题和信息在脑细胞及神经网络内留下印记。大脑的信息存储和积累是诱发创新思维的先决条件，存储得多，诱发得也多。

在这个阶段里，创新主体已明确要解决的问题，收集资料信息，并试图使之概括化和系统化，形成自己的认识，了解问题的性质，澄清疑难的关键等，同时开始尝试和寻找解决方案。任何一项创新和发明都需要一个准备过程，只是时间长短不一而已。收集的信息，包括教科书、研究论文、期刊、技术报告、专利和商业目录等，而查访一些相关问题的网站，或与不同领域的专家进行周密的讨论，有时也会有助于收集资料。

爱迪生为发明电灯，所收集的有关资料写了200多本，达4万页之多。爱因斯坦青年时，就在冥思苦想这样一个悖论问题：如果我以c速（真空中的光速）追随一条光线，那么我就应当看到这样一条光线，就好像一个在空间里振荡着而停滞不前的电磁场。他思考这个问题长达十年之久，当他考虑到“时间是可疑的”概念时，他忽然觉得萦绕脑际的问题得到解决了。这时他只经过5周的时间，就完成了闻名世界的“相对论”。相对论的研究专题报告虽在几周时间内完成，可是从开始想到这个问题，直至全部理论的完成，其中有数十载的准备工作，因此，创新思维是艰苦劳动、厚积薄发的奖赏，也正应了“长期积累，偶然得之”的名言。

2. 悬想加工阶段

在围绕问题进行积极的探索时，神秘而又神奇的大脑不断地对神经网络中的递质、突触、受体进行能量积累，为产生新的信息而运作。这个阶段，人脑能总体上根据感觉、知觉、表象提供的信息，超越动物脑只停留在反映事物的表面现象及其外部联系的局限，认识事物的本质，使大脑神经网络的综合、创新能力有超前力量和自觉性，使它能以自己特殊的神经网络结构和能量等级把大脑皮层的各种感觉区、感觉联系区、运动区都作为低层次的构成要素，使大脑神经网络成为受控的有目的的自觉活动。

在准备之后，一种研究的进行或一个问题的解决，不是一蹴而就，往往需要经过探索尝试。若工作的效率仍然不高，或问题解决的关键仍未获得线索，或所拟定的假设仍然未能得到验证，在这种情况下，研究者不得不把它搁置下来，或对它放松考虑，这种未获得要领而暂缓进行的期间，称之为酝酿阶段，这一阶段的最大特点是潜意识的参与。对创新主体来说，需要解决的问题被搁置起来，主体并没有做什么有意识的工作。由于问题是暂时表面搁置，而大脑神经细胞在潜意识指导下则继续朝最佳目标进行思考，因而这一阶段也常常叫做探索解决问题的潜伏期、孕育阶段。

3. 顿悟阶段

这一阶段称为真正创造阶段。经过充分酝酿和长时间思考后，思维进入豁然开朗的境地，从而使问题得到突然解决。这种现象心理学上称为灵感，没有苦苦的长期思考，灵感决不会到来。

进入这一阶段，问题的解决一下子变得豁然开朗。创新主体突然间被特定情景下的某一特定启发唤醒，创造性的新意识猛然被发现，以前的困扰顿时一一被化解，问题顺利解决。在这一阶段中，理论解决的要点、解决问题的方法会在无意中忽然涌现出来，而使研究的理论核心或问题的关键明朗化，其原因在于当一个人的意识在休息时，他的潜意识会继续努力地深入思考。

这一阶段是创新思维的重要阶段，被称为“直觉的跃进”、“思想上的光芒”，这一阶段客观上是由于重要信息的启示、艰苦不懈的探索；主观上是由于在酝酿阶段内，研究者并不是将工作完全抛弃不理，只是未全身投入思考，从而使无意识思维处于积极活动状态，不像专注思索时思维按照特定方向运行，这时思维范围扩大，多神经元之间的联络范围扩散，多种信息相互联系并相互影响，从而为问题的解决提供了良好的条件。

4. 验证阶段

在已经产生许多构想后，必须通过评估缩小选择范围，以获得提供最大潜在利益的方案。把上述假设或方案，通过理论推导或者实际操作，来检验它们的正确性、合理性和可行性，从而付诸实践；也可能把假设方案全部否定，或部分修改补充，创新思维不可能一举成功。

例如，渐开线环形齿球齿轮机构的发明就是一个典型事例。20 世纪 90 年代初期，我国一科研工作者在研究国外引进的一种喷漆机器人的柔性手腕时，发现这种手腕机构中采用了一种离散齿球冠齿轮，仔细分析后发现，这种球齿轮存在传动原理误差和加工制造困难两大缺陷，因而仅限于用在对误差不敏感的喷漆机器人上。能否发明一种新机构，来克服这两大缺陷呢？为此他苦思冥想了近一个月也未能取得实质性的突破，昼夜满脑子想的都是新型球齿轮，几乎到了一种痴迷的境界。1991 年 10 月 2 日，是一个值得纪念的日子，大约在凌晨 3 点钟，在迷迷糊糊、半睡半醒的状态下，大脑中突然冒出了一个新想法：将一个薄片直齿轮旋转 180°不就得到了一种新型球齿轮吗？惊喜中，他立刻翻身起床，拿出绘图工具，通宵完成了新型球齿轮的结构设计工作，第二天送到工厂加工。试验结果验证了这一灵感的正确性，于是一种首创的渐开线环形齿新型球齿轮就这样诞生了。

二、创新思维的培养与发展

虽然每个人都有创新思维的生理机能，但一般人的这种思维能力经常处于休眠状态。生活中经常可以看到，在相似的主客观条件下，一部分人积极进取，勤奋创造，成果累累，一部分人惰性十足，碌碌无为。学源于思，业精于勤。创造的欲望和冲动是创造的动因，创新思维是创造中攻城掠地的利器，两者都需要有意识地培养和训练，需要营造适当的外部环境刺激予以激发。

1. 潜创造思维的培养

潜创造思维的基础是知识，人的知识来源于教育和社会实践。由于受教育的程度和社会实践经验的不同，人的文化知识、实践经验知识存在很大差异，即人的知识深度、广度不同，但人人都有知识，只是知识结构不同，也就是说，人人都有潜创造力。普通知识是创新的必要条件，可开拓思维的视野，扩展联想的范围。专门知识是创新的充分条件，专门知识与想象力相结合，是通向成功的桥梁。潜创造思维的培养就是知识的逐渐积累过程，知识越多，潜创造思维活动越活跃，所以学习的过程就是潜创造思维的培养过程。

2. 创新涌动力的培养

存在于人类自身的潜创造力只有在一定的条件下才能释放出能量，这种条件可能来源于社会因素或自我因素。社会因素包括工作环境中的外部或内部压力；自我因素主要是强烈的事业心，二者的有机结合，构成了创新的涌动力，所以，塑造良好的工作环境和培养强烈的事业心是出现创新涌动力的最好保证。

第三节　影响创新能力的因素分析

一、影响创新能力的非智力因素

发明创造是人类的一种复杂的活动，它需要人们充分发挥自己的创造力，然而人的创造力不是天生的，而是逐步培养起来的。影响创造力的非智力因素主要包括下面几个方面：

1. 兴趣和好奇心

兴趣是人们积极探索某种事物或某种活动的意识倾向，是人们心理活动的意向运动，是个性中具有决定作用的因素。兴趣可以使人的感官、大脑处于最活跃的状态，使人能够最佳地接受教育信息，有效地诱发学习动机、激发求知欲，所以说兴趣是推动人们去寻求知识的一种力量。

好奇心是一种对自己还不了解的周围事物能够自觉地集中注意力、想把它弄清楚的心理倾向。一般都是通过“看一看、听一听”引起惊叹感，再通过“问一问”的方式把它的来龙去脉搞清楚。

强烈的好奇心是从事创造性活动的人所具备的基本素质之一，如果对周围的一切都冷眼相看，麻木不仁，这种人是不可能去积极探索未知世界的，也不可能有发明创造。人们所说的才能，在很大程度上就是指一个人能够看到其他人所不曾看到的现象，能够理解或感受其他人所不曾理解或不曾感受到的特征，并把这一切传递给别人的本领，因此，也可以认为：那种对特殊的、怪诞的事物感到惊讶的行为似乎只是一种本能的反应，而只有对身边无人注意的事物感到惊奇，才是某种才能的显露。奥古斯特·罗丹认为：所谓大师，就是这样的人，他们用自己的眼睛去看别人看过的东西，在别人司空见惯的东西上能够发现出美来。进化论的创始人之一华莱士说，他在捕获到一只新蝴蝶后“心狂跳不止，热血冲到头部……”，这本来是一件平常的事，竟使他兴奋到极点。如果没有好奇心，他是不会有这种感受的。

要想训练和保持自己的好奇心，最有效的方法就是保持或恢复童心，因为咿呀学语的孩子是最富有好奇心的，他们对世界上的一切都感到非常好奇，总是爱寻根究底地问个不停。随着年龄的增长，儿时的好奇心渐弱；至成人后，由于工作和繁杂的家务琐事缠身，对未知的东西更加不感兴趣了。事实证明，始终保持着儿童般好奇心的人，往往能干出一番惊人的业绩，因此，立志干一番事业的人，应该尽可能地摆脱各种繁杂事物的困扰，做到热情天真、不耻下问，以便保持或恢复儿时那种强烈的好奇心。

要使自己具有好奇心，还应养成爱问“为什么”的习惯。爱迪生自幼就爱“打破砂锅问到底”，从鸡为什么把蛋放在屁股底下、蛋也怕着凉等问题一直追问到“把蛋放在屁股底下暖和暖和就能孵出小鸡吗?”至此还不满足，他还亲自做个窝，一本正经地蹲在上面孵小鸡，没有强烈的好奇心的驱使，爱迪生是不会有此举动的。瓦特也曾对水蒸汽顶开壶盖这一平常现象问个没完，后来他创制出当时世界上最先进的蒸汽机。这就是说，好奇心能促使人去发问；反之，爱提问题也是求知欲、好奇心的表现。有意识地训练自己多提问题必然有助于好奇心的增强。

比尔·盖茨正是对计算机和软件开发有着强烈的兴趣，才促使他放弃大学学业而从事软件开发，只用了短短数年时间就使微软成为世界上最大的公司，其发展速度之快成为知识经济的象征；我国青年发明家王贵海，在大学学习时对非圆齿轮的研究产生了极大的兴趣，经过几年的努力，终于攻克了非圆齿轮的设计和制造这一世界难题。

总之，兴趣和好奇心能导致求知欲，而求知欲能使人走上知识之路，进而发挥出创造能力。荷兰德尔夫特市政府看门人列文虎克在听说透过放大镜能把小东西看清楚这一情况后，立即产生出强烈的好奇心，决定自己动手磨制镜片，于1665年创制出当时世界上最先进的显微镜。还是由于强烈好奇心的驱使，他用自制的显微镜发现了自然界中的“小人国”——微生物，为科学技术的发展作出了重大贡献，因此，在发明活动的整个过程中都应该使自己保持童年时的好奇心，对自己未知的东西，不仅要看，而且要仔细看；不仅要听，而且要听真切；不仅要问，而且要问到底，这样将会有助于个人创造能力的发挥。

2. 进取心

进取心是指那种不满足于现状，坚持不懈地向新的目标追求的心理状态。进取心是极为可贵的，人类如果没有进取心，社会就不可能前进；一个人如果没有进取心，那他终生将会碌碌无为，因此凡是事业取得较大成就者，无不具有较强烈的进取心。

要培养自己的进取心，首先得学点辩证法，务必使自己懂得：世界上一切事物都充满着矛盾，旧的矛盾解决了，新的矛盾又会产生。人类改造世界的过程就是解决各种矛盾的过程，这个过程永远不会终结。如果把世界上的一切事物都看成孤立的、静止的、永恒不变的，甚至觉得它们已经尽善尽美，势必使人失去改造世界的能动性和进取心。

要增强进取心，必须克服安于现状、墨守成规的处世观念。安于现状者，有一种是对现状感到心满意足，压根就没有想到去改变它；另一种是对旧情况已感到某种不满足，对所见境况感到不理想，对所处境遇觉得不称心，对所用物品感到不顺手，但他并不想去改变这一切，反而认为这都是既成事实，何必煞费苦心去折腾一番，不如循规蹈矩，得过且过。这两种情况都是我们常说的不思进取，这是思想上的一种保守倾向，这种保守思想是发明创造的严重障碍，因此，要增强自己的进取心，必须注意克服保守思想。

古往今来的一切发明家之所以能在各个不同的技术领域中独占鳌头，无不因为他们具有强烈的进取心。“欲穷千里目，更上一层楼”，一切有志于发明创造的人们，从小就应该注重于培养自身最基本的素质——进取心。

3. 自信心

自信心就是在对自己的能力作出正确估价后，认定自己能实现某些追求、达到既定目标的信心。

自信心对于从事创造性劳动的人们尤为重要，常言道：“信心是事业的立足点”。在发明的攻坚战中，失去了自信心这块阵地，就意味着整个战线的崩溃，所以著名科学家居里夫人告诫人们：“应该有恒心，尤其要有自信心！”

那么如何增强自信心呢？最重要的是克服自卑感。有自卑感的人最容易见到别人的长处，觉察自己的短处，并以别人之长比己之短，越比越觉得自己这也不行，那也不行，就像“放炮”后的车胎，彻底泄了气，因此，增强自信心的第一步就是要学会用辩证的观点去看待别人、估价自己。

增强自信心还应正确地认识才能。应该相信已被现代科学证明了的一个论点；先天赋予人的才能一般都是公平合理的，刚生下来时并无太大差异，这正如鲁迅先生精辟地阐明的：即使天才，在生下来的时候的第一声啼哭，也和平常的儿童一样，决不会是一首好诗。人的才能是后天的劳动实践造就出来的，正如华罗庚教授所说：勤能补拙是良训，一分辛苦一分才。

我国著名教育家陶行知先生曾说过：“人类社会处处是创造之地，天天是创造之时，人人是创造之才”。天生我才必有用，我辈岂是无为人。在发明的征程上起步就得这般信心十足，从而正确地估价自己，增强自信心，因为发明创造是在前人未曾涉足的领域上进行，经常会有困难和挫折的风暴袭来。处在这种恶劣的环境中，最忠实、最可靠的伙伴就是自信心，因此任何准备搞发明的人，都不可忽视对自信心的培养和增强。

4. 意志和勇气

意志是为了达到既定的目的而自觉努力的心理状态，坚强的意志不仅能使人对事物具有执着的迷恋趋向，而且能使人持久的从事某一活动。人们为了达到既定目标，在运用所掌握的知识、技能进行改造客观世界的实践活动时，总是要遇到各种各样的困难，需要不断地克服，“科学有险阻，苦战能过关”。意志是一种精神力量，使人精神饱满，不屈不挠，为达到理想境界坚持不懈的斗争。没有坚持、坚持再坚持的韧性和毅力，居里夫妇就不会取得令人肃然起敬的成绩。他们数年如一日，百折不挠，坚持不懈地进行着繁重的工作，一公斤一公斤地炼制铀沥青矿的残渣。在类似马厩的十分简陋的屋里，从数吨铀矿残余物中提炼出只有几厘克纯镭的氯化物，靠的就是坚韧不拔、持之以恒的意志。

勇气就是无所畏惧的非凡气概。搞发明创造一定要有勇气，因为任何发明创造都是走人家没有走过的路，这条路上总是荆棘丛生、坎坷不平，没有勇气和冒险精神是不敢迈步的。正如马克思所说：在科学的入口处，正像在地狱的入口处一样，必须提出这样的要求，这里必须根绝一切犹豫；这里任何怯懦都无济于事。

发明创造是一项开拓性的事业，没有任何人会给你一举成功的保险，这就是说，失败是不可避免的。美国发明家富尔顿为发明轮船奋斗了 9 年，待到制成的样船试航时，无奈天公不作美，一阵狂风暴雨使它沉没河底。假如富尔顿没有“失败了再干”的勇气，他就不会花 24 小时去把机器打捞上来，更不会再去奋战 4 个春秋，当然他的名字就不会载入发明家的史册。

发明总是要创新。创新就要突破旧的条条框框的束缚，而保护这些旧条条框框的习惯势力是相当顽强的，没有勇气是不敢迎上前去的。英国医生琴纳在经过 36 年的试验、研究之后，终于发明了预防天花的新方法——接种牛痘。当他自费出版用心血写成的《牛痘的成因与作用》这本小册子后，招来的不是支持、赞扬，而是恶毒诽谤和造谣中伤。有一家报纸公开造谣说：“某人的小孩接种牛痘以后，咳嗽的声音像牛叫，而且浑身长出了牛毛”。琴纳在写给他的朋友的信中说：“我一生从来没有遭受过像现在这样的打击，我好像乘着一只小船，快要到对岸了，却受着狂风暴雨的袭击……”，如果他没有一股异乎寻常的勇气，是难以驾驭这只小船达到光辉的彼岸的。

另外，发明总是离不开实验，而有些实验是相当危险的，甚至有生命危险。从前臂静脉插入一根导管直至心脏，在常人看来是不可思议的事情。然而德国医学家福斯曼于 1925 年在自己的身上做了这项实验，发明了心脏急症新疗法——心导管诊断术。他在自体试验后写道：“由于导管抖动，导管与锁骨静脉壁相互摩擦，这时我感到锁骨后方非常热……，还有一种微弱的要咳嗽的冲动。为了在 X 线屏幕上观察导管的位置，我带着插到心脏内的导管，和护士从研究室的手术间徒步走了很长的路，爬上楼梯，到达 X 线检查室——实验证明，导管插入与拔出完全不痛，全身没有任何异样的感觉……”，他进行了危险的自体试验，并得出了完全正确的结论，然而招来的却是嘲讽和非难。10 年后，他发明的心导管诊断法才为世人普遍接受。

5. 组织能力

组织能力是指对杂乱的局面或事物进行妥善安排、合理调配的指挥运筹能力。

随着科学技术的飞速发展，创新课题越来越复合化、综合化、复杂化，如何在现代发现创新的信息，如何对所获得的信息进行综合归纳，如何制订计划和实施，都需要高度的组织能力，既要合理安排人员，又要善于处理千头万绪的工作，运筹帷幄，提高工作效率，以便能够在激烈的竞争中保持领先水平。

二、影响创新能力的智力因素

现代社会已经进入了知识经济时代，因此搞创造发明还必须具有一定的知识，没有知识必将一事无成。智力因素是创造力充分发挥的必要条件，将影响个体对问题情境的感知、定义和再定义，以及选择解决问题的策略过程，即影响信息的输入、转移、加工和输出。影响创造能力的智力因素主要有：

1. 想象力

想象力就是在记忆的基础上通过思维活动，把对客观事物的描述构成形象或独立构思出新形象的能力。简而言之，想象力是人的形象思维能力，要打破习惯思维对自己的束缚，经常进行发散性思维，甚至进行幻想，培养自己的想象力。

爱因斯坦认为："想象力比知识更重要，因为知识是有限的，而想象力概括着世界上的一切，推动着社会的进步，并且是知识进化的源泉。严格地说，想象力是科学研究中的实在因素。"

爱因斯坦在创建相对论时，关于物体接近光速的试验，在实际上几乎是无法做出来，他在 16 岁时就常常思索"如果有人跟着光线跑而企图抓住他，会发生什么?"和"如果有人在一个自由下落的电梯里，会发生什么情形，将会产生什么呢?"等问题，他根据已知的科学原理和事实，运用丰富的科学想象，在头脑中设计并完成了一系列思想实验。在 1905 年 26 岁的爱因斯坦提出了狭义相对论，接着于 1916 年创立了广义相对论。他通过想象和思想实验的科学方法创立了具有划时代意义的相对论。

2. 洞察力

洞察力指的是深入细致的观察能力。具有这种能力就可以透过现象看本质，抓住机遇，在别人不注意的事物中产生新的发现和创新。

丹麦科学家、诺贝尔医学奖获得者芬森有一次到阳台乘凉，看见家猫却在晒太阳，并随着阳光的移动而不断调整自己的位置。这样热的天，猫为什么晒太阳？一定有问题！带着浓厚的探究兴趣，他来到猫前观察，发现猫身上有一处化脓的伤口。他想难道阳光里有什么东西对猫的伤口有治疗作用？于是他就对阳光进行了深入的研究和试验，终于发现了紫外线——一种具有杀菌作用、肉眼看不见的光线。从此紫外线就被广泛地应用在医疗工作中。

在伦琴发现 X 射线、弗莱明发现青霉素之前，实际上已有人发现了同样的现象，但是他们对这些现象缺乏好奇心和洞察力，没有进一步去研究，因而与这些发明失之交臂。在科技发展史上，这种与成功擦肩而过的事例不胜枚举，充分说明洞察力在创新中的重要作用。

洞察力的培养需要克服粗心大意、走马观花、不求甚解的不良习惯，通过长期的观察、记录、思考、再观察可以训练敏锐的洞察力。

3. 动手能力

创造力的最终成果是物化了的创造性思维，物化的过程就需要一定的技术和掌握一定的技能。对工程技术人员来讲，是使用设计工具进行设计、使用表达的能力和仪器设备进行检测试验的能力；对于画家来讲，是其色彩鉴别能力、视觉想象力；对从事音乐创作的人，具有一定的演奏技能、作曲技能等都是物化思维过程中不可缺少的。

动手能力包括制作、加工、试验及绘图等方面的技能。李政道博士曾经说过：动手能力是发明者所必需具备的基本素质。

爱迪生、法拉第等虽然没有到学校正规地学习，但他们非常喜爱动手做实验，改装设计制作仪器设备。由于刻苦自学、勇于实践、具有很强的动手能力，法拉第才能发现电磁感应现象，爱迪生才能在一生中产生一千多项发明专利，因此，我们要注意养成动手制作、修理、维护、绘制、装配各种仪器、用具、设备的习惯，培养并增强自己的动手能力。

4. 智能和知识因素

知识是创造性思维的基础，也是创造力发展的基础。文学家不掌握足够的词汇就不能写出好的作品；对于工程技术人员来说，其知识经验是发明创造的前提，其学科基础知识、专业知识是从事工程创造发明的必要条件。知识给创新思维提供加工的信息，知识结构是综合新信息的奠基石。

5. 创新思维与创新技法

创新思维与创造活动、创造力紧密相关。创新思维的外部表现就是人们常说的创造力，创造力是物化创新思维成果的能力，在一切创造活动领域都不可缺少，是现代创造者创造能力的最重要因素。创造技法是根据创新思维的形式和特点，在创造实践中总结提炼出来的，使创造者进行创造发明时有规律可循、有步骤可依、有技巧可用、有方法可行，因此，创新技法应是构成创造力的重要因素之一。

上述因素对创造力的形成和发展有着重要的影响，在培养学生创新能力的教学中，首先应开设有利于创新设计能力培养和发展的相关课程，使学生有必须的知识结构，掌握基本的创造原理和常用的创新方法；其次应以知识、能力、素质培养为目标，有意识地培养学生的创新精神和能力；此外，还应开展各类创新实践活动，如开展维修、装配、制作、小发明、小革新等多种形式的创新实践，不断提高创新技能。

第三章 常用创新设计的基本原理

创新是人类有目的的一种探索活动，创新原理是人们在长期创造实践活动中的理论归纳，同时它也能指导人们开展新的创新实践，本章介绍的创新基本原理，可为创新设计实践提供创新思维的基本途径和理论指导。

第一节 综合创新原理

综合是将研究对象的各个方面、各个部分和各种因素联系起来加以考虑，从整体上把握事物的本质和规律的一种思维方法。

综合创新，就是运用综合法则的创新功能去寻求新的创造，其基本模式如图 3-1 所示。

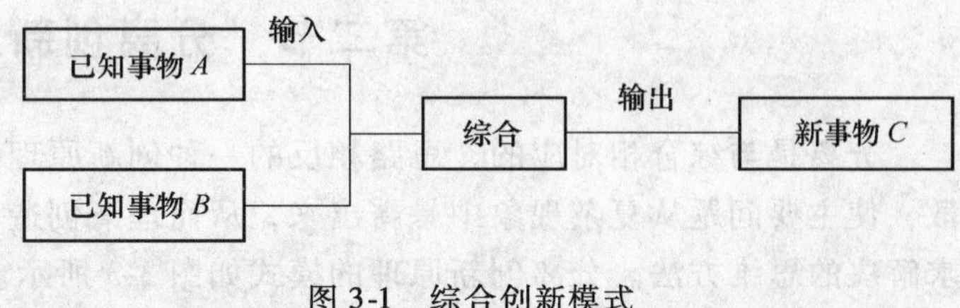

图 3-1 综合创新模式

综合不是将对象各个构成要素的简单相加，而是按其内在联系使其合理地结合，使综合后的整体能带来创新性的新发现。机械创新设计实践中，随处可发现综合创新的实例，例如，将啮合传动与摩擦带传动技术综合而产生的同步带传动，具有传动功率较大、传动准确等优点，已得到广泛应用。

从 20 世纪 80 年代开始形成的机电一体化技术已成为现代机械产品发展的主流，机电一体化是机械技术与电子技术、液压、气压、声、光、热以及其他不断涌现的新技术的综合。这种综合创造的机电一体化技术比起单纯的机械技术或电子技术性能更优越，使传统的机械产品发生了质的飞跃。例如，普通的 X 光机和计算机，都无法对人的脑内病变作出诊断，豪斯菲尔德和科马克将二者综合，设计出了 CT 扫描仪，并使之进入临床医学应用中。这一仪器在诊断脑内疾病和体内癌变方面具有特殊的效能，从而使医学界一向梦寐以求的理想成为现实，因而被誉为 20 世纪医学界最重大的发现之一。他们为此而获得了 1979 年诺贝尔生理学医学奖。

图 3-2 为一种小型车、钻、铣三功能机床，它是为适应小型企业、修理服务行业加工修配小型零件，运用综合原理开发设计出来的小型多功能机床。由图可见，它主要由电动机 1、带传动 2、车削主轴箱 3、钻铣主轴箱 4、进给板 5、尾座 6 和床身 7 等组成，它的设计特点是：以车床为基础、综合钻、铣床主轴箱而成。

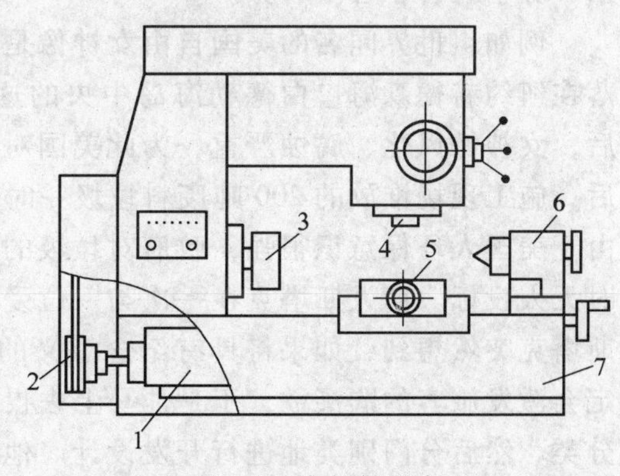

图 3-2 车钻铣机床

1—电动机 2—带传动 3—车削主轴箱 4—钻铣主轴箱 5—进给板 6—尾座 7—床身

从大量的创新实践中可知，综合就是创造。综合已有的不同科学原理可以创造出新的原理；如牛顿综合开普勒的天体运行定理和伽利略运动定律，创建了经典力学体系；综合已有的事实材料可以发现新规律，如门捷列夫综合已知元素的原子属性与相对原子质量、原子价的关系的事实和特点，终于发现了元素周期律；综合已有的不同科学方法创造出新方法，如笛卡儿引进了坐标系、综合几何学方法和代数方法，创立了解析几何；综合不同学科能创造出新学科，如信息科学、生物科学、材料科学、能源科学、空间科学、海洋科学等都属于综合性科学；综合已有的不同技术创造出新的技术，如原子能、电子计算机、激光、遗传、自动化、航天技术等等，因此综合创造具有以下基本特征：

1）综合能发掘已有事物的潜力，并且在综合过程中产生新的价值。

2）综合不是将研究对象的各个要素进行简单的叠加或组合，而是通过创造性的综合使综合体的性能产生质的飞跃。

3）综合创新比起开发创新在技术上更具有可行性，是一种实用的创新思路。

第二节　分离创新原理

分离是与综合相对应的、思路相反的一种创新原理，它是把某个创造对象进行分解或离散，使主要问题从复杂现象中暴露出来，从而理清创造者的思路，便于人们抓住主要矛盾寻求解决的思维方法。分离创新原理的模式如图 3-3 所示。

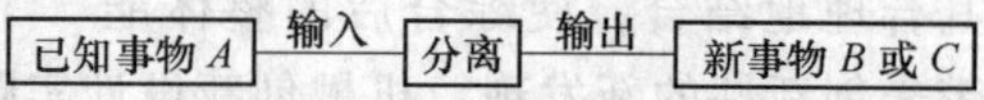

已知事物 A —输入→ 分离 —输出→ 新事物 B 或 C

图 3-3　分离创新原理的模式

运用分离创新原理，人们获得了许多创新设计成果，例如，北京某家具公司开发设计的构件家具，摈弃了整体家具结构固化的模式，采用了化整体为组件，再由组件构成整体的设计思路。研制成功的新型家具由 20 多种基本构件组成，通过不同的组合，能拼装出数百种不同的款式，以充分满足消费者求新求特的审美要求。

在机械行业，组合夹具、组合机床、模块化机床也是分离创新原理的运用。

机械设计过程中，往往把设计对象分解为许多分系统和分功能，对每一分系统和分功能进行分析，再找出实现每一分功能的原理解，然后把这些原理解综合得出很多设计方案，因此，分离与综合虽然思路相反，但往往要相辅相成，要考虑局部与局部、局部与整体的关系，分中有合，合中有分。

例如，世界闻名的美国自由女神像是法国人民送给美国人民争取独立的珍贵礼物，而坐落在纽约赫德森海口白德勒海岛中央的这座女神像也成为美国的一个标志。在经历百年之后，女神像风化、腐蚀严重，为此美国对它进行了一次声势浩大的翻新工程。可是工程结束后，施工现场堆放的 200 吨废料垃圾一时难以处理，政府决定招标，请承包商运走垃圾。但由于美国人环保意识很强，政府对垃圾的处理有严格的规定，大家都认为此举无利可图，一时无人投标。商人斯塔克在一次与一位爱好旅游的朋友闲谈中，无意中谈到了旅游纪念品，斯塔克突然想到，如果将具有纪念意义的“自由女神像原身遗物”制作成旅游纪念品，一定会激发旅客的购买欲，于是他马上去投标承包了处理女神垃圾的工程。他首先将废料进行分类，然后分门别类地进行开发设计。他将废铜收集熔化铸成小自由女神像和纪念币；把水泥块、木块等加工成一个个工艺品；把废铅、废铝做成纪念尺等。在经过分离创新之后，这一堆原本一文不值得垃圾成了具有特殊纪念意义的纪念品，十分畅销。

例 3-1 “椰菜娃娃”奇迹及启示。

前些年，有一种名叫“椰菜娃娃”的玩具风靡美国玩具市场，就是这个身长40厘米的娃娃，竟使许多人在寒冷的圣诞节前后，在玩具店门前排起了长队，竞相“领养”。为了买到这种娃娃，有人愿排队14小时，有人不惜乘飞机到欧洲去购买，美国总统夫人也把这种娃娃作为圣诞礼物送给儿童。

这场波及美国的抢购风潮，是由奥尔康公司总裁28岁的罗波尔一系列别出心裁的创意所引发的。罗波尔小时候听说过一个童话故事，说小孩是从菜地里长出来的，于是他将自己设计的一种娃娃取名为“椰菜娃娃”。开始销售不好，于是罗波尔仔细分析美国社会和人们的心理需求，发现美国由于强调自立，父母和子女很少生活在一起，离婚率也比较高，人们在精神上和感情上都存在失落和空虚，为了弥补这种感情上的空白，罗波尔决定对“椰菜娃娃”重新定位和包装，让这种玩具成为人们心中真正的婴儿。

第一，罗波尔决定将其玩具分离，使其个性化，转向感情型，他打破了过去的玩具总是千人一面的束缚，采用最新的电脑设计，使其在性别、容貌、皮肤、发色、发型、服装等方面各不相同，千差万别，细致到酒窝、雀斑的位置都不一样，这样使每一个所领养的“椰菜娃娃”都与别人的不同，这种个性化的独有设计吸引了众多的顾客。

第二，为了让“椰菜娃娃”更加人性化，更加逼真，在制作“椰菜娃娃”时，由公司职员扮成医生和护士，就像在医院接生婴儿一样，每一个娃娃身上都附有出生证、姓名、手脚印，屁股上还盖有“接生人员”印章，甚至还有设计人员的亲笔签名。好奇的人们川流不息来到这医院亲眼目睹“椰菜娃娃”的风采，并将他们“领养”回家。公司在每一个娃娃被领养之后，都建立有关的档案，每当这个娃娃过生日的时候，公司都给其父母寄去精美的生日贺卡。这些富有人情味的“领养”活动获得巨大的成功，公司接到了大量的订单，在亚特兰大，有一位妇女共领养了100多个“椰菜娃娃”。

第三，为了让椰菜娃娃立于不败之地，罗波尔又采取了控制产量的手段，有意造成供不应求的局面，激发人们迫切的领养欲望，不时出现的抢购风潮，使得“椰菜娃娃”身价不断上涨。公司还制造并销售与椰菜娃娃有关的系列产品，如专供娃娃使用的尿布、床单、推车、背包及玩具等，顾客将娃娃领养当做感情上的寄托，也就毫不吝啬地购买这些专用物品。

通过分离创新，分析市场和社会的心理需求，运用一系列创造性的销售方法，“椰菜娃娃”取得空前成功，其零售价涨到25美元，如果有原设计者的亲笔签名，售价接近3000美元，在短短一年中，椰菜娃娃及其系列用品的销售额高达10亿美元，成为商业界的奇迹。

通过椰菜娃娃案例给人的启示是：

1）设计师在设计时应具有营销的观念，以销定产，以顾客的需要为中心，以销售指导产品的设计和生产，满足和服务顾客的需要，这样才能设计出受客户欢迎的产品。

2）在现代社会中，产品除了满足功能方面的要求外，更重要的是满足心理、人文、审美等方面的需要。一种产品能实现消费者的个性消费欲望，体现产品设计的差异性和个性化，市场销售就有了成功的前提。

第三节 移植创新原理

把一个研究对象的概念、原理和方法等运用于或渗透到其他研究对象，而取得成果的方法，就是移植创新。

在自然界，植物在地理位置上的移植、不同物种的枝、芽的移植嫁接、医疗领域的人体器官移植，都运用了移植方法。在机械创新设计方面，应用移植创新原理获得成功的例子也比比皆是。例如，在设计汽车发动机的化油器时，人们移植了香水喷雾器的工作原理；组合机床、模块化机床的设计移植了积木玩具的结构方式。因此，移植方法也是一种广泛应用的创新原理，其主要方式如下：

1）把某一学科领域中的某一项新发现移植到另一学科领域，使其他学科领域的研究工作取得新的突破。

2）把某一学科领域中的某一基本原理或概念移植到另一学科领域之中，促使其他学科的发展。

3）把某一学科领域的新技术移植到其他学科领域之中，为另一学科的研究提供有力的技术手段，推动其他学科的发展。

例如，激光技术移植到医学领域，为诊断、治疗各种疾病提供了有力的武器；激光技术移植到生物学领域，可以改变植物遗传因子，加速植物的光合作用，促进植物的生长发育；在机械加工领域中移植激光技术，使原来用机床很难进行的小孔、深孔及复杂形状的加工都能容易实现；电气技术移植到机械行业，实现了机电一体化；计算机技术移植到机械领域，使机械技术产生巨大的突破。

4）将一门或几门学科的理论和研究方法综合、系统地移植到其他学科，导致新的边缘学科的创立，推动科学技术的发展。

在19世纪末，人们把物理的理论和研究方法系统地移植到化学领域中，在化学现象和化学过程的研究中，运用物理学的原理和方法创立了物理化学。又如，人们把物理学和化学的理论和研究方法综合地移植到生物学领域，创立了生物物理化学这一新的学科。人们运用移植方法，形成了大量的边缘学科，使现代科技既高度分化又高度综合地向前发展，并导致现代科技发展的整体化和融合。

总之，移植原理能促使思维发散，只要某种科技原理转移至新的领域具有可行性，通过新的结构或新的工艺，就可以产生创新。

例 3-2 陶瓷发动机。

人们不断地设计新型高效节能发动机，近年来，人们开发出了陶瓷发动机，它以高温陶瓷制成燃气涡轮的叶片、燃烧室等部件，或以陶瓷部件取代传统发动机中的气缸内衬、活塞帽、预燃室、增压室等。陶瓷发动机具有耐腐蚀、耐高温性能，可以采用廉价燃料，可以省去传统的水冷系统，减轻了发动机的自重，因而可大幅度节省能耗、降低成本，增大了工效，是动力机械和汽车工业的重大突破。

例 3-3 磁性轴承设计。

轴承是常用的机械零件，一般人们主要通过减少摩擦以提高轴承的旋转精度、机械效率和使用寿命。近年来，人们将电磁学原理移植到轴承设计中，利用磁的同性相斥特点，开发出了工作时轴颈与轴瓦不接触的磁悬浮轴承，旋转时摩擦阻力很小，现已推广应用。如美国西屋公司将磁性轴承用在电度表上，开发出高精度的新型电度表，由此获得较高的商品附加值。

例 3-4 机床滚动导轨设计。

常见的机床导轨为滑动摩擦导轨，后来人们在摩擦面间放置滚子，设计出滚动摩擦导轨。与普通滑动导轨相比，滚动导轨具有运动灵敏度高、定位精度高、牵引力小、润滑系统简单、维修方便等优点。从创新设计原理上看，可以认为这种新型导轨是推力滚子轴承结构方式的一种移植。

第四节 逆向创新原理

逆向创新原理是从反面、从构成要素中对立的另一面思考，将通常思考问题的思路反转过来，寻找解决问题的新方法。逆向创新法也称为反向探求法。

我国宋代司马光砸缸救小孩的故事，就是逆向思维方法，它不是将小孩拉出来而是用砸破水缸让水流走的办法，将小孩救出。

18 世纪初，人们发现了通电导体可使磁针转动的磁效应，法拉第运用逆向思维反向探求，“能不能用磁产生电呢?”于是，法拉第开始做大量实验，终于在经过 9 年的探索之后于 1831 年获得成功——发现了电磁感应现象，制造出了世界上第一台感应发电机，为人类进入电气化时代开辟了道路。

一般我们都认为数学的特点就是“精确”，它对客观规律的数学描述不能模棱两可，必须具有严格的精确性，但在 1965 年，美国数学家查德却背离传统数学的精确方法，而专门研究其相反的模糊性，创立了一门新兴学科——模糊数学，在精确方法无能为力的领域，模糊数学显示了无限的生命力，例如，在人类识别、疾病诊断、智能化机器、计算机自动化等方面的应用已卓有成效。

逆向创新法一般有三个主要途径：功能性逆向创新、结构性逆向创新和因果关系逆向创新。

1. 功能性逆向创新

人们在长期从事实践活动的过程中，对解决某类问题过程中的各种功能关系形成了固定的认识，若将某些已被人们普遍接受的功能关系颠倒，有时可以收到意想不到的效果，在适当的条件下，这种新方法可以解决常规方法不能解决的问题。

人们用火加热食品时，总是将食品放在火的上面，当热源的形式改变以后人们仍然习惯这样安排热源和食品的位置。夏普公司生产的煎鱼锅刚开始也是按照普通加热锅的形式进行设计的，但在使用中却发现当鱼被加热时，鱼体内的油滴落到热源上会产生大量的烟雾而造成污染。设计者运用逆向创新，提出能否改变热源和鱼的相对位置，即把热源放在上面，鱼放在下面。根据这一设计思路，他们把热源放在煎鱼锅的上面，研制出采用上加热方式的无烟煎鱼锅。

2. 结构性逆向创新

结构性逆向创新是指运用逆向思维，打破传统的结构设计而得出新结构的产品。活塞式内燃机的主要结构是曲柄滑块机构，但活塞往复运动中的惯性力却阻碍了内燃机转速的提高。运用结构性逆向创新方法，汪克尔发明了旋转活塞式内燃机，提高了内燃机的转速，但由于这种旋转活塞式内燃机的活塞和气缸都不是圆形的，由于加工误差和工作中的非均匀磨损，将使活塞和气缸之间产生泄漏而导致内燃机的工作效率降低。在采用多种传统方法来减少磨损仍不奏效时，工程技术人员运用结构性逆向创新方法，提出寻求用较软的耐磨材料作气缸衬里的新思路，最后选择石墨材料，较好地解决了磨损问题，提高了工作效率，终于使旋转活塞式内燃机能够投入生产。

3. 因果关系逆向创新

自然界中很多自然现象是有联系的，在某一自然过程中，一种自然现象可以是另一种自然现象的原因，而在另一自然过程中，这种因果关系可能会颠倒。探索这些自然现象之间的联系及其规律是自然科学研究的任务。例如，声音能产生振动，那么振动能否复现原声呢？爱迪生发明的留声机就是对声音能引起振动现象中的原因和结果的颠倒应用。又如，1800年，意大利科学家伏打，将化学能变成电能，发明了伏打电池。英国化学家戴维想到化学作用可以产生电能，那么电能是否可以引起化学变化而电解物质呢？1807 年，他果然用电解法发现了钾和钠两种元素，1808 年他又发现了钙、锶、铁、镁、硼 5 种元素，成为发现元素最多的科学家。再如，利用机械结构转动时由于不平衡会引起振动的原理，而发明了可夯实地基的机械夯。

第五节 还原创新原理

还原法则是指暂时放下所研究的问题，反过来追本溯源，回到事物的起点，分析问题的本质，从本质出发另辟蹊径进行创新思考的一种模式。因为从创造原点出发，才不会受已有事物具体形态结构的束缚，能够从最基本的原理方面去探索新的设计方案。

日本一家食品公司，想生产自己的口香糖，却找不到做口香糖原料的橡胶，他们将注意力回到“有弹性”的起点上，设想用其他材料代替橡胶，经过多次失败后，他们用乙烯、树脂代替橡胶，再加入薄荷与砂糖，终于发明出日本式的口香糖，并畅销市场。

打火机的发明也应用了还原创新原理，它突破现有火柴的框框，把最本质的功能——发火功能抽取出来，把摩擦发火改变为气体或液体作燃料的打火机。

无扇叶电风扇的设计是基于电风扇的创造原点是使空气快速流动，人们设计出用压电陶瓷夹持一金属板，通电后金属板振荡，导致空气加速流动的新型电扇。与传统的旋转叶片式电风扇相比，无扇叶电风扇具有体积小、重量轻、耗电少、噪声低等优点。

还原换元是还原创造的基本模式。所谓换元，是通过置换或代替有关技术元素进行创造。换元是数学中常用的方法，例如，直角坐标和极坐标的互相置换和还原、换元积分法等。

探测高能粒子运动轨迹的“气泡室”原理，就是美国物理学家格拉塞尔运用还原换元原理发明的。一次，格拉塞尔在喝啤酒时，看到几粒碎鸡骨在掉入啤酒杯里时，随着碎骨粒的沉落周围不断冒出气泡，而气泡显示出了碎骨粒下降过程的轨迹，他猛然想到自己一直在研究的课题——怎样探测高能粒子飞行轨迹。他想能不能利用气泡来分析高能粒子的飞行轨迹？于是他急忙赶回实验室，经过不断实验，发现当带电粒子穿过液态氢时，所经路线同样出现了一串串气泡，换元实验成功了，这种方法清晰地呈现出粒子飞行的轨迹，格拉塞尔因此获得诺贝尔物理学奖。

例 3-5 食品保鲜研究。

冷冻能保藏食品，使食品在一定时间内保持良好的鲜度和品质。冷冻技术在不断发展，各种冷冻设备也在不断更新。人们为了创造出保藏食品的新装置，都在同一个创造起点上冥思苦想：什么物质可以制冷？什么现象有冷冻作用？还有什么冷冻原理？这种先入为主的冷冻思想束缚了人们的思维。

按照还原换元原理，应首先考虑食品保鲜问题的原点是什么？冷冻食品可以长期储存，其原因在于冷冻可以有效杀灭和抑制微生物的生长，因此凡具有这种功能的方法、装置都可以用来保鲜食品。从这一创新原理出发，瑞典发明家斯坦斯特雷姆大胆地采用微波加热的方法，开发出微波灭菌保鲜装置。经过此法处理的食品，不仅能保持原有形态、味道，而且鲜度比冷冻更好，可以使食品在常温下保存数月。除了微波灭菌外，人们又采用静电保鲜方法，开发出了电子保鲜装置。

例 3-6 洗衣机的开发。

千百年来人们洗涤衣服都是靠手工揉、搓、刷、擦、捶等方法。开始设计洗衣机时，考虑模仿人的洗衣方法，要设计一个像人手搓揉衣服的机构是很不容易的；考虑用刷子擦洗，则很难解决使衣服各处都能刷到；如考虑捶打方法，又容易损坏衣服，因此，在很长时间家用洗衣机难以突破。

后来人们采用还原创新原理，对洗衣方法还原到问题的创造原点。洗衣机的揉、搓、刷、擦、捶等只是洗衣的方法，那么洗衣机的创造原点是什么呢？经过还原分析，应该是“洗”和“洁”，再加上不损坏衣服，即“安全”，至于采用什么方法并没有限制，于是人们设想通过翻滚、摩擦、水的冲刷，并借助洗涤剂的去污作用，使附着在衣物上的脏物脱落，从而达到洗净衣物的目的。

找到了解决问题的方法后，人们首先设计出了拖动式洗衣机，在洗衣桶内由拔爪之类的机构带动衣服，通过在水和皂液中旋转、上下浮动，靠水流冲刷掉污垢，但这种洗衣机的洗涤效果不够理想。

1922 年，工程师设计了搅拌式洗衣机，它的结构是在洗衣桶中心安装一立轴，在立轴上部、靠桶底处安装摆动翼（或波轮），通过周期性的正反旋转，使水流和皂液能不断摩擦、冲刷、翻搅衣物，以达到洗涤目的，这种洗涤方式一直沿用至今。

后来美国的一位工程师受到牛奶分离器分离奶油的启发，设计出了高速旋转的甩干机，1937 年，集洗涤、漂洗和脱水功能于一身的自动洗衣机问世，它用自动定时器控制不同的洗涤时间，使用方便，很受欢迎。

第六节 物场分析原理

一、物场分析的概念

物场分析法（Substance-Field）是前苏联学者阿奇舒勒在发明问题解决理论 TRIZ 中提出的一种创造原理，这种创新理论提出，解决创造课题的本质问题是消除课题的技术矛盾，而技术矛盾是由物理矛盾决定的，因此，只有消除物理矛盾，才能最终解决创造课题。为了分析和消除这类矛盾，可以运用物场分析原理。这个方法的基础是对“最小技术系统”的理解和分析：在任何一个最小技术系统中，至少有一个主体 S_1，一个客体 S_2 和一个场 F，三者缺一不可，否则不能发生技术作用。

所谓物场，是指物质与物质之间相互作用和相互影响的一种联系，或指完成某种功能所需的方法和手段。而物质的定义取决于每个具体的应用，可以是材料、工具、零件、人或者环境等。例如，电铃的响声给了人一种信号，其中，“电铃”和“人”属于“物质”的概念，而“空气的振动”是电铃声传到人耳的基本途径，因此，在“电铃”与“人”之间存在一个“声场”。事实上，世界上的物体本身是不能实现某种作用的，只有同某种“场”发生联系后才会产生对另一个物体的作用或承受相应的反作用，而场本身就是某种形式的能量，因此，可以给系统提供能量，促使系统发生反应，从而可实现某种效应。作用在物质上的场或能量主要有：重力场、电磁场、声场、机械能、化学能、热能等。

一个标准的物场模型由三个要素构成：两个物质和一个场，其一般形式如图 3-4 所示，即主体 S_1 通过场 F 作用于客体 S_2。创新问题被转化成这种模型，其目的是为了阐明两种物质和一种场之间的相互关系，从而为发明创造和创新思维指明方向。

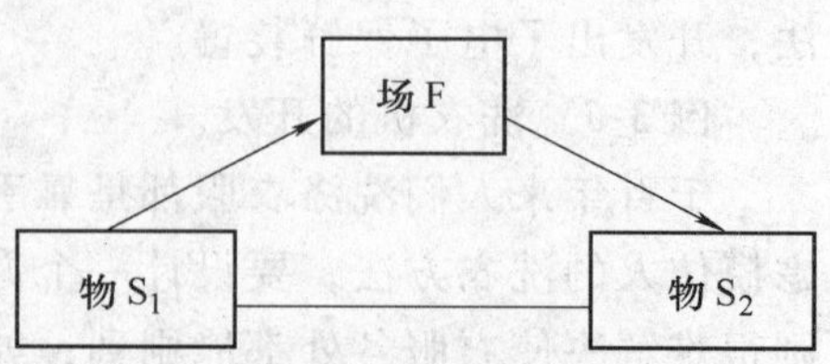

图 3-4 物场模型构成简图

任何物场都可以分为三种类型：

1）完整物场体系，即满足物场三要素要求的物场体系，它是一种能实现物质之间相互作用和影响的完整技术体系。

2）不完整物场体系，即不能满足物场三要素的要求，或只知两物，或知一物一场，这是有待补建的技术体系。

3）非物场体系。如果只给出一种物质或者场，则属非物场体系。显然，它不存在具体的相互作用和影响，不发生任何技术功能作用。

二、物场分析的创造原理

物场分析的基本内容就是在判别物场类型的前提下进行创造性思维，对非物场体系或不完整物场体系进行补建，或者对完整物场体系中的要素进行变换以发展物场。无论补建或变换，其最终目的都是使物场三要素之间的相互作用更为有效，功能更加完善和可靠。

运用物场分析原理开展创造活动时，其主要步骤如下：

(1) 课题分析　搞清课题属于何种技术领域，分析创造课题的出发点和期望达到的目的，已知什么，未知什么，限制条件有哪些等。

(2) 分析物场类型　按照物场的三要素要求，判断创造课题已知条件能够构成哪种类型的物场体系。

(3) 进行物场改造思考

1）对非物场体系或不完整物场体系，要补建成完整物场体系。补建成完整的物场体系，其措施是移植引进作为完整物场体系所不可缺少的元素，而引进的元素应当是发生相互作用的，而不是无关的元素。有时会有这样的情况，当已知条件给定了两种物质，需要引进一个场，这虽然符合构成物场三要素的要求，但无法实现它们的相互作用，这时还应引进使它们发生相互作用的物质，该物质应当是与给定的两个物质之一相混合而不分离，即以复合体（例如物 1、物 1′）来代替物 1。

2）对完整物场体系进行要素置换。物场效率的大小与要素的性质相关。对于已形成完整物场的技术体系，可以考虑用更有效的场（如电磁场）来取代另一类场（如机械场），或用更有效的物质来置换效能较差的物质。

(4) 形成新的技术体系形态　对确定的新物场体系进行技术性构思，使之成为具有技术形态的新技术体系。

三、利用物场分析方法实现创新

根据以上分析可知，为了利用物场分析原理探索机械创新设计中的功能原理解，最基本的方法就是寻求合理的 F 和 S_1，此外还可以通过“完善”、“增加”和“变换”等方法来寻求新的解法。下面结合实例分别予以介绍：

1. F、S_1 搜寻

例如，为了完成修剪草地的任务，如何构思剪草机的原理呢？在这个问题上，S_2 是草地上的草，剩下的问题就是寻找合适的 F 和 S_1 了。

首先要寻找各种可能被利用的 F 并加以分析和比较：

拉力——可以拉断草，但无法控制断草的高度，不能使草地整齐。

割断力——像农夫割麦一样，需要握住草的上部才能割断。

剪断力——利用剪刀刃合拢时产生的剪切力，可以剪断草。

显然人们常常选择剪断力作为理想的 F，当然 S_1 就只能是剪刀了。将剪刀做成像理发推子那样，就是传统的剪草机的解法原理。

如果人们发现某个功能原理解法不够满意而需要改进，可以采用下面一些措施来改进现有的设计。

2. 完善

原设计中有时会出现缺少 F 或 S_1 的情况，并因此造成功能不良的后果，应该通过采取补全 F 或 S_1 的措施来使物场模型完善化。

例如，制造平板玻璃的方法，以前一直采用“垂直引上法”（见图 3-5），这种方法是把半流体的玻璃从熔池中不断向上引，开始时通过轧辊控制厚度，以后边向上引边凝固。这种方法制造出的玻璃表面总是有波纹并且厚度不均。如果用物场分析法来分析，可以看出在整个工艺过程中，玻璃 S_2 在凝固前大部分时间中缺少 F 和 S_1（重力无积极效果，不看作为 F）。近年来出现了一种新工艺：让液态玻璃漂浮在低熔点金属的液面上，边向前流动边凝固。这样制成的平板玻璃不但厚薄均匀，而且没有波纹，这就是“浮法”制造平板玻璃的功能原理解法。显然浮法工艺是补充了低熔点合金的液面作为 S_1，又利用该合金液体的表面张力作为一种特殊的力场 F，既浮起了玻璃又使玻璃表面保持水平、光滑和均匀。

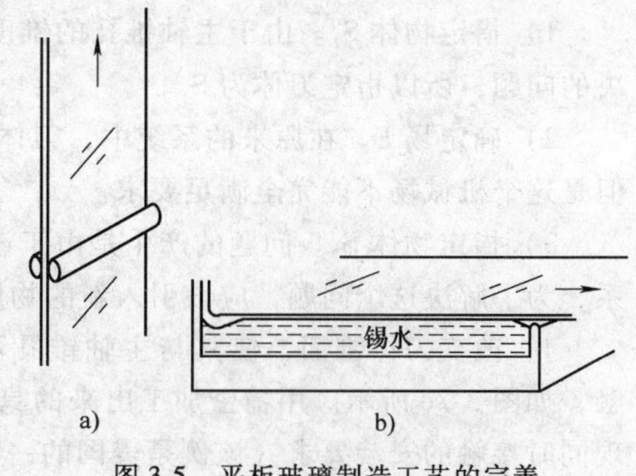

图 3-5　平板玻璃制造工艺的完善
a）垂直引上法　b）浮法

3. 增加

一个最小技术系统至少应该具有 S_1、S_2 和 F，但有时还应辅以 S_1' 和 F'，才能更好地完成希望实现的功能。例如，在金属切削过程中，钢工件是 S_2，刀具是 S_1，切削力是 F，如果加入另一种物质 S'_1（切削液），切削工艺过程就会变得更好，工件的表面粗糙度值会减小，切削速度也可以提高。S_1' 的存在实际上还附加了另一种物理场 F'，这就是分子吸附膜，这层分子膜使得刀具和工件表面之间的摩擦得到改善，同时还起冷却作用。这种模式在很多工艺功能中都可以采用，并能取得了良好的效果。

4. 变换

对已有功能解法中的 S_1 和 F 分析后，常常可以发现它们并非是不可替换的，有时通过变换可能会产生意想不到的好效果。例如，前面提到的剪草机原理，是否有别的东西可以代替剪切力 F 和剪刀 S_1 呢？我们知道杂技演员在舞台上用鞭子可以把报纸抽断，由此提示人们，即使不用刀，用软的物体也可以切断某些物体，只要有足够的速度就行，于是一种新型的割草机就产生了。它的原理特别简单（见图 3-6），用一根直径约为 2mm 高速旋转的尼龙线，就可以又快又好地来修剪草地。这时 S_1 是一条尼龙线，F 则是高速抽打的“抽击力”，这种变换产生了更为理想的效果。人们也许会立刻联想到用高压水喷射可以切割木材、钢板、布料等。

又如，在机械加工中，加工中心刀具的刀体部分的锥度为 7/24，如图 3-7a 所示。为了保证加工精度及刚度，必须使刀体的锥体 *b* 与主轴锥孔以及刀体法兰端面 *a* 与主轴端面同时接触，但实际上很难实现两者同时接触；或者是刀体法兰端面与主轴端面接触造成刀具径向位置无法确定；或者是刀体的锥体部分与主轴锥孔接触而刀体法兰端面与主轴端面不能接触，造成轴向刚度不足，如图 3-7b 所示。利用物场分析方法解决该问题的过程如下：

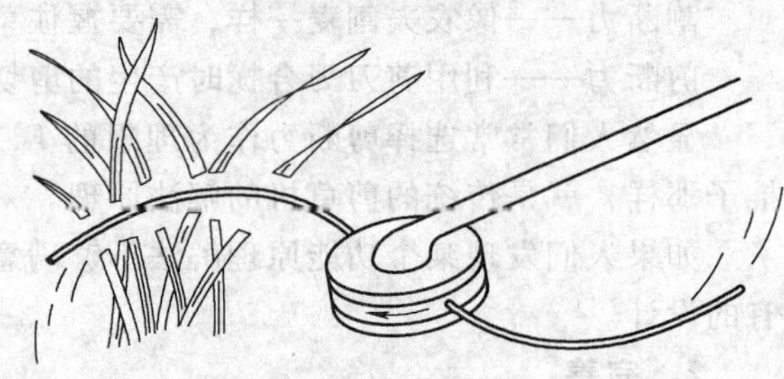

图 3-6 新型割草机

1）指定物体 S_1。由于主轴锥孔的锥度按国家标准选取，因此刀体的锥体便成为需要解决的问题，所以指定刀体为 S_1。

2）确定场 F。在原来的系统中，刀体安装的要求是由机械场通过配合、挤压来实现的，但是这个机械场不能完全满足要求。

3）指定物体 S_2。问题的产生是由于该机械场不能有效地保证主轴和刀体的安装位置关系，为了解决这个问题，应该引入新的物质来改进物场模型。

4）改变刀体锥面，使其与主轴锥孔不是以整个圆锥面接触，而是以多数点的形式接触，如图 3-7c 所示。用精密加工出来的具有适当刚性的小球构成刀体的圆锥面，便可以实现同时接触的安装要求（该例是美国的一项发明专利）。

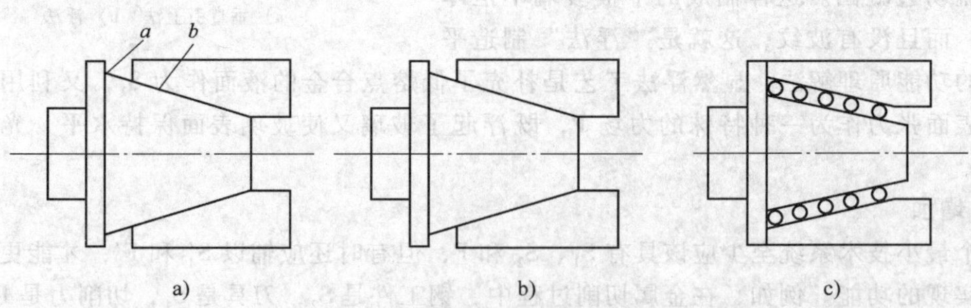

图 3-7 锥孔定位问题解决方法

a）加工示意 b）实际接触示意 c）小球接触示意

第七节　价值优化原理

提高产品价值是产品设计的目标。在第二次世界大战以后，美国开展了关于价值分析（Value Analysis，简称 VA）和价值工程（Value Engineering，简称 VE）的研究。在设计研制产品或采用某种技术方案时，设 F 为产品具有的功能，C 为取得该功能所耗费的成本，则产品的价值 V 为

$$V=\frac{F}{C}$$

显然产品的价值与其功能成正比，而与其成本成反比。

价值工程就是揭示产品（或技术方案）的价值、成本、功能之间的内在联系，它以提高产品的价值为目的，实现技术经济效益的提高。它研究的不是产品（或技术方案）而是其功能，研究功能与成本的内在联系，价值工程是一套完整的、科学的系统分析方法。

设计创造具有高价值的产品，是人们追求的重要目标。价值优化或提高价值的指导思想，也是创新活动应遵循的理念。价值优化的基本途径有：

1）保持产品功能不变，通过降低成本，达到提高产品价值的目的。

2）不增加成本的前提下，提高产品的功能质量，以实现产品价值的提高。

3）虽然成本有所增加，但却使产品功能大幅度提高，使产品价值提高。

4）虽然产品功能有所降低，成本却大幅度下降，使产品价值提高。

5）不但使产品功能增加，同时也使成本下降，从而使其价值大幅度提高，这是最理想的途径，也是价值优化的最高目标。

价值优化并不一定能使每项性能指标都达到最优，一般可寻求一个综合考虑功能、技术、经济、使用等因素后都满意的系统，有些从局部来看不是最优，但从整体来看是相对最优。

例 3-7　运用价值优化设计“新型百叶窗”。

英国库特公司计划开发一种既能防止雨水进入屋内，又可使室内空气流通的新型百叶窗。设计人员通过价值分析，改变了传统的设计方案，采用允许雨水透过百叶窗，然后在窗叶后面用凹槽收集雨水，再用细管将雨水排出室外的方案。新设计的百叶窗因方便操作、成本较低、使用寿命长，大大提高了市场竞争力。

第四章　常用创新设计的基本技法

为了保证创造性活动的正常开展，必须充分调动人们的创造性思维，同时也要掌握并正确运用创新技法。创新技法是解决创新设计问题的创意技术，是通过对创造活动的实践经验进行总结和提炼而得到的发明创造的一些基本技巧和方法，其基本原则是打破传统的思维习惯，克服思维定势和妨碍创新设想产生的各种消极心理，给予启发激励，按照一定方法、步骤取得创新成果。应用创新技法可以帮助人们在设计和开发产品时得到创造性的解，因此，创新技法体现了人们对创造性思维和创造理论加以具体化应用的技巧。

第一节　到实践中去寻找创新课题

如果你准备从事发明创造，首先应该想到你从事的发明创造是不是人们普遍需求的并能否满足社会的需要，否则再好的设计都没有生命力，因此，发明课题的选定是进行发明创造工作的关键。设计者应当积极主动地参与各种创新实践活动，经常保持创新的冲动，在实践中多看、多想、动手、动脑，努力培养捕捉新事物的敏锐洞察力，只有这样才能在生产和生活中广泛地搜寻创新课题。

1. 在生活中搜寻创新课题

世界上不存在尽善尽美的事物，人们的衣、食、住、行、用等方面的物品总有一些不合理、不完善、不方便、不如意、不科学，许多小发明的题材都可从这“五不”中产生。

例如，为了便于出行，人们发明了如图 4-1 所示的多用工具，它将多种常用工具的功能集于一身，为旅游和经常出差的工作人员带来了方便。

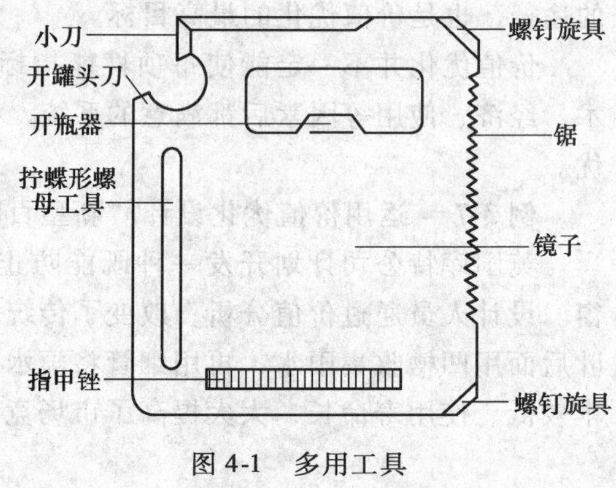

图 4-1　多用工具

又如，为了便于设计人员绘图，人们改进了如图 4-2a 所示的固定式绘图仪，发明了图4-2b 所示的可调节连杆式绘图仪，从而使人的身体在工作时处于舒适的状态。

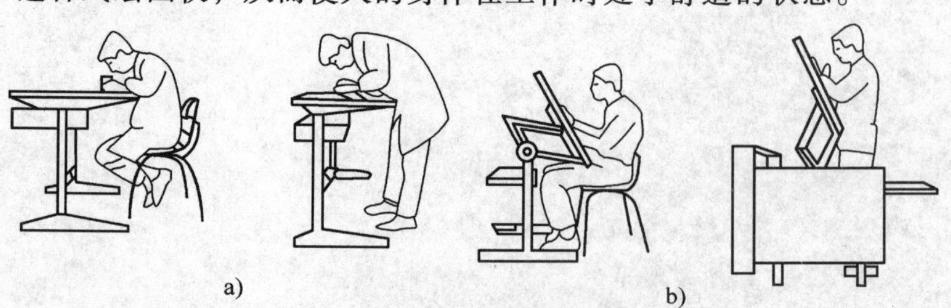

图 4-2　两种绘图仪比较
a）不可调，不适　b）可调节，舒适

2. 到各自的工作领域去发掘

长期从事某一工作的人，对本专业的现状最熟悉，选题方便，成功的可能性更大。

伞是日常生活必需品，但普通的伞由于有较大的体积，在旅行时携带很不方便，能不能将伞折叠起来，便于我们携带呢？

例如，图 4-3 所示的两种晴雨伞机构，图 4-3a 为单独应用曲柄连杆等长的曲柄滑块机构，体积较大而携带不方便；图 4-3b 为联合应用曲柄连杆等长的曲柄滑块机构和等长边平行四边形机构，通过折叠减小了体积，方便了携带。

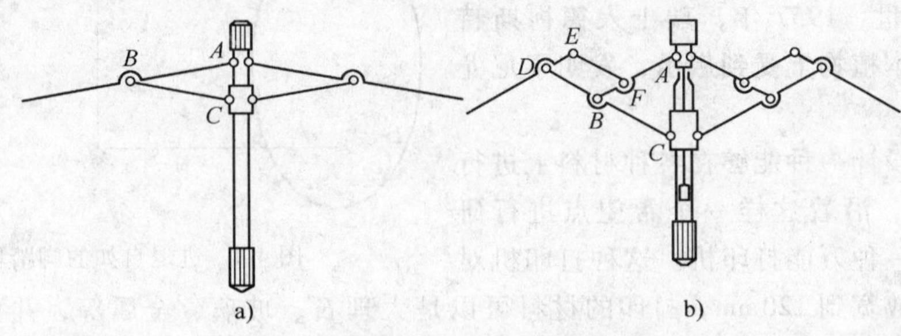

图 4-3　晴雨伞折叠伸展机构

除此之外，现在人们又设计出了半自动伞、自动伞，折叠的方式也多种多样。

第二节　常用创新设计的基本技法

一、缺点列举法

世界上任何事物不可能十全十美，总存在这样或那样的缺点，人们总是期望事物能尽善尽美。缺点列举法是将你所熟悉事物的缺点一一列举出来，随时做笔记记录，找出你感受最深、最急需解决而又可能解决的问题，对症下药，作为创新发明的选题。在明确需要克服的缺点后，就得有的放矢地进行创造性思考，并通过改进设计去获得新的技术方案。运用缺点列举法的目的不在列举，而在改进，因此要善于从列举的缺点中分析和找出有改进价值的主要缺点以作为创造的目标。

例如，针对自行车轮胎跑气这个缺点，构思发明了自行车自动充气器；针对试电笔要与带电体接触，既不方便也不太安全的缺陷，创造设计出了一种新型的不接触式试电工具——感应试电器；针对普通洗衣机不能分类洗涤衣物的缺点，开发设计出具有分洗特点的三缸洗衣机。

二、希望点列举法

设计者从社会需要或个人愿望出发，通过列举希望来形成创造目标，在创新技法上称为希望点列举法。将这些希望给予具体化，并列举、归类和概括出来，往往就成为一个可供选择的发明课题。希望点列举法既可用于已有事物，又可用于尚未出现的事物。列举希望可以召开希望点列举会，发动群众多方面捕捉，因为集体的智慧大于个人的智慧。

很多人都喜欢溜冰、滑滑板，但它们往往只能前进而不能随意后退，能不能设计出既能前进又能后退的并且进退自如的游玩器具呢？有位 34 岁的日本青年，平时经常喜欢拆开自行车、溜冰鞋、三轮车等摆弄，一天他骑在自行车上踩踏板时，发现脚踏板曲轴可以随时向前或者向后踩，只是由于自行车上的棘轮机构，使得自行车只能单向前进。他忽然产生一个很好的构想，那就是将二轮车的直轴直接改变为曲轴，如图 4-4 所示，脚站在曲轴上，这样用脚去踩时，由于踩法不同，车子就可以随意地前进或后退了。

人们在缝制衣服、穿衣时，感到挖扣眼、钉钮扣、系和解钮扣都很费事，希望能有一种方便的钮扣问世，1957 年，瑞士人德梅斯特拉尔从一种草本植物上受到启示，发明了尼龙搭扣。

又如希望设计一种能够在各种材料上进行打印的打印机，沿着这样一个希望点进行研究，就研制出一种万能打印机。这种打印机对厚度的要求可放宽到 120mm，打印的材料可以是大理石、玻璃、金属等，并可用六种颜色打印。打印的字、符号、图形能耐水、耐热、耐光，而且无毒。

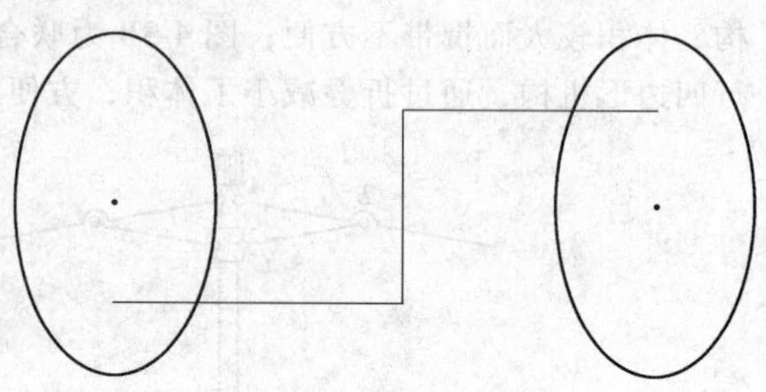

图 4-4 进退自如的脚踏玩具

三、系统设问法

系统设问法是针对事物系统罗列出问题，然后逐一加以研究和讨论，多方面扩展思路，就像原子的链式反应那样，从单一物品中萌生出许多新的设想。系统设问法可以从下列几方面入手：

（1）有无其他用途　现有物品还有没有其他用途；将其稍微改变一下，是否还有别的用途。

（2）能否借用或引申　能否借用别的经验；有无与过去相似的东西；能否模仿些什么；是否可以从这件物品引申设想出其他东西。

（3）能否改变　改变原来的形状、颜色、气味、式样等，会产生什么结果。

（4）能否扩大　在这件物品上能否增加什么；时间、频度、强度、高度、长度、厚度、附加价值、材料能否增加；能否扩张。

（5）能否缩小　从这件物品上能否减少什么；能否再小点；能否浓缩；能否微型化；能否再低些；能否再短些；能否再轻些；能否再薄点；能否省略；能否分割化小；能否采取内装。

（6）能否代替　有没有其他物品可以代替这件物品；是否有其他材料、成分、工艺、动力或方法可以代替。

（7）能否重新调整　可否更换条件；能否用其他的型号；能否用其他设计方案；能否用其他顺序；能否调整速度；能否调整程序。

（8）能否颠倒过来　正反互换会怎样；颠倒方位又会怎样；能否反转。

（9）能否组合　这件物品与什么东西组合起来效果会更好；混成品、成套东西是否统一协调；单位、部分能否组合；目的、主张能否综合；创造设想能否综合。

运用系统设问法可将已有的物品对照上面的各个方面分别提问，找到的答案一般都可以作为发明的选题。

现以自行车为创新设计对象，运用系统设问法提出有关自行车的新产品概念。

例 4-1　自行车的新创意。

解　运用系统设问法求解自行车的新概念，结果见表 4-1。

表 4-1　自行车创新设计系统设问表

序号	设问项目	新概念名称	创意简要说明
1	有无其他用途	多功能保健自行车	将自行车改进设计，使之成为组合式多功能家用健身器
2	能否借用	自助自行车	借用机动车传动原理，使之成为自助车
3	能否改变	太空自行车	改变自行车的传统形态（如采用椭圆形链轮传动），设计出形态特殊的“太空自行车”
4	能否扩大	新型鞍座	扩大自行车鞍座，使之舒适，必要时还可储存物品
5	能否缩小	儿童自行车	设计各种儿童玩耍的微型自行车
6	能否代用	新材料自行车	采用新型材料（如复合材料、工程塑料）代替钢材，制作轻便型高强度自行车
7	能否重新调整	长度可调自行车	设计前后轮距离可调的自行车，缩小占地空间
8	能否颠倒	可后退自行车	传统自行车只能前进，开发设计可后退的自行车，方便使用
9	能否组合	自行车水泵	将小型离心泵与自行车组合成自行车水泵，方便农村使用
		三轮自行车	设计三轮自行车，供两人同乘

四、信息联想法

随着科学技术突飞猛进，每天都有大量新信息通过各种媒体传播，人们将自己每天耳闻目睹的大量信息加以筛选，从中挑出新奇的、与技术有关的科学发现和技术发明，通过思维加以联想，往往可以提出一个新的发明问题，因此，信息已经成为人类创新的重要资源。广泛收集并充分利用各种信息，可以使人们在发明的道路上少走或不走弯路。著名发明家爱迪生在研究每一课题时，总要收集大量有关资料，据说他为了发明电灯，收集的资料竟写了二百本笔记，总计 4 万页，爱迪生有发明的天才，与他能充分收集、整理和利用信息有很大关系。

联想的方式有：由一事物联想到在空间或时间上与其相连的另一事物；联想到与其对立的另一事物；联想到与其有类似特点的另一事物；联想到与其有因果关系的另一事物；联想到与其有从属关系的另一事物等。

收割机的发明就是人们由理发推子剪去头发联想到收割麦子可采用同样的原理而设计制成的。

为了减少车轮的振动，一开始人们在车轮上直接裹上橡胶，但不论橡胶是硬还是软，人在车上都感到不舒服，因而效果不理想。英国医生邓禄普受到足球充气的启发，联想到在橡胶轮胎内充气，对传统的方法进行彻底改革，设计出了现代的充气轮胎。

美国工程师杜里埃认为要提高汽油在气缸中的燃烧效率，必须使汽油与空气均匀混合。一天，他看到用喷雾器喷洒香水时形成均匀雾状的现象而联想到汽油雾化后就可与空气均匀混合，从而发明了汽车化油器。

信息联想可用组合法来分析设计方案，构成联想组合的图形可以是二维的，也可以是多维的，组合的元素可以是同一组，也可以是不同组。

图 4-5 所示为家具与家用电器的二维组合联想，纵横交叉的点即为可供选择的组合方案，如床与沙发组合联想成为沙发床，柜子与桌子成为组合柜，电视与镜子组合成为反画面电视，等等。图 4-6 所示为公园游船设计的三维组合联想，三组元素分别代表船体的外形、船的推进动力和船的材料，其中船体外形可以选择的方案有龙、鱼、鹅、画舫、飞碟、飞船等；船的推进动力可以选择的方案有手划桨、脚踏桨、喷水、内燃机、电动螺旋桨等；船体材料可以选择的方案有木、钢、水泥、塑料、玻璃钢、铝合金等。每组元素任取一项即组合成一种游船设计方案，供设计者选择。可见信息组合法能够迅速提供大量的组合方案，可以为新产品开发提供线索。

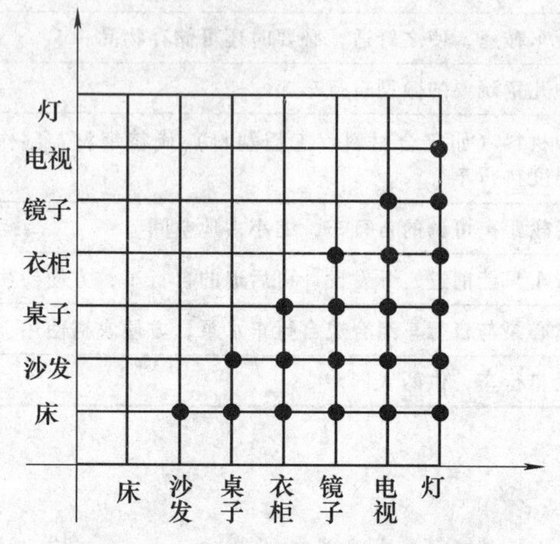

图 4-5 家具与电器的二维组合联想

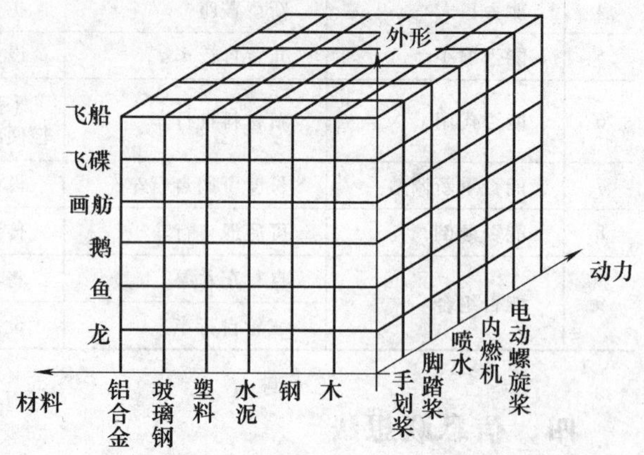

图 4-6 游船三维组合联想

五、集思广益法

集思广益法是美国创造学家奥斯本于 1945 年首先提出的，原文是“Brain storming”，直译就是“头脑风暴法”。这种方式就是以开小型“诸葛亮会”来进行，旨在利用集体思考的方式，使思想互相激荡，发生连锁反应，以快速的提议来产生大量的创新概念，适用于设计的初始阶段，其中心思想是激发每个人的知觉、灵感和想象力，让大家在和睦、融洽的气氛中自由思考，不论什么想法，都可以原原本本地讲出来，不必顾虑这个想法是否荒唐可笑。与会人数一般以 5 ~ 10 人为宜，人员的专业构成要合理（组员应有不同的专业背景），尽量选择一些对问题熟悉又有实践经验的人，要求与会者严守下列规则：

1）解放思想，畅所欲言，想到就说，意见越多越好。

2）仔细倾听他人的发言，及时从中受到启发，以使自己的意见更加完善。

3）欢迎自由奔放的思考，鼓励海阔天空的发言，设想越奇越好，能否采用另当别论。

4）禁止批评别人的发言，不能陷入争执之中，这一点很重要。

会后对会上的各种设想进行评价，选择最优设想付诸实施。

利用上面介绍的基本方法，一般可以确定待发明的课题。在解决问题的过程中，要根据事物的品质、构造、功能、特征对各种构想进行分析、比较、判断，运用正向思维和逆向思维的分析方法，对问题进行类比、综合、联想，同时反复进行绘图、试验、制作样品和模型，并不断地改进，才有可能真正地完成一个发明。

例如，用什么办法能又多、又快、又好地剥开核桃。常规的方法是用手掰、用门掩、用榔头砸、用钳子夹等，但是这些方法适用于剥开少量核桃，太多的核桃就不适应了，对此有人提出了诸如分类后用压力机、在外部加一个集中力撞击核桃皮、将核桃放在高空再摔下使之破裂等方法。这些方法都是按照正常思维的逻辑，即从外部剥离核桃皮。如果采用逆向思维会得到什么方法呢？于是，有人提出把核桃钻个小孔，并往里面打气，从里面将核桃皮破开。这个想法看似有些不可行，但是它有新意。后来被人进一步发展和完善，采用把核桃放入空气室，而后往里面充气增压，然后再使空气室内的压力锐减，由于核桃内部压力的作用，致使核桃皮破裂，而且保持了核桃仁的完好。这个方法是经过10min的讨论、在得到的40条方案中经过筛选和综合出来的，并且获得了发明专利。

六、属性列举法

属性是指固有的特性，是一种与特定事物密切相关或从属于该事物的对象。属性列举法是由美国创造学家克拉福德教授研究总结而成的，是一种基于任何事物都有其特性，将问题加以化整为零，以利于产生创造性设想而提出的创新技法。该法先行列举一些设计的主要属性，然后提出改进每一属性的各种办法，其目标是将注意力集中在基本问题，以便激发出解决问题的更好构思，因此将属性列举法与系统设问法组合应用，通过创造性思维的作用，有助于探索研究对象的一些新设想。

比如，你想要创新一台电风扇，只是笼统地寻求创新整台电风扇的设想，恐怕十有八九会碰到不知从何下手的问题。如果将电风扇分解成各种要素，如电动机、扇叶、立柱、网罩、风量、外形、速度等，然后再分别逐个地研究改进办法，就是一种有效的促进创造性思考的方法。

属性列举法的操作步骤如下：

1）列出构想、装置、产品、系统或者问题主体的主要属性。

2）改变或修改所列出的主要属性，用以改进所要解决的构想、装置、产品、系统或者问题的主体，而不考虑实际的可能性。

例4-2　传真机的改进设计。

解：(1) 传真机的主要属性为：

1）机器的功能。

2）纸张的种类。

3）纸张的大小。

4）机器的外形。

(2) 每一项属性的改进构想为：

1）附加功能：电话、复印、录音、收音机、闹钟。

2）纸张种类：普通纸、特殊纸、投影片。

3）纸张大小：A4，A3，B4，B3、口袋大小、可调。

4）机器外形：椭圆形、方形、圆形、三角形。

七、形态表分析法

形态表分析法是一种系统搜索和程式化求解的创新技法，这种方法以建立形态学矩阵为基础，通过对创造对象进行因素分解，找出因素可能的全部形态（技术手段），再通过形态学矩阵进行方案综合，得到方案的多种可行解，从中筛选出最佳方案。所谓因素，指构成事物的特性，如产品的用途、产品的功能等。形态是指实现相应功能或用途的技术手段，如以“时间控制”功能作为产品的一个因素，那么“手动控制”、“机械定时器控制”、“电脑控制”则为相应因素的表现形态。

形态表分析法的基本步骤是：

1）确定创造对象的主要设计因素。所选设计因素（特征或功能）的属性应为同级，且相互之间具有合理的独立性。设计因素的组合应满足产品的性能要求，但因素的数目不能太多，一般以 4～7 个为宜。

2）列出每一因素的可能形态。这些形态既应包括特定设计的已有子解，也应包括或许可行的新解。将每一个设计因素的形态组合起来，即得到问题的全解。

3）构建形态学矩阵。以设计因素为纵轴，可能形态为横轴，构建形态学矩阵。

4）找出可行解。从矩阵的每行中一次选择一个可能形态，即可得到一种可能答案，理论上由此可得到所有的可能解答。若可能解答的数目不是很大，则可全部加以考虑作为潜在的解答。

图 4-7 所示为一个典型的形态学表，其中组合 $A_3B_2C_4D_2$ 或许是一个可行解，或许被证明为不可实现。

设计参数	可能子解				
A	A_1	A_2	A_3	A_4	
B	B_1	B_2	B_3		
C	C_1	C_2	C_3	C_4	C_5
D	D_1	D_2	D_3	D_4	

图 4-7　一个典型的形态学表

例 4-3　运用形态表分析法探索新型单缸洗衣机的创意。

解　1）因素分析。从洗衣机的总体功能出发，分析实现“洗涤衣物”功能的手段，可得到“盛装衣物”、“分离脏物”和“控制洗涤”等基本分功能，以分功能作为形态分析的三个因素。

2）形态分析。对应分功能因素的形态，是实现这些功能的各种技术手段与方法。为列举功能形态，应进行信息检索，密切注意各种有效的技术手段或方法。在考虑利用新的方法时，可能还要进行必要的试验，以验证方法的可用性和可靠性。在上述的三个分功能中，“分离脏物”是最关键的功能因素，列举其技术形态或功能载体时，要针对“分离”二字广思、深思和精思，从多个技术领域（机、电、热、声等）去发散思考。

3）列出形态学矩阵并进行方案综合　经过一系列分析和思考，在条件成熟时即可建立表 4-2 所示的洗衣机形态学矩阵。

4）方案评选

方案 1：A1-B1-C1 是一种最原始的洗衣机。

表 4-2　洗衣机形态学矩阵

	因素（分功能）	形态（功能解）1	2	3	4
A	盛装衣物	铝桶	塑料桶	玻璃钢桶	陶瓷桶
B	分离脏物	机械摩擦	电磁振荡	热胀	超声波
C	控制洗涤	人工手控	机械定时	电脑自控	

方案 2：A1-B1-C2 是最简单的普及型单缸洗衣机。这种洗衣机通过电动机和 V 带传动使洗衣桶底部的波轮旋转，产生涡流并与衣物相互摩擦，再借助洗衣粉的化学作用达到洗净衣物的目的。

方案 3：A2-B3-C1 是一种结构简单的热胀增压式洗衣机。它在筒内装热水并加进洗衣粉，用手摇动使桶旋转增压，也可实现洗净衣物的目的。

方案 4：A1-B2-C2 是一种利用电磁振荡原理进行分离脏物的洗衣机，这种洗衣机可以不用洗涤波轮，把水排干后还可利用电磁振荡使衣物脱水。

方案 5：A1-B4-C2 是超声波洗衣机的设想，即考虑利用超声波产生很强的水压使衣物纤维振动，同时，借助气泡上升的力使衣物运动而产生摩擦，达到洗涤去脏的目的。其他的方案不再一一列举。

经过初步分析，便可挑选出少数方案作进一步研究。为了便于技术经济分析，对选中的方案应设计出基本原理图。图 4-8 所示为超声波洗衣机的基本原理图。工作时先在洗衣桶 1 内放入要洗的衣物和洗衣粉，并注入适量的水。然后启动电磁式气泵 4，压力风经气泵送气管 5，风量调节器 7 和送气管 6 至桶底部的空气分散器 2，产生微细气泡，并在筒内上升。微细气泡相互碰撞，当溢出水面时破裂。气泡破裂时产生 50～30000Hz 的超声波，尤其在 20000Hz 以上的超声波，可以产生很强的水压，使衣物纤维振动，产生洗涤作用，在超声波乳化作用的短时间内，衣物的油渍或污垢被分离。同时，气泡上升的力将产生一个从中央向外侧的回水流使衣物相互摩擦，并加强衣物与洗涤剂接触，强化洗涤功效。风量调节器具有两个作用：一是根据洗涤衣物种类和数量调节风量，二是通过送气管控制洗衣桶内产生的气泡。转换旋钮 8 用来控制安装在排水管 3 内的阀门，进行洗涤和排水两个工作状态的转换。定时器 9 用以控制洗衣机工作时间。根据超声波洗衣机的工作原理可知，由于筒内没有转动部件，所以衣物磨损轻，工作时无噪声，节水、节电，洗净度高。

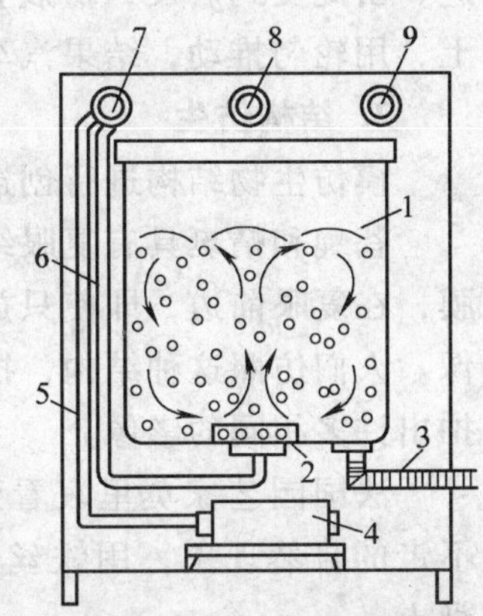

图 4-8　超声波洗衣机原理

1—洗衣桶　2—空气分散器　3—排水管　4—电磁式气泵　5、6—送气管　7—风量调节器　8—转换旋钮　9—定时器

八、仿生法

仿生法是指对自然界的某些生物特性进行分析和类比，通过直接或间接模仿而进行创新设计的方法。自然界具有形形色色的生物，漫长的进化使其具有复杂的结构和奇妙的功能，因此，人类不断地从自然界得到启示，并将其原理应用于生产和生活中。

仿生法具有启发、诱导、拓宽创造思路的功效。运用仿生法向自然界索取启迪，令人兴趣盎然，而且涉猎内容相当广泛。从鸟类想到飞机，从蝙蝠想到雷达，从锯齿状草叶想到锯子，千奇百态的生物，精妙绝伦的构造，赋予人类无穷无尽的创造思路和发明设想，吸引着人们去研究、模仿，从中进行新的创造。

仿生法不是自然现象的简单再现，而是在研究其工作原理的基础上，用现代设计手段设计出具有新功能的仿生系统。这种仿生方法贯穿于创造性思维的全过程中，是对自然的一种超越。

1. 原理仿生

模仿生物的生理原理而创造新事物的方法称为原理仿生法，比如模仿鸟类飞翔原理的各式飞行器。

蝙蝠用超声波辨别物体位置的原理使人类大开眼界。经过研究发现，蝙蝠的喉内能发出十几万赫兹的超声波脉冲，这种声波发出后，遇到物体就会反射回来，产生报警回波，蝙蝠根据回波的时间确定障碍物的距离，根据回波到达左右耳的微小时间差确定障碍物的方位。人们利用这种超声波的探测本领，测量海底容貌、探测鱼群、寻找潜艇、探测物体内部缺陷等。

南极终年冰天雪地，行走十分困难，汽车也很难通行。科学家们发现平时走路速度很慢的企鹅，在危急关头，一反常态，将其腹部紧贴在雪地上，双脚快速蹬动，在雪地上飞速前进，由此受到启发，仿效企鹅动作原理，设计了一种极地汽车，使其宽阔的底部贴在雪地上，用轮勺推动，结果汽车也能在雪地上飞速前进，时速可达50多公里。

2. 结构仿生

模仿生物结构进行创造性设计的方法称为结构仿生法，比如从锯齿状草叶想到锯子。

苍蝇和蜻蜓具有复眼结构，即在每一个小六角形的单眼中，都有一小块可单独成像的角膜，在复眼前边，即使只放一个目标，但通过一块块小角膜，看到的却是许多个相同的影像。人们仿照这种结构，把许多光学小透镜排列组合起来，制成复眼透镜照相机，一次就可拍出许多相同的影像。

法国园艺家莫里哀看到盘根错节的植物根系结构使植物根下泥土坚实牢固、雨水都冲不走的自然现象，用铁丝做成类似植物根系的网状结构，用水泥、碎石浇制成了钢筋混凝土。

18世纪初，蜂房独特、精确的结构形状引起人们的注意，每间巢房的体积几乎都是$0.25cm^3$，壁厚都精确保持在0.073mm±0.002mm范围内。如图4-9所示，巢房正面均为正六边形，背面的尖顶处由三个完全相同的菱形拼接而成，经数学计算证明，蜂房的这一特殊的结构具有同样容积下最省料的特点。经研究，人们还发现蜂房单薄的结构还具有很高的强度，比如用几张一定厚度的纸按蜂窝结构做成拱形板，竟能承受一个成人的体重，据此人们发明了各种重量轻、强度高、隔声和隔热等性能良好的蜂窝结构材料，广泛应用于飞机、火箭及建筑上。

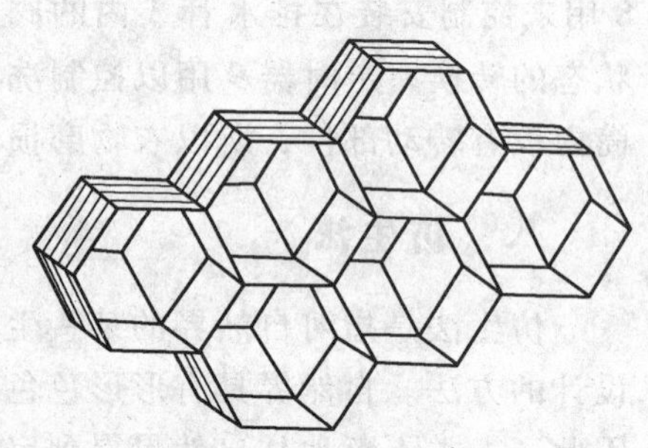

图4-9 蜂房结构示意

3. 外形仿生

模仿生物外部形状而进行创造的方法称为外形仿生法，比如从猫、虎的爪子想到在奔跑中急停的钉子鞋。

鲸鱼死后，仍保持浮游体态的现象令人不得其解，苏联科学家经研究发现，这正是鲸鱼身上的鳍在起作用，仿照其外形结构，他们在船的水下部位两侧各安装十个“船鳍”，这些鳍和船体保持一定的角度，并可绕轴转动，当波浪致使船身左右摇摆时，水的冲击力就会在“船鳍”上分解为两个分力，其一可防摇扶正，其二可推动船舶前行，因此，“船鳍”不仅减少了船舶倾覆的危险，而且还具有降低驱动功率、提高航速的作用。

传统交通工具的滚动式结构难于穿越沙漠，苏联科学家仿袋鼠行走方式，发明了跳跃运行的汽车，从而解决了用于沙漠运输的运载工具。对爬越45°以上的陡坡来说，坦克也只能望洋兴叹，美国科学家仿照蝗虫行走方式，研制出六腿行走机器，它以六条腿代替传统的履带，可以轻松地行进在崎岖山路之中。

4. 信息仿生

通过研究、模拟生物的感觉、语言、智能等信息和存储、提取、传输等方面的机理，构思和研制出新的信息系统的仿生方法称为信息仿生法。

狗鼻子的嗅觉异常灵敏，人们据此发明了电鼻子。这种电鼻子是集智能传感技术、人工智能专家系统技术及并行处理技术等高科技成果于一体的高自动化仿生系统，它由20种型号不同的味觉传感器、一个超薄型微处理芯片和用来分析气味信号并进行处理的智能软件包组成，它使用一个小泵把地面的空气抽上来，使之流过这20种传感器表面，传感器接收到微量气味后，形成相应的数字信号送入微处理器中的专家系统对这些数字信号进行比较、分析和处理，将结果显示在屏幕上。电鼻子广泛应用于军事领域，比如利用电鼻子可寻找藏于地下的地雷、光缆、电缆及易燃易爆品等。

响尾蛇的鼻和眼之间的凹部（称为热眼）对温度极其敏感，是一种十分灵敏的热感受器，能对千分之一度的温度变化作出反应，因此，响尾蛇能轻易觉察到身边其他事物的存在。据此原理，美国研制出对热辐射非常敏感的视觉系统，并将其应用于“响尾蛇”导弹的引导系统。这种导弹装有热眼–红外线自动跟踪制导系统，它不仅可以根据发动机发出的少量热量来追踪飞机与舰艇，而且还能根据目标在空中或水中留下的“热痕”顺藤摸瓜，直到击中目标。

第三节　基于组合原理的创新设计

一、组合创新法概述

1. 组合创新的概念和意义

在发明创新活动中，按照所采用的技术来源，发明可分为两类：一类是在发明中采用全新的技术原理，称为突破型发明；另一类是采用已有的技术并进行重新组合，从而形成新的发明。从人类发展的技术进程中可以看出，进入19世纪50年代以来，突破型的发明在总发明数量中所占的比重在下降，而组合型发明的比重在增加。从某种意义上讲，发明创新几乎都是已有技术的组合，因此，在组合中实现创新，已经成为现代技术创新活动的一种趋势。

人类在数千年的发展历程中积累了大量的各种技术，这些技术在其所应用的领域中逐渐发展成熟，有些已经达到相当完善的程度。为实现某些新的功能，将这些成熟的技术进行重新组合，形成新的功能元素，这样的创新活动如能满足某种社会需求，则将是一种成功率很高的创新方法。

组合创新法是指按照一定的技术原理，通过将两个或多个功能元素合并，从而形成一种具有新功能的新产品、新工艺、新材料的创新方法。要素组合不是各种要素的机械相加，而是根据需要，选取事物的某些要素按照科学的原理有机组合，从而进行创新的过程。

由于形成组合的技术要素比较成熟，使得应用组合法从事创新活动一开始就站在了一个较高的起点，不需要花费较多的时间、人力和物力去开发专门的新技术，不要求创新者对所应用的每一种技术要素都具有高深的专门知识，所以应用组合创新法从事创新活动的难度不高，有利于群众性创新活动的广泛开展。

美国的"阿波罗"登月计划是20世纪最伟大的科学成就之一，但是"阿波罗"登月计划的负责人说，"阿波罗"宇宙飞船技术中没有一项是新的突破，都是现有技术的组合。

知识经济的代表人物美国的比尔·盖茨，被誉为"软件领域的爱迪生"。人们一定会说他肯定有很多发明创造，其实他并没有自己的原创产品。使他起家的BASIC语言并非自己的发明，给他带来滚滚财源的DOS也是从其他公司购买的；Windows则借用了施乐公司和苹果公司的技术；IE浏览器源于网景公司的创意；Office办公系统的组件也来自收购的公司。比尔·盖茨虽然没有多少自己的发明创造，但他不仅善于发现和利用别人的创造，更重要的是将其重新组合为新产品，使其终于成为了知识经济时代的创新典范。

每一项技术在其初始应用的领域内有它的初始用途，通过将其与其他技术要素重新组合，扩大了已有技术的应用范围，更充分地发挥了已有技术的作用，推动了已有技术的进步。计算机最初是为了美国陆军军方计算炮弹弹道的需要而研制的。1945年底，世界上第一台电子计算机"埃尼阿克"问世，它重30多吨，计算速度为每秒五千次，将它用于弹道计算，运算速度是人的几千倍，但是人们还设想不出计算机的其他用途。而在其后的计算机发展过程中，人们不断地将计算机技术与其他不同学科及技术相结合，不但促进了这些学科的发展，而且也促进了计算机技术本身的不断进步。现在计算机已经成为人类工作、生活中不可缺少的基本工具。

最早的蒸汽机是为煤矿排水而发明的，随着蒸汽技术的不断改进，应用领域不断扩大。1803年美国发明家富尔顿将蒸汽机安装到船上，发明了以蒸汽机为动力的轮船；1914年英国发明家史蒂芬在继承前人成果的基础上，将蒸汽机技术与铁轨马车进行组合，制造了第一台实用的蒸汽机车；1790年人们将蒸汽机用于炼钢中的鼓风，降低了冶炼过程的燃料消耗。蒸汽机的应用从矿山排水发展到交通运输、冶金、机械、化工、纺织等一系列工业领域，使社会生产力以前所未有的速度和规模发展，并形成了以蒸汽机的广泛使用为主要标志的技术革命。

2. 组合创新的特点

综上所述，组合创新的特点有：

1）创新寓于组合中，进行组合需要创造性劳动，才能使组合的产品第一次出现于市场，为用户所接受，成为成功的组合创新产品。

2）组合乃是推陈出新，利用现有的技术和物质组合出新的产品。

3）组合优势。组合后的产品整体性能优于组合前，也就是系统论中的"整体大于各孤立部分的和"。

4）组合的连锁反应。例如，微电子技术和计算机技术的广泛应用渗透到各个领域，出现了各类产品，推动了组合发展。

二、组合创新的分类

1．组合方式的类型

我国学者董玉祥利用数学集合论的思想，将组合形式按六种基本集合运算，即“并”（$A\cup B$）、“交”（$A\cap B$）、“差”（$A-B$）、“补”（$\overline{A}$）、“对称差”（$A+B$）、“叉”（$A\times B$）对应进行分类，较为合理且有特色。

（1）并集组合（$A\cup B$）　属于A或属于B元素构成的组合。组合机理为相关的事物相容而组合；组合方式为物物相加或功能组合。如沙发床、带台灯和书架的立柜等。

（2）交集组合（$A\cap B$）　同时属于A和B元素构成的组合。组合机理为信息交合、边缘共存；组合方式为相关事物因相交组合而产生新的事物。如将超声波与有关事物共生组合得到超声波探测仪、盲人探路仪、超声波探测鱼群等各种技术和仪器的发明。随着新科学、新技术的兴起，即可共生组合产生一系列新事物。

（3）差集组合（$A-B$）　一切属于A但不属于B元素构成的组合。组合是删繁就简、寻求简化；组合方式为减去冗余，消除繁琐，除去不尽合理的因素，以求节约原材料、能源，简化工艺过程或方便使用。例如，有人发明了后轴驱动自行车，省去了链条传动，缩短了车身，具有蹬踩省劲、上坡省力、刹车容易、转弯灵活等优点，所以差集组合有助于从另一侧面开启革新者的思路。

（4）补集组合（$\overline{A}$）　A集中的元素与不属于A集中元素的组合。组合机理是替代变换、淘汰更新；组合方式是摒弃原来方式中某些因素而组成一种在性能上更为先进、新颖、实用的新事物。例如，弹子门锁由单保险向双保险、多保险发展，使暗锁排斥明锁占领市场。随之防盗锁、防异物或防万能钥匙锁、防破门入窗而联防的报警锁问世，为机械弹子锁与电子器件并集开创渠道。继而，微电脑的引入与交合，促使卡片锁、声控锁、指纹锁等电子锁发明，实现了机械锁向电子锁、有形向无形、用钥匙到不用钥匙的变换。湖南长沙有两位公安战士考虑到现代盗贼明火执仗、强力砸锁破门的特点，发明了门锁一体的强力防盗保险门，实现了门与锁的组合。

（5）对称差集组合（$A+B$）　属于A或B但不同时属于A和B元素构成的组合。组合机理为分割组合；组合方式为多种功能集于一体，以求一物多用之便。以雨伞为例，上班不带时遭雨淋，带了不下雨又累赘，人们希望将伞除作为雨具外还可以做别的事情，于是出现了满足旅游野餐者做饭需要的太阳灶雨伞；适用于妇女与老人的报警伞；带催泪瓦斯的伞；集保健、护身、报警、照明、收音、装饰于一体的伞等，使伞的概念不仅限于雨具，而成为全天候用品。

（6）叉集组合（$A\times B$）　不属于A或B的其余域元素，但包括同时属于A和B的元素构成的组合。组合机理为整体化、系统化，即事物间的相互交叉、渗透和综合，从而有机地组合成一体。例如，在机械制造领域，人们综合NC加工技术（硬件）、计算机控制（软件）和GT管理（纽带）所组成的新的机械制造系统FMS，容许加工零件在结构设计上的多种改变，在作业计划上随机投产，以适应市场快变、多变的要求，从而使制造水平和柔性化生产达到一个新的高度。

2．狭义的组合方式

狭义的组合方式涉及的是人们常见的物品、装置或方法等组合，组合方式明显，所以是有形的组合，组合方式多种多样。从组合的内容分有：功能组合、原理组合、结构组合、材料组合等；从组合的方法分有：同类组合、异类组合等；从组合的手段分有：辐射组合、聚焦组合等。下面介绍常用的几种组合方法。

（1）功能组合　有些商品的功能已被用户普遍接受，通过组合可以为其增加一些新的功能，适应更多用户的需求。

美国有个画家，作画的时候常常是用了铅笔就忘了橡皮，用了橡皮又要去找丢下的铅笔，感到很不顺手。后来，他想了一个办法，将橡皮和铅笔捆绑在一起使用，由此发明了一种新式的铅笔。

电话是1876年由美国人贝尔发明的，只能听见声音看不见对方，所以闻其声、观其容的需求就一直是人类的梦想。而既能听到声音，又能见到对方图像的可视电话（Video Phone）弥补了普通电话的不足。打可视电话，就像面对面谈话一样，它兼具“千里眼”和“顺风耳”的功能。可视电话是集计算机技术、通信技术、多媒体技术于一体的高科技通信产品，是20世纪通信领域的一次革命，人们只需利用已普及的电话网，异地各接一部可视电话，即可实现双向传输语言和图像的目的，且双向距离不受国界限制。

现代的汽车设计中人们不断地为其添加雨刷器、遮阳板、转向灯、打火机、车载电话、收音机、空调机等附加装置，使汽车的功能更加完善。

为婴儿喂奶时常需要判断奶水的温度，新生婴儿母亲因缺乏经验，判断奶水温度既费时又不准确，为解决婴儿母亲的这种需求，有人将温度计与婴儿奶瓶加以组合，生产出具有温度显示功能的婴儿奶瓶。

多功能组合的产品构思巧妙，实用性强。有人认为多功能物品功能越多越好，其实这是一种片面的认识。殊不知结构越复杂，组合越难，冗余件也越多，成本也就越高，所以在进行功能组合时要从实际出发，通盘考虑，应用得当。

（2）同类组合　这是指两种或两种以上相同或相近事物的组合。在同类组合中，参与组合的对象与组合前相比，其基本性质和结构没有根本变化，因此，同类组合是在保持事物原有功能或意义的前提下，通过数量的变化来弥补功能上的不足或得到新的功能，比如，组合插座、组合刀具、组合文具盒等，这是一种常用的创新方法。

日本松下公司总裁松下幸之助，早年曾把旧式单联插座改为双联插座和三联插座，并申请了专利，虽然发明原理非常简单，但深受广大用户欢迎，并获得了丰厚的利润，为事业的成功奠定了基础。

双色或多色圆珠笔上可以安装两个或多个不同颜色的笔芯，使得有特殊需要的人减少了必须携带多支笔的麻烦。

具有多个CPU的计算机可以在一定的计算机制造水平下获得较高的运算速度。

低碳钢经冷（热）拉拔制成的细钢丝具有极大的抗拉强度，将许多细钢丝绞合成一根钢丝绳，其抗拉强度比一根直径相同的实心棒要优越得多。

V带传动中可以通过增加带的根数提高承载能力，但是随着带的根数增加，多根带的带长不一致，各带的载荷分布不均匀加剧，使多根带不能充分发挥作用。多楔带将多根带集成在一起，保证了带长的一致，提高了承载能力。

机械传动中使用的万向联轴器可以在两个不平行的轴之间传递运动和动力，但是万向联轴器的瞬时传动比不恒定，会产生附加动载荷。将两个同样的单万向联轴器按一定方式联接，组成双万向联轴器，如图 4-10 所示，既可实现在两个不平行轴之间的传动，又可以使瞬时传动比恒定。

(3) 分解组合　分解组合是在事物不同层次上分解原来的组合，然后再以新的思想重新组合起来，其特点是改变事物各组成部分之间的相互关系，它是在同一事物上进行的，一般不增加新的内容。

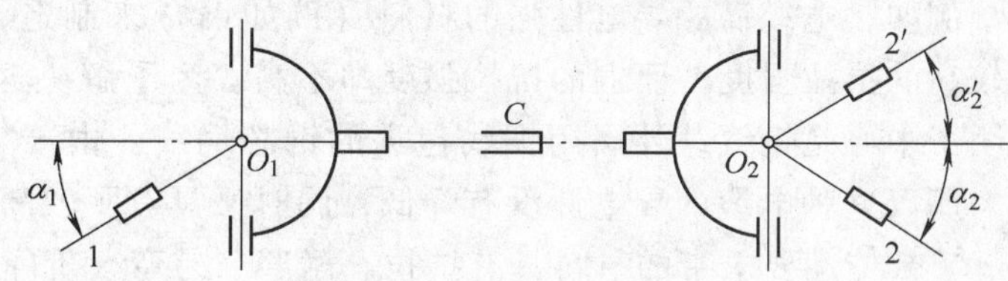

图 4-10　双万向联轴器

例如，自螺旋桨飞机发明以来，螺旋桨都是设在机首，两翼从机体伸出，尾部安装有稳定翼。美国飞机设计家卡里格·卡图按照空气的浮力和气推动力原理进行重组，将螺旋桨改放在机尾推动飞机前进，稳定翼则放在机头处，制造了头尾倒换的飞机。重组后的飞机，具有尖端悬浮系统及更加合理的流线型机身，因而增加了速度，排除了失速和旋冲的可能性，也提高了安全性。

老式电冰箱都是上冷下热，即冷冻室在上，冷藏室在下，而万宝电器集团公司对冰箱进行分解创新，开发出冷藏室在上、冷冻室在下的上热下冷式新型电冰箱。经过分解重组后的电冰箱具有三个优点：

1) 增加了用户使用的方便性。冰箱在实际使用中常用的是往冷藏室储存食品，上移后减少了弯腰取东西的动作。

2) 冷冻室在下面，化霜水不再对冷藏室的东西造成污染。

3) 冷藏室下置方案利用了冷气下沉原理，使负载温度回升时间比老式冰箱延长了一倍，减少了耗电。

(4) 异类组合　异类组合是指两种或两种以上不同领域中的技术思想或物质产品的组合，例如，日历笔架、带日历的收音机、带有 U 盘的瑞士军刀等。其特点是被组合的物品来自不同的方面，一般无所谓主、次之分；参与组合的对象能从意义、原则、构造、成分、功能等任何一方面或多方面互相进行渗透，从而使整体发生变化。

激光超声波灭菌法是激光技术和超声波技术的组合。上海科技工作者发现：仅用激光杀灭水中细菌时，仍留有部分细菌；仅用超声波杀灭水中细菌时，也留有部分细菌。如果先激光后超声波或先超声波后激光杀灭细菌时，还是留有部分细菌；当将激光与超声波同时作用于水中进行杀菌时，则水中就完全没有细菌了。

有些不同的商品具有某些相同的成分，将这些不同的商品加以组合，使其共用这些相同成分，可以使总体结构更简单，价格更便宜，使用也更方便。收音机和录音机的有些电路和大的元器件是相同的，将这两者结合，生产出的收录机的体积远低于二者的体积之和，价格也便宜了许多，方便了人们的生活。

有些不同商品的功能人们不会同时使用，将这些不同时使用的商品功能组合在一起，通常可以起到节省空间、方便生活的作用。夏季人们需要使用空调降温，冬季则需要使用取暖器，冷暖空调将这两种功能组合在一起，既可共用散热装置和温度控制装置，又可以节省空间和费用，省去季节变换时的保存工作。

(5) 材料组合　有些应用场合要求材料具有多种特征，实际上很难找到一种同时具备这些特征的材料，通过某些特殊工艺将多种不同材料加以适当组合，可以制造出满足特殊需要的材料。

例如，电缆需要导电性强的材料（例如铜）来制造，但在架设电缆时，人们又希望它有较高的抗拉强度，而铜的抗拉强度却不高。为了解决这一矛盾，人们利用材料组合方式，发明了中心是钢线，外层用铜线包裹的钢芯铜线。由于交流电主要是沿着导体的外表面流动，所以这种电缆的导电性没有降低，同时又具有了较高的抗拉强度。

V带传动要求带的材料具有抗拉、耐磨、易弯、价廉的特征，使用单一材料很难同时满足这些要求，通过将化学纤维、橡胶和帆布的适当组合，人们设计出被普遍采用的V带材料。

日用品中的材料组合创新也很常见，例如，牙刷一般分为硬毛与软毛两种，硬毛牙刷易刷净牙齿，但容易擦破牙龈；软毛牙刷利于保护牙龈，但不易刷净牙齿。前些年，有人发明了由两种尼龙毛制成的牙刷，这种牙刷的中心部分是硬尼龙丝，四周为软毛尼龙丝，为了显示其特点，这两种刷毛使用了不同的颜色，深受消费者欢迎。

（6）辐射组合　辐射组合是以某种新技术为中心，与多种传统的技术手段相结合而形成的技术创新方法，例如，以超声波技术为辐射中心，可得到一系列的应用新技术。

如图4-11所示，首先在中心圈内填上超声波技术，然后在四周的小圈里填写各种传统的技术，接着注意进行分析，看超声波技术能与哪些传统技术组合成新技术。例如，超声波熔解技术在金属冶炼中已有应用，但我们可以将它引入到冰箱中使用，应用超声波将速冻的食品速溶，也可以把超声波引入到其他的食品加工技术中。超声波的铝钎焊技术是英国姆拉托公司研制成功的，在铝钎焊中，把烙铁头固定在超声波装置上，由于超声波引起的小爆炸，使铝材表面的氧化膜破坏、从而使金属表面暴露出来，使铝的钎焊获得成功。另外，超声波技术还可以用于探伤、粉碎、洗涤、理疗、遥控、切削、滚轧等技术。

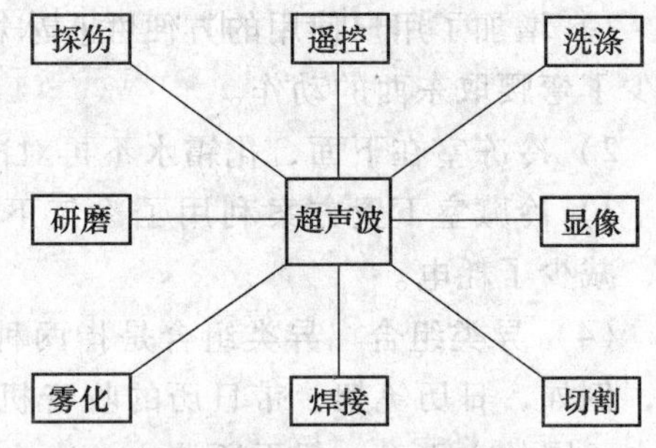

图4-11　超声波技术辐射图

3. 组合创新法的要点

现代的微波技术、激光技术、太阳能技术、计算机技术、人造卫星遥感技术等新技术出现以后，都通过与其他技术的组合，发展成为一系列新的应用技术门类，这不但迅速扩大了这些新技术的应用范围，而且也促进了这些技术自身的进一步发展。

由此可见组合创新法的要点有：

1）由多个特征组合在一起。

2）所有的特征都为一个共同的目的而起作用，它们相互支持、相互促进和相互补充。

3）可以达到一个新的、总的技术效果。

然而，组合并不等于凑合，像电冰箱与电话就不能组合成新的有用物品，而电脑多媒体则可以代替电影、电视、传真、音响等。市场上前几年曾投放多种功能组合在一起的“多用童车”，但未能打开市场销路，究其原因，是因为其“多用”严重影响了“单用”，使其变得过分笨重、复杂，从而丧失了创新的意义，这一点在使用组合时应特别注意。

三、组合创新的应用实例

中国是世界上最大的自行车王国，随着消费水平的提高和工作节奏的加快，费时耗力的普通自行车已不能满足人们的日常需要。由于人们的居住条件、购买能力及交通拥挤等原因，我国还没有达到普及小汽车的水平，所以人们急切盼望一种无污染、价格低的新型代步工具，而电动自行车就满足了人们的这种需要。电动自行车具有重量轻、无污染、噪声小、操作方便、行驶安全、无需驾驶执照等优点而被广大消费者接受，并成为一种大众化的“绿色”代步工具。

电动自行车源自汽车业的传奇式人物——李·艾科卡的构想，他在普通自行车后轴安装了一台电动机，便做成了第一辆电动自行车。商品化的电动自行车由日本雅马哈公司率先于1994年推出，并随着本田、三洋、松下等知名公司的参与，生产规模日益扩大。在我国，电动自行车呈现出旺产的势头，被称为新世纪的朝阳产业。

电动自行车俗称电瓶车，它的动力源为蓄电池，就是把交流电通过充电器转换成直流电，再给蓄电池补充电源，直流电动机安装在车轮毂中心轴上，接直流电，电动机通过产生旋转磁场，使车轮转动，使自行车前进。直流电动机使用的电压为36V，它的放电电流为12A，车速快慢是通过调速开关变换电压来完成的，该电动机是选用一种稀土高强度永磁电动机，具有能耗低、力矩大和寿命长等特点。电动自行车有两种驱动方式，分前、后轮式，一般以后轮传动为多。电动自行车的结构由自行车、电动机、蓄电池、充电器和调速开关组成，其主要技术参数为：时速为20km/h，百公里耗电1kW·h（即1度电），一次充电可行驶50～70km。其蓄电池寿命一般运行2～3年，电动机行驶$3\times10^4\sim5\times10^4$km进行一次保养。总之，电动自行车无论是维修费用或运行费用都远远低于摩托车。

综上所述，电动自行车由四大部分组成：机械部分——自行车；储能部分——蓄电池；驱动系统——盘式永磁直流电动机；控制系统——电动机调速控制器。所以电动自行车是一项由机械、电子、电化学等学科技术的有机结合而形成的组合创新的成功典范。

第五章　机构构型方案的创新设计

第一节　机构的组合与创新

为了实现复杂的运动与动作，机械常由简单的基本机构组合而成。例如，内燃机是由连杆机构、凸轮机构、齿轮机构等组合而成；袋式包装机是一种常见的机械产品，为了实现进料、送纸、包装和热封等动作，必须由若干个简单的基本机构组合而成，因此，机构的组合是实现机械创新设计的一个重要途径。

机构的组合原理是指将几个基本机构按照一定的规律，组合成一个复杂的机构。复杂的机构一般有两种形式：一种是由几种基本机构融合成性能更加完善、运动形式更加多样化的新机构，称为组合机构；另一种则是由几种基本机构组合在一起，组合体的各基本机构还保持各自特性，但需要各个机构的运动或动作协调配合，以实现组合的目的，这种形式被称为机构的组合。

基本机构主要是指机械中最常用的、比较简单的一些机构，如连杆机构、凸轮机构、齿轮机构、间歇运动机构等，这些基本机构应用很广。随着生产过程自动化程度的提高，对机构输出的运动和动力特性提出了更高的要求，而单一的基本机构具有一定的局限性，使其在某些性能上不能满足要求，例如，连杆机构不能精确地实现任意给定的运动规律；凸轮机构虽然可以实现任意的运动规律，但行程小且行程不可调；齿轮机构只能实现一定规律的连续单向转动，但不适合远距离传动；棘轮机构、槽轮机构等间歇运动机构具有不可避免的冲击、振动，以及速度和加速度的波动等。为了解决这些问题，必须充分利用各种基本机构的良好性能，改善其不良特性，运用机构组合原理构造出既满足工作要求，又具有良好运动和动力性能的新机构。

机构的组合方式主要有串联式机构组合、并联式机构组合、复合式机构组合和叠加式机构组合等四种，下面分别进行介绍。

一、串联式机构组合与创新

1. 串联式机构组合的原理与创新方法

串联式机构组合是指若干个单自由度的基本机构顺序联接，以前一个机构的输出运动作为后一个机构的输入运动的机构组合方式。若联接点设在前置机构中作简单运动的连架杆上，则称其为Ⅰ型串联；若联接点设在前置机构中作平面复杂运动的构件上，则称其为Ⅱ型串联，其组合框图如图 5-1 所示。下面结合具体实例，介绍串联式机构组合的两种结构形式，分析其运动和动力性能，以及如何实现各种特殊要求。

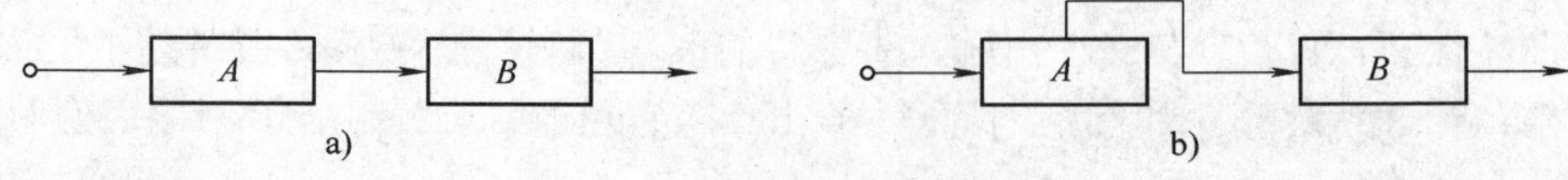

图 5-1　串联式机构组合
a) Ⅰ型串联　b) Ⅱ型串联

2. 串联式机构组合的主要功能分析

（1）Ⅰ型串联式组合　下面讨论两个基本机构的串联组合问题，并假设这两个基本机构分别为前置子机构和后置子机构。在对基本机构进行串联组合时，需要了解每种机构的性能特点，分析各种基本机构在什么条件下适合作前置子机构，又在何种场合下适合作后置子机构，然后才能进行具体的组合。可推荐的串联组合方法有以下几种：

1）前置子机构为连杆机构。连杆机构的输出构件一般是连架杆，它能实现往复摆动、往复移动及变速转动输出，可具有急回特性。常用的前置子机构有：①连杆机构：可利用变速转动的输入获得等速转动的输出，还可利用杠杆原理确定合适的铰接位置，在不减小机构传动角的情况下实现增程或增力作用；②凸轮机构：可使凸轮获得变速转动和往复移动的输入，使后置子机构的从动件获得更多的运动规律；③齿轮机构：利用摆动和移动的输入，使从动齿轮或齿条获得大行程摆动或移动，还可利用变速转动的输入进一步通过后置的齿轮机构进行减速或增速；④槽轮机构：利用变速转动的输入，减小槽轮转位时的速度波动；⑤棘轮机构：利用往复摆动和移动拨动棘轮间歇转动。

例 5-1　图 5-2 所示是一个实现增力功能的串联机构组合，它是由一个前置子机构即曲柄滑块机构 $ABCD$ 和后置子机构即摇杆滑块机构 DCE 串联组合而成。在基本机构 DCE 中，连杆 CE 上受有 P 力的作用，致使滑块 E 产生向下的冲压力 Q，则 $Q=P\cos\alpha$。随着滑块 E 的下移，α 减小，压力 Q 增大。若串联一个铰链四杆机构 $ABCD$ 作为前置机构，设连杆受力为 F，则后置机构的执行构件滑块 E 所受的冲压力为 $Q=P\cos\alpha=(FL/S)\cos\alpha$，此时，随着滑块 E 的下移，在 α 减小的同时，L 增大，S 减小。在 F 不增大的条件下，冲击力 Q 增大了 L/S 倍。设计时可根据要求确定 α、S 和 L。

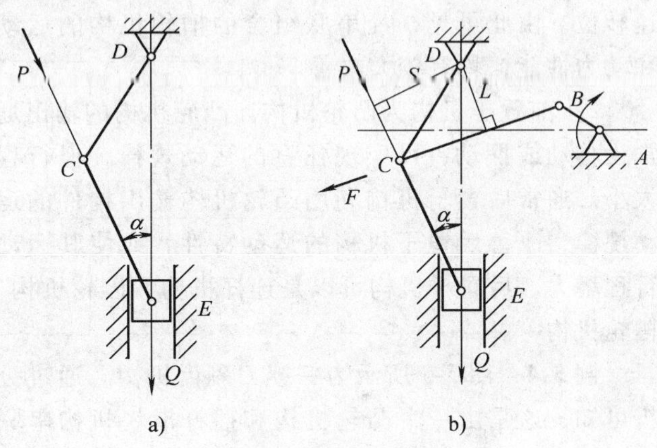

图 5-2　连杆增力机构

例 5-2　图 5-3 所示为连杆齿轮齿条行程倍增机构，前置子机构为连杆机构，后置子机构为齿轮齿条机构。主动曲柄 1 转动，推动齿轮 3 与上下齿条 4、5 啮合传动，上齿条 4 固定，下齿条 5 作往复移动，其行程 $H=4R$，即把连杆机构的输出行程扩大了一倍。显然，在输出位移相同的前提下，其曲柄比一般对心曲柄滑块机构的曲柄可缩小一半，从而可缩小整个机构尺寸。若将齿轮 3 改为双联齿轮 3—3′，节圆半径分别为 r_3、r_3'，齿轮 3 与固定齿条 4 啮合，齿轮 3′与移动齿条 5 啮合，其行程为

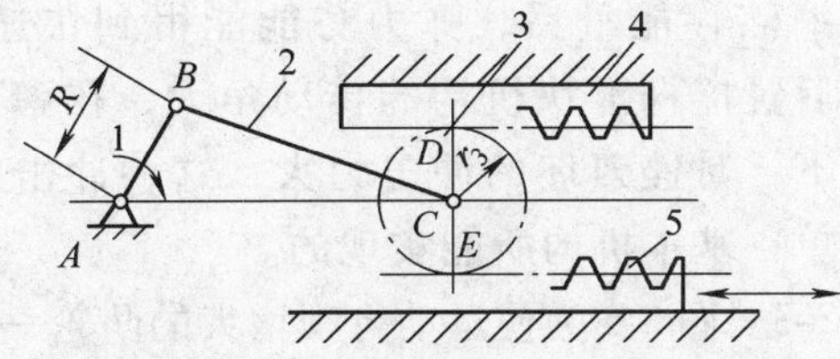

图 5-3　连杆齿轮齿条机构
1—主动曲柄　2—连杆　3—齿轮
4—固定齿条　5—移动齿条

$$H=2\left(1+\frac{r_3'}{r_3}\right)R$$

当 $r_3{}'>r_3$ 时，$H>4R$。该串联式机构组合，实现了输出行程成倍增大的作用。

例 5-3 图 5-4 所示为连杆槽轮机构，前置子机构为双曲柄机构，后置子机构为槽轮机构。由于普通槽轮机构工作时，其主动拨盘一般作匀速转动，且回转半径不变，而当运动传递给槽轮时，主动拨盘的滚销在槽轮的传动槽内沿径向位置发生相对移动，致使槽轮的受力作用点也沿径向位置发生变化，导致槽轮在一次转位过程中，角速度由小变大，再由大变小；而连杆槽轮机构中，双曲柄机构 *ABCD* 中的从动曲柄 *CD* 与槽轮机构的主动拨盘 *DE* 联为一体，故槽轮机构工作时，其主动拨盘可作非匀速转动；若在设计双曲柄机构时考虑好 *E* 点的速度变化，能够中和槽轮的转速变化，则槽轮将以近似等速转位。由此可见，经串联组合的槽轮机构的运动和动力性能，均有较大改善。

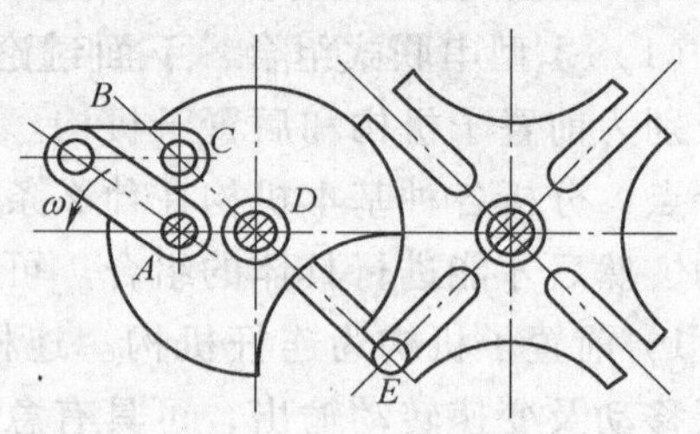

图 5-4 连杆槽轮机构

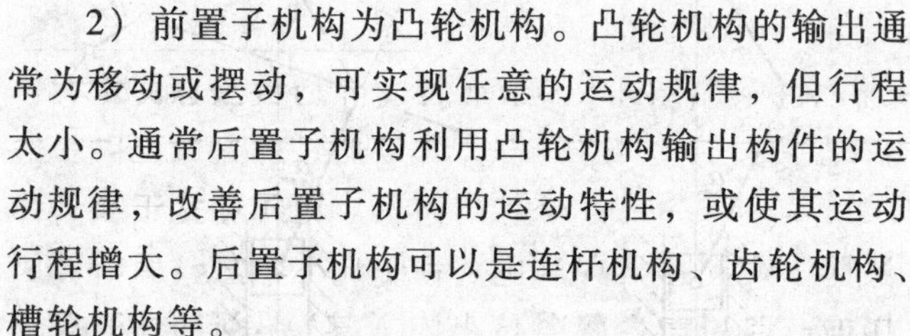

2）前置子机构为凸轮机构。凸轮机构的输出通常为移动或摆动，可实现任意的运动规律，但行程太小。通常后置子机构利用凸轮机构输出构件的运动规律，改善后置子机构的运动特性，或使其运动行程增大。后置子机构可以是连杆机构、齿轮机构、槽轮机构等。

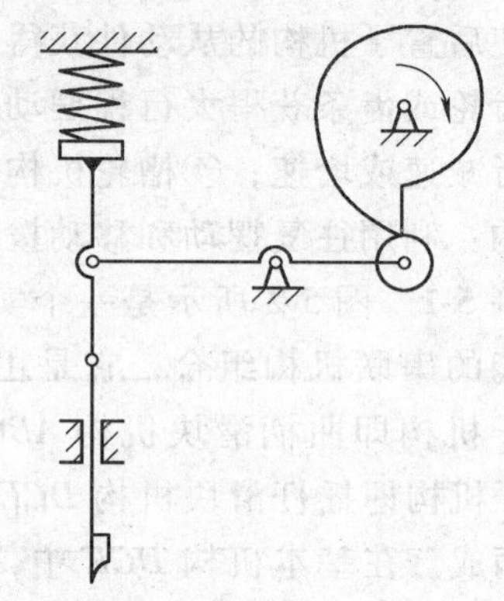
图 5-5 锉刀剁齿机构

例 5-4 图 5-5 所示为一锉刀剁齿机构。通过分析可知，这是由一个凸轮机构和摇杆滑块机构串联组合而成的机构，该组合机构的设计有两大特点：一是充分地利用凸轮机构设计的灵活性，使弹簧被逐渐压缩储存能量后，弹力势能能得到快速释放；其二是后置摇杆滑块机构的传动角大，在弹力的迅速作用下，对锉刀坯的冲击力大，这种冲击效果是很难由单一基本机构所能实现的。

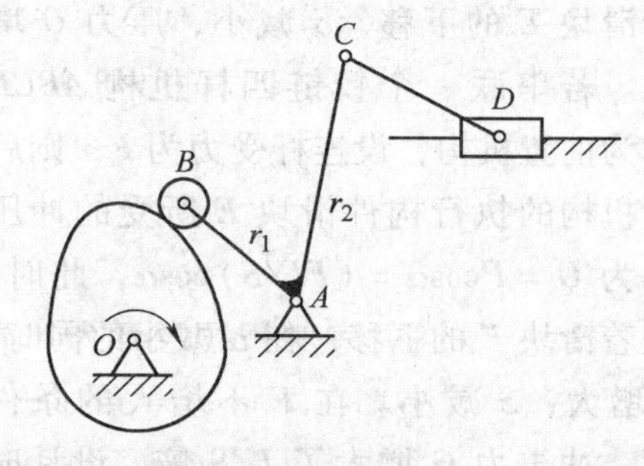

图 5-6 使运动行程增大的凸轮—连杆机构

例 5-5 图 5-6 为使运动行程增大的凸轮—连杆机构示意图，前置子机构为摆动从动件凸轮机构，后置子机构为摇杆滑块机构。凸轮机构的从动件与摇杆滑块机构的主动件联为一体，该机构利用一个输出端半径 r_2 大于输入半径 r_1 的摇杆 *BAC*，使 *C* 点的位移大于 *B* 点的位移，从而可在凸轮尺寸较小的情况下，使滑块获得较大行程。

3）前置子机构为齿轮机构。齿轮机构的输出通常为转动或移动。后置子机构可以是各种类型的基本机构，可获得各种减速、增速以及其他的功能要求。

例 5-6 图 5-7 所示是用于毛纺针梳机导条机构上的椭圆齿轮连杆机构，前置子机构是椭圆齿轮机构，输出非匀速转动；后置子机构是曲柄导杆机构，将转动变为移动；通过一对中间齿轮机构减速串联到后置子机构，使后置子机构的主动曲柄 3 输入非匀速转动，从而使输出构件 5 实现近似的匀速移动，以满足工作要求。

综上所述，I型串联式机构组合常用于改善输出构件的运动和动力性能，常见于后置子机构输出的运动性能不很满意的情况，如速度与加速度有较大波动，从而造成运转不稳定，并且产生振动等。此外，I型串联式机构组合还用于运动或力的放大，可根据运动或力放大的具体要求选择不同的方法。

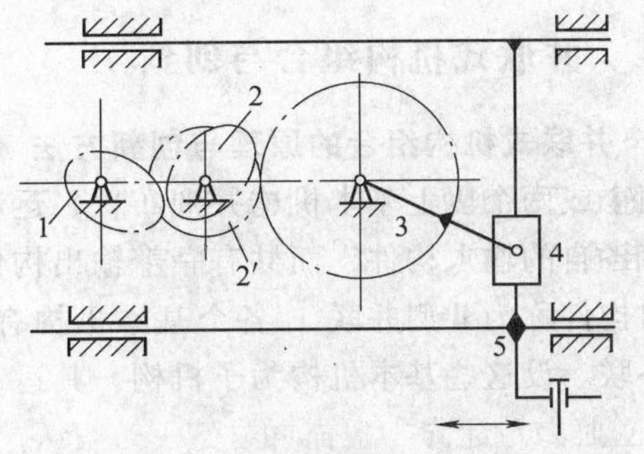

图 5-7 毛纺针梳机导条机构

1—主动椭圆齿轮 2—从动椭圆齿轮 3—主动曲柄 4—滑块 5—输出构件

（2）Ⅱ型串联式组合。在Ⅱ型串联式组合中，后置子机构的输入构件，一般与前置子机构中作平面复杂运动的连杆在某一点联接。若前置子机构为周转轮系，则后置子机构的输入构件与前置子机构中的行星轮联接。这主要是利用前置子机构与后置子机构联接点处的特殊运动轨迹，使机构的输出构件获得某些特殊的运动规律，如停歇、行程两次重复等。

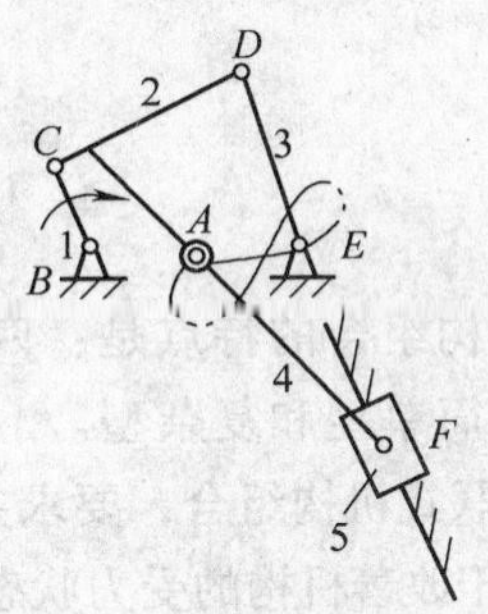

图 5-8 实现从动件两次行程的六杆机构

1—曲柄 2—连杆 3—摇杆 4—构件 5—滑块

例 5-7 图 5-8 所示的六杆机构，在一个运动循环内，滑块可实现两个不同的行程。在铰链四杆机构 *BCDE* 中，连杆 2 的 *A* 点的运动轨迹为一个具有自交点的横向 8 字形的曲线（如图中双点画线所示），构件 4 与连杆 2 在 *A* 点铰接、与滑块 5 在 *F* 点铰接、滑块 5 可沿固定导路移动，这样，当曲柄 1 回转一周时，滑块 5 可往复移动两次。这就是利用连杆机构中连杆上某点的特殊轨迹串联一个后置子机构，实现特殊的运动要求。

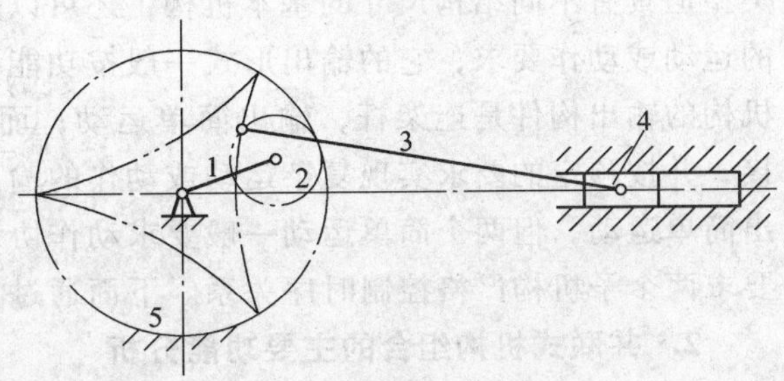

图 5-9 行星齿轮连杆机构

1—系杆 2—行星齿轮 3—连杆 4—滑块 5—固定内齿轮

例 5-8 图 5-9 所示的行星齿轮连杆机构，系杆 1 为输入构件，行星齿轮 2 与固定内齿轮 5 相啮合。当两齿轮齿数满足 $z_5=3z_2$ 时，齿轮 2 节圆上点的轨迹是 3 段近似圆弧的摆线，其圆弧半径近似等于 $8r_2'$（r_2'为齿轮 2 的节圆半径），输出件行星齿轮 2 在节圆处与连杆 3 铰接，当连杆 3 的长度等于 $8r_2'$时，滑块 4 与连杆 3 的铰接点近似位于圆心处，则当系杆转动一周时，滑块 4 有三分之一的时间处于停歇状态。这就是利用行星轮系中行星齿轮的平面复合运动输出特殊的运动规律，串联组合后置子机构，使输出构件满足特殊的运动要求。

在串联式机构的组合中，输入构件的运动是通过各基本机构依次传递给输出构件的，根据这个特点，在进行运动分析时，可以从已知运动规律的第一个基本机构开始，按照运动的传递路线顺序解决的方法，求得最后一个基本机构的输出运动。

二、并联式机构组合与创新

1. 并联式机构组合的原理与创新方法

两个或两个以上基本机构并列布置、运动并行传递，称为并联式机构组合。每个基本机构具有各自的输入构件，而共有一个输出构件的称为Ⅰ型并联；各个基本机构有共同的输入与输出构件称为Ⅱ型并联；各个基本机构有共同的输入构件，但却有各自的输出构件称为Ⅲ型并联。设这些基本机构为子机构，其运动传递框图如图5-10所示。

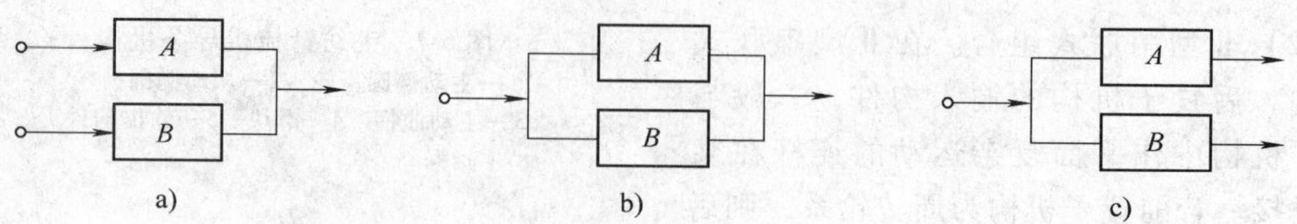

图5-10 并联式机构组合

a）Ⅰ型并联 b）Ⅱ型并联 c）Ⅲ型并联

并联式机构组合的特点是：两个子机构并列布置、运动并行传递。按输出运动的性质划分，又可分为简单型和复杂型。

简单型并联式机构组合，要求并联的两个子机构类型、形状和尺寸完全相同，并且对称布置。它主要用于改善机构的受力状态、动力特性、自身的动平衡，解决机构运动中的死点问题及输出运动的可靠性等问题。并联的两个机构常采用连杆机构或齿轮机构，它们共同的输入或输出构件一般是两个子机构共有的同一构件。输入或输出运动的性质，是简单的移动、转动或摆动。

复杂型并联式机构组合的两个并联子机构，可以是不同类型的基本机构，也可以是同一类型但具有不同结构尺寸的基本机构，还可以是经过串联组合的机构。它主要用于实现复杂的运动或动作要求，它的输出形式一般按功能要求而设定。如果用于运动的合成，则一个子机构的输出构件是连架杆，输出简单运动；而另一个子机构的输出构件与其通过运动副联接，并按预定的要求实现复杂运动或动作的输出。如果用于运动的分解，则两个子机构均输出简单运动，但两个简单运动一般要求动作协调配合。这类复杂型的并联组合问题，设计时要求两个子机构严格控制时序关系。下面通过具体实例说明其组合特点及实际应用。

2. 并联式机构组合的主要功能分析

（1）Ⅰ型并联式组合 该组合相当于运动的合成，其主要功能是对输出构件运动形式的补充、加强和改善。设计时要求两个并联的机构运动要协调，以满足所要求的输出运动。

例5-9 图5-11所示为V形发动机的双曲柄滑块机构，是由两个曲柄滑块机构并联组合而成。气缸作V形布置，它们的轴线通过曲柄回转的固定轴线，当分别向两个活塞输入运动时，曲柄可实现无死点位置的定轴转动，且具有良好的平衡、减振作用。但应注意，各并联机构的结构尺寸必须相同。

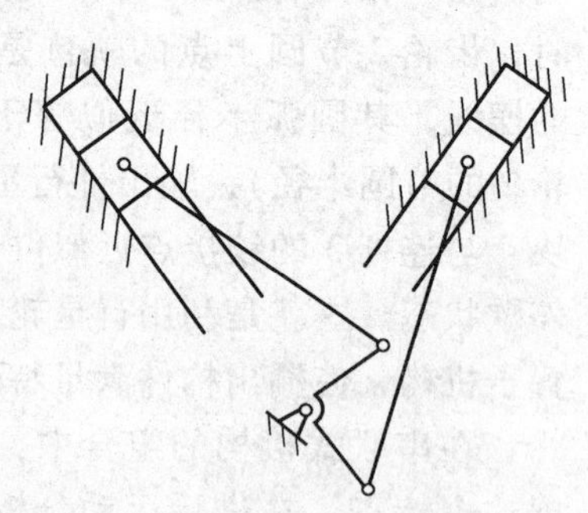

图5-11 V形双缸发动机

例5-10 图5-12是可以实现从动件作复杂平面运动的两自由度机构，用于钉扣机中的针杆传动，由曲柄滑块机构和摆动导杆机构并联组合而成，原动件分别为曲柄1和曲柄6，从动件是针杆3，通过主动件的运动可以实现平面复杂运动，用以完成钉扣动作。该机构组合具有两个自由度，必须有两个输入运动才能确定，设计时两个主动构件的运动一定要协调配合，要按照输出构件的复合运动要求绘制运动循环图，并据此确定两个主动构件的初始位置。

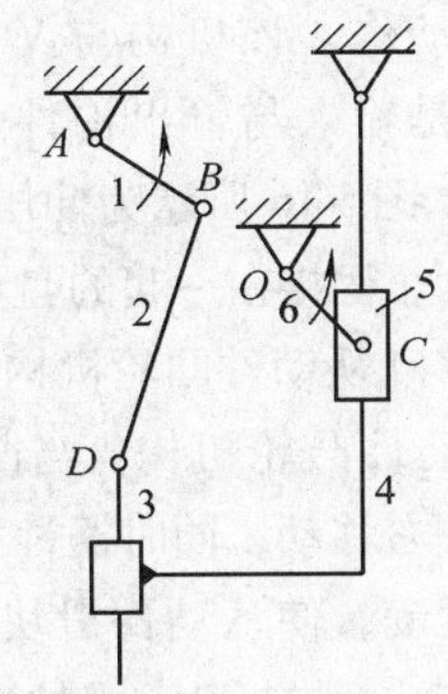

图5-12　钉扣机针杆传动
1、6—曲柄　2—连杆　3—针杆
4—导杆　5—滑块

（2）Ⅱ型并联式组合　该组合相当于将一个运动分解为两个运动，再将这两个运动合成一个运动输出，其主要功能也是用于改善输出构件的运动状态和运动轨迹，同时还可以改善机构的受力状态，可以使机构获得自身的动平衡。设计的主要问题也是两个并联的机构要协调配合，或完全对称布置。

例5-11　图5-13所示为平板印刷机上吸纸机构的运动示意图，由两个摆动从动件凸轮机构和一个五杆机构组成，两盘形凸轮固接在同一转轴上，五杆机构的两连架杆分别与凸轮机构的从动件联为一体。当凸轮转动时，推动从动件2、3分别按要求的运动规律运动，并带动五杆机构的两连架杆，使固接在连杆5上的吸纸盘P按要求的矩形轨迹运动，以此来完成吸纸和送进等动作。该并联式机构组合，可使连杆的输出运动实现指定的运动轨迹。

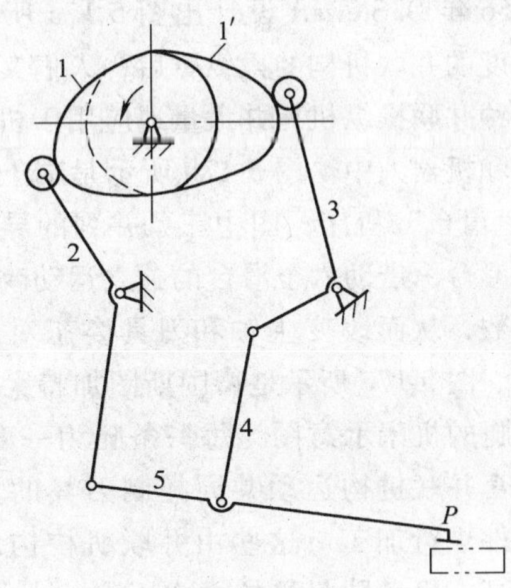

图5-13　平板印刷机上的吸纸机构
1—凸轮　2、3—从动件　4、5—连杆

例5-12　图5-14所示为间歇传送机构，由两个齿轮机构和两个连杆机构组成。齿轮1经两个齿轮2与2′带动一对曲柄3与3′同步转动，曲柄使连杆4（送料动梁）平动，5为工作滑轨，6为被推送的工件。由于动梁上任一点的运动轨迹如图中双点画线所示，故可间歇地推送工件。该机构将齿轮机构的连续转动转化为间歇运动，运动可靠，常用于自动机的物料间歇送进。

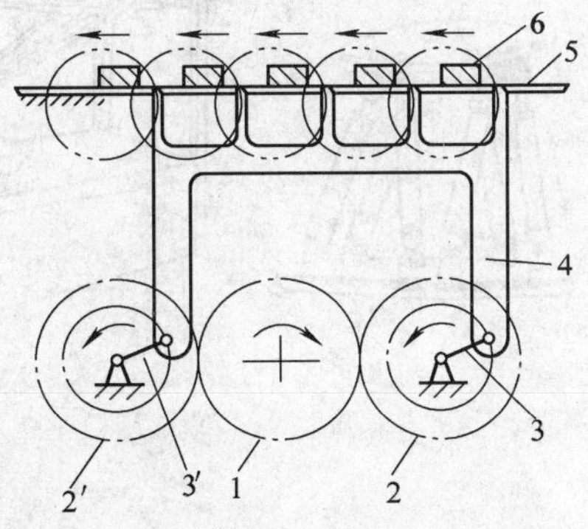

图5-14　齿轮—连杆间歇传送机构
1、2、2′—齿轮　3、3′—曲柄
4—连杆　5—工作滑轨　6—工件

（3）Ⅲ型并联组合　该组合相当于运动的分解，其主要功能是实现两个运动输出，而这两个运动又相互配合，完成较复杂的工艺动作。设计的主要问题是两个并联机构动作的协调和时序的控制。

例5-13　图5-15所示的丝织机的开口机构，输入机构为曲柄摇杆机构，两个摇杆滑块机构并联组合分别输出，当主动件曲柄1转动时，通过摇杆3将运动传给两个摇杆滑块机构，使两个从动件滑块5和7分别实现上下往复移动，完成丝织机织平纹丝织物的开口动作。该机构与V形发动机机构的结构相同，只是输入与输出构件进行了调换。

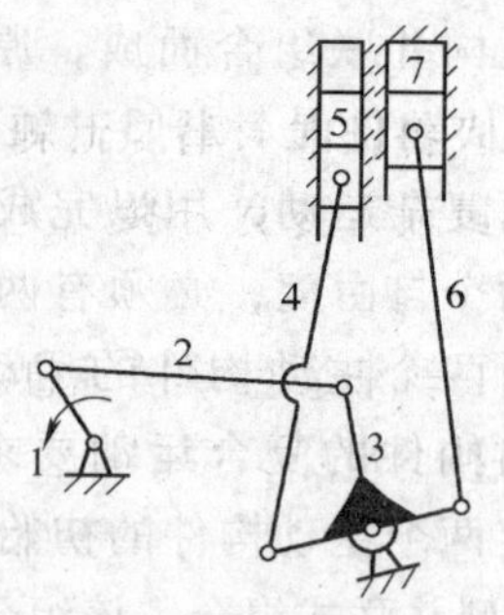

图 5-15 丝织机开口机构
1—曲柄 2、4、6—连杆
3—摇杆 5、7—滑块

例 5-14 图 5-16 所示为冲压机凸轮连杆机构，输入机构为两个固接在一起的盘状凸轮，凸轮 1 与推杆 2 组成移动从动件凸轮机构，凸轮 1′和摆杆 3 组成摆动从动件凸轮机构，当凸轮 1—1′转动时，推杆 2 实现左右移动，同时摆杆 3 实现摆动，并带动连杆机构运动，使从动件滑块 5 实现上下移动。设计凸轮时应注意推杆 2 与滑块 5 的时序关系。

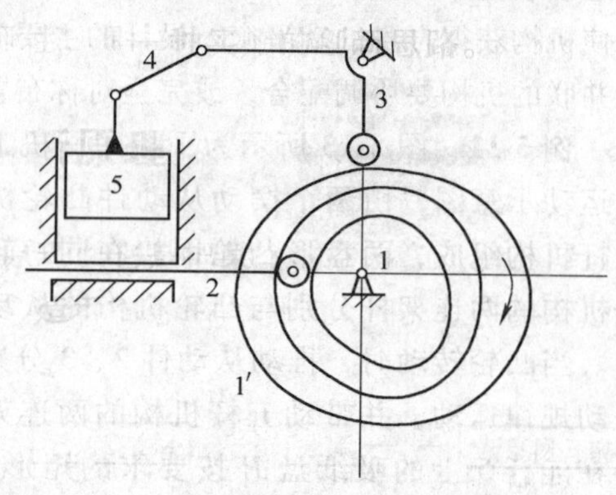

图 5-16 冲压机的凸轮连杆机构
1—1′—凸轮 2—推杆
3—摆杆 4—连杆 5—滑块

大多数的工业机器人和传统的机床从结构上看都是由开链机构组成，因此系统的刚度低，当系统速度高、工件大时，这个弱点更显突出。1956 年 D. Stewart 设计出图 5-17a 所示空间六自由度的并联机构的操纵臂后，人们又相继创造出各种并联操纵机构并大量地应用于机床、精密仪器和机器人中。图 5-17b 所示是瑞士新近开发的“六滑台”机床，图中三条并列的导轨上各有两个滑台，借助六个滑台的独立运动改变六条腿的参数，从而改变主轴和刀具姿态对工件进行加工。图 5-17c 所示是德国斯图加特大学研制的三条腿的机床示意图，每一条腿为一套运动机构，三套并联机构运动共同控制刀具的主轴姿态对工件进行加工。这些由并联机构构成的机床刚度高；每条腿只受拉力或压力，不承受弯矩或扭矩；移动部件质量小，动力特性好，结构简单；相同零件数量多，制造方便，成本低廉，使这种并联机构有着广泛的应用前景。

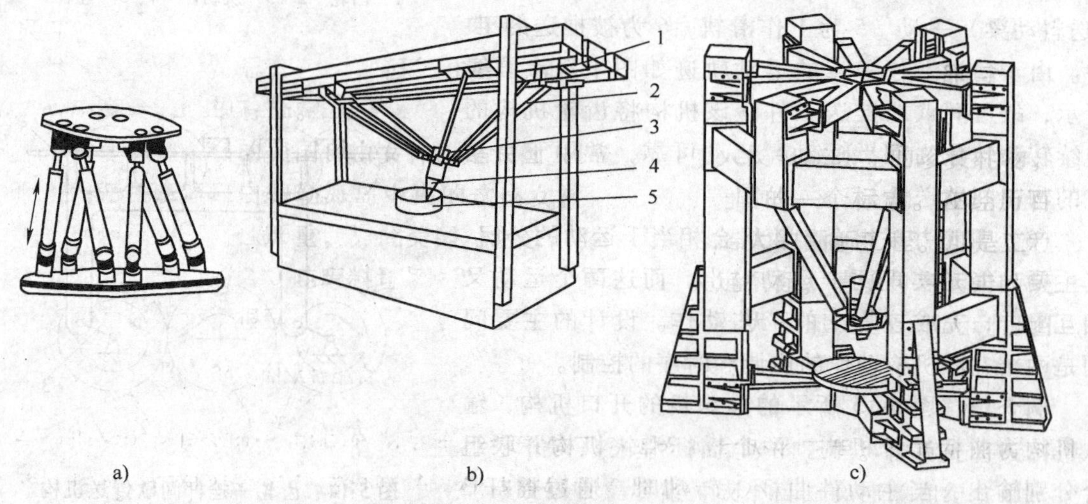

图 5-17 并联机构的应用
a）空间六自由度操纵臂 b）“六滑台”机床 c）三套并联机构机床
1—滑台 2—杆 3—刀具主轴 4—刀具 5—工件

三、复合式机构组合与创新

1. 复合式机构组合的原理与创新方法

一个具有两个自由度的基础机构 *A* 和一个附加机构 *B* 并接在一起的组合形式称为复合式机构组合。这是一种比较复杂的组合形式，基础机构的两个输入运动，一个来自机构的主动构件，另一个则来自附加机构。来自附加机构的输入有两种情况，一种是通过与附加机构的构件并接；另一种是通过附加机构的回接，其组合框图如图 5-18 所示。

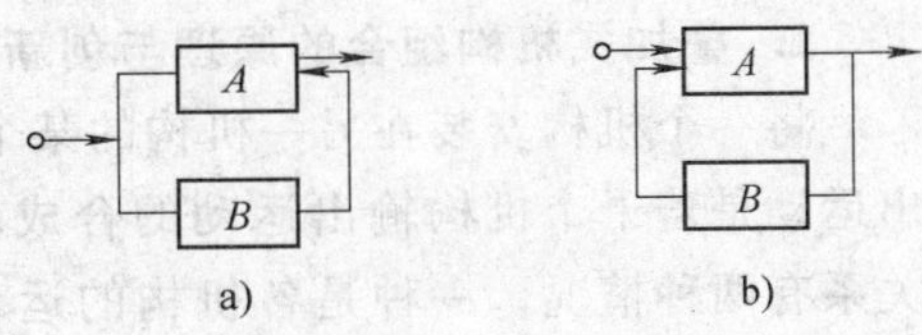

图 5-18　复合式机构组合
a) 构件并接式　b) 机构回接式

复合式机构组合中的基础机构一般为二自由度机构，如五杆机构、差动齿轮机构等，或引入空间运动副的空间运动机构，而附加机构则为各种基本机构及其串联式组合。复合式机构组合一般是不同类型基本机构的组合，且各种基本机构有机地融合成一种新机构，如齿轮—连杆机构、凸轮—连杆机构、齿轮—凸轮机构等。其主要功能是可以实现任意运动规律的输出，如：一定规律的停歇、逆转、加速、减速、前进、倒退等，但设计比较复杂，缺乏共同规律，需要根据具体的机构进行分析和综合。下面通过具体实例分析其主要功能。

2. 复合式机构组合的主要功能分析

(1) 构件并接复合式组合

例 5-15　图 5-19 所示的 IHI 摆式飞剪机剪切机构，其中具有两个自由度的五杆机构 *ABCDE* 为基础机构，四杆机构 *AFGE* 为附加机构。基础机构中的连架杆 *AB* 与附加机构中的连架杆 *AF* 并接，基础机构中的连架杆 *DE* 与附加机构中的连架杆 *GE* 并接，输出构件为基础机构中的连杆。当给整个机构一个输入时，由四杆机构带动五杆机构连架杆运动，合成后使基础机构中连杆按指定运动规律输出。该飞剪机剪切机构可实现上刀刃输出图示运动轨迹，而在剪切时（相当于上刀刃 *ab* 段）刀刃的水平分速度与钢带连续送进速度相同。

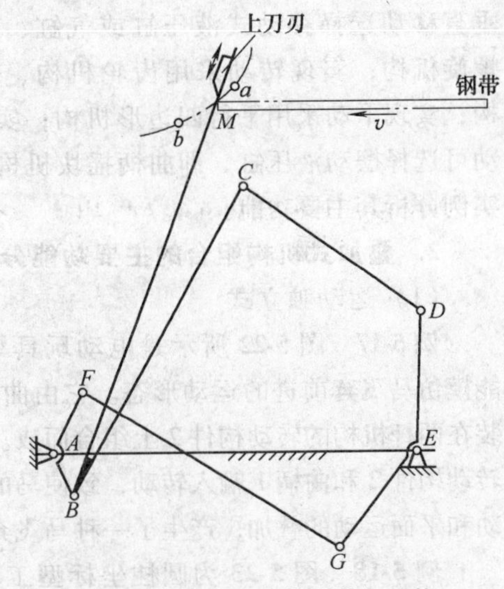

图 5-19　IHI 摆式飞剪机剪切机构

(2) 机构回接复合式组合

例 5-16　图 5-20 是一种齿轮加工机床的误差补偿机构，由具有两个自由度的蜗杆机构作为基础机构，主动构件为蜗杆 1。凸轮机构为附加机构，而且附加机构的一个构件又回接到主动构件蜗杆 1 上。从动构件是蜗轮 2。输入的运动是蜗杆 1 的转动，从而使蜗轮 2 以及与其并接的凸轮实现转动；凸轮的转动通过其从动件又使蜗杆 1 实现往复移动，蜗杆转动和移动的合成从而使蜗轮 2 的转速变得时快时慢。该组合机构在齿轮加工机床上作为传动误差

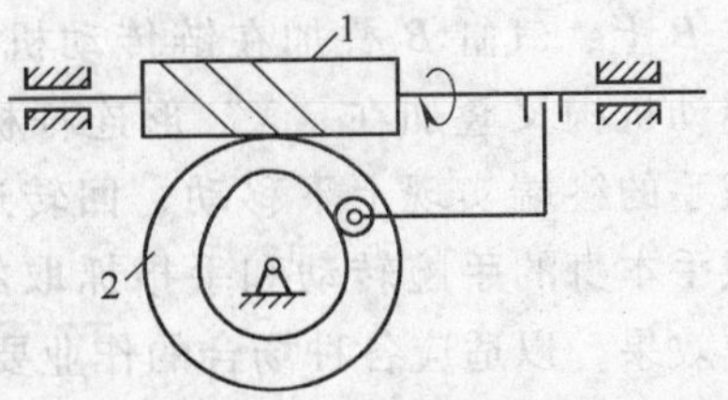

图 5-20　传动误差补偿机构
1—蜗杆　2—蜗轮

补偿机构而得到成功的应用。

四、叠加式机构组合与创新

1. 叠加式机构组合的原理与创新方法

将一个机构安装在另一机构的某个运动构件上的组合形式，称为叠加式机构组合，其输出运动是若干个机构输出运动的合成。这种组合的运动关系有两种情况，一种是各机构的运动关系是相互独立的，称为运动独立式，常见于各种机械手；另一种则是各机构之间的运动有一定的影响，称为运动相关式，图5-21是这种组合形式的运动传递框图。

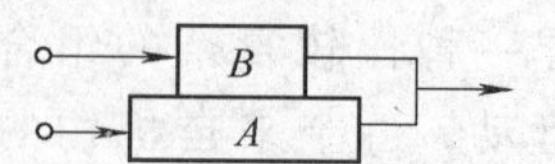

图5-21 叠加式机构组合

叠加式机构组合的主要功能是实现特定的输出，完成复杂的工艺动作。设计的主要问题是根据所要求的运动和动作，选择各子机构的类型和解决输入运动的控制。对于控制问题，主要借助于机械、液压、气压、电磁等控制系统解决，使输出的复杂工艺动作适度并符合工作要求。而各子机构的类型通常选择单自由度，使其运动的输入输出形式简单，以达到容易控制的目的。其机构通常为：实现水平移动选择移动式液压缸或气缸、齿轮齿条机构；实现垂直移动选择移动式液压缸或气缸、"X"形连杆机构、螺旋机构；实现转动采用齿轮机构、带传动或链传动机构；实现平动采用平行四边形机构；实现伸缩、仰俯、摆动可选择摆动液压缸，即曲柄摇块机构等。下面通过具体实例分析其主要功能。

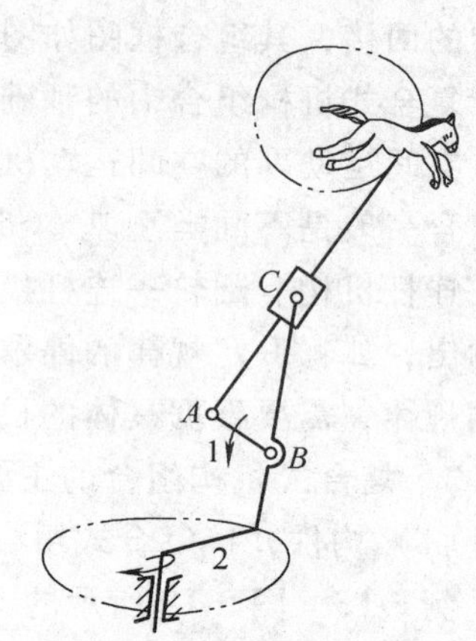

图5-22 电动玩具马的主体运动机构
1—曲柄 2—转动构件

2. 叠加式机构组合的主要功能分析

(1) 运动独立式

例5-17 图5-22所示是电动玩具马的主体运动机构，能模仿马飞奔前进的运动形态。它由曲柄摇块机构*ABC*安装在两杆机构的转动构件2上组合而成。机构工作时分别由转动构件2和曲柄1输入转动，致使马的运动轨迹是旋转运动和平面运动的叠加，产生了一种马飞奔向前的动态效果。

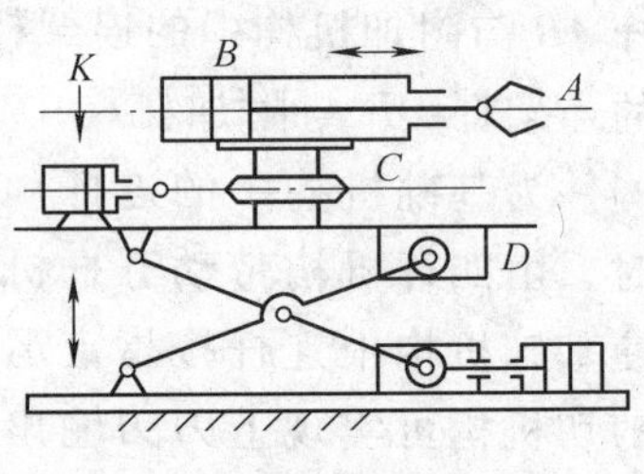

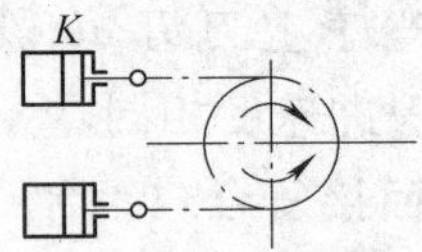

图5-23 圆柱坐标型工业机械手

例5-18 图5-23为圆柱坐标型工业机械手。工业机械手的手指*A*为一开式运动链机构，安装在水平移动的气缸*B*上，气缸*B*叠加在链传动机构的回转链轮*C*上，链传动机构又叠加在"*X*"形连杆机构*D*的连杆上，使机械手的终端实现上下移动、回转运动、水平移动以及机械手本身的手腕转动和手指抓取的多自由度、多方位动作效果，以适应各种场合的作业要求。

(2) 运动相关式

图5-24 摇头电扇传动机构

例5-19 图5-24为摇头电扇的传动机构。蜗杆机构装载在双摇杆机构的运动构件摇杆上，同时蜗杆机构中的蜗轮又与双摇杆机构中的连杆固连。当电动机带动电扇转动时，通过蜗杆蜗轮机构又使双摇杆机构中装载蜗杆的连架杆摆动，实现了电扇在一定摆角范围内摇头送风的功能。

第二节　机构的演化与变异

机构的演化或变异是指以某个现有机构为原始机构，对其组成的各个元素进行各种性质的改变或变换，从而形成一种功能不同或性能改进的新机构。其中，组成机构的各个元素主要是指运动副和构件；进行各种性质的改变与变换，主要包换：对机构各个元素形状和尺寸的改变、运动形式的变换、运动等效的变换以及组成原理的仿效。因此，机构演化与变异的主要方法有：运动副和构件在形状与尺寸上的改变；机构的机架变换；机构的等效变换与机构结构的仿效等。通过演化与变异而获得的新功能机构，称为变异机构。应用变异机构可以实现更多的功能要求，使机构具有更好的性能，并且也为机构的组合提供了更多的基本机构。

一、机构的运动副演化与变异

改变机构中运动副的形式，可构型出不同运动性能的机构，以增强运动副元素的接触强度，减小运动副元素的摩擦磨损，改善机构的受力状态、运动和动力效果，开拓机构的各种新功能。运动副的变换方式有很多种，常用的有运动副的尺寸变换、运动副元素的接触性质变换和运动副元素的形状变换。

1. 运动副的尺寸变换

运动副的尺寸变换，主要是指转动副和移动副的尺寸增大。

转动副的扩大主要指组成转动副的销轴和销轴孔在直径尺寸上的增大，但各构件之间的相对运动关系并没有发生改变，这种变异机构常用于泵和压缩机中。图5-25a所示为一个活塞泵的机构运动简图，图5-25b是变异后的活塞泵。可以看出，变异后的机构与原始机构在组成上完全相同，只是构件的形状不同。偏心盘和圆环形连杆组成的转动副使连杆紧贴固定的内壁运动，形成一个不断变化的腔体，这有利于流体的吸入和压出，所以应用于各种泵或压缩机构中。

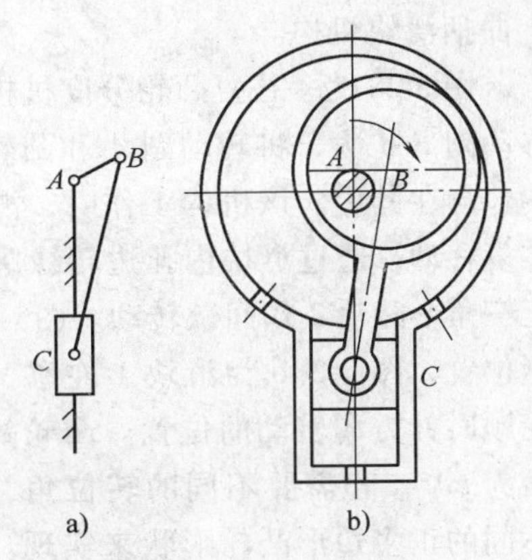

图5-25　转动副扩大实例
a) 曲柄滑块机构　b) 活塞泵

当转动副连续扩大后可展直为移动副，由此可演化出新机构。图5-26所示为转动副转变成移动副的过程，图5-26a是转动副A和B的原状，构件2作往复摆动；扩大固定转动副A后就变成图5-26b所示的形状；因构件2作摆动，故可以在2杆的摆角范围内把偏心盘和固定圆环改变成扇形形状，如图5-26c所示；下一步工作就是把运动副展直，即当杆2的摆动中心A点落到无穷远处时，扇形滑块和扇形滑槽就转变成了直移滑块和滑槽，即转动副变成移动副，此时构件2就作往复移动，如图5-26d所示。当构件间的相对运动条件变化到一定程度时，则它们的相对运动关系也发生了变化，由此可以演化出新机构。

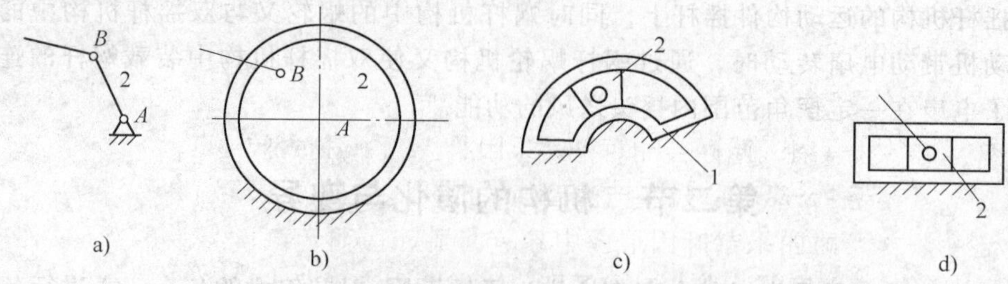

图 5-26 转动副展直成移动副

1—机架 2—构件

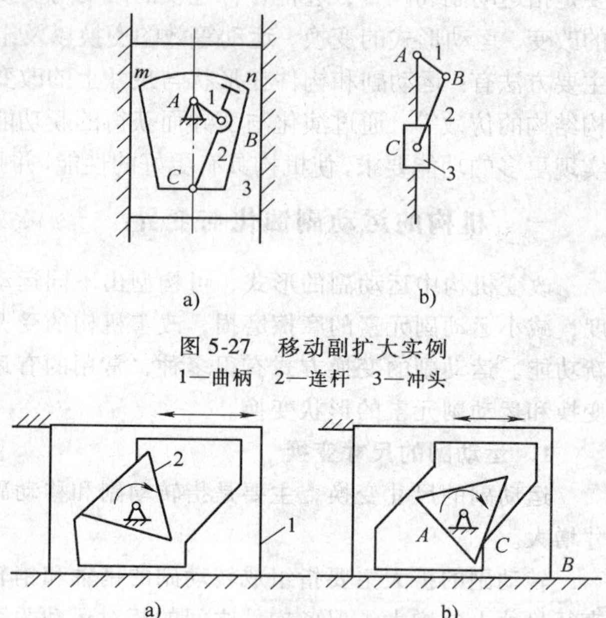

图 5-27 移动副扩大实例

1—曲柄 2—连杆 3—冲头

移动副的扩大，主要是指组成移动副的滑块与导路尺寸的变大，且尺寸增大到把机构中其他运动副包含在其中，同样构件间相对运动关系并未改变。图 5-27a 是一个冲压机构，其中移动副扩大，将转动副 A、B 及 C 均包括在其中。曲柄 1 通过连杆 2 带动冲头 3 作上下往复移动，实现冲压动作。将连杆头处设计成曲面形，使其与滑块内空间的 m-n 段圆弧形状相吻合，用于提高机构的刚度与稳定性。图 5-27b 是该冲压机的机构运动简图，是一个曲柄滑块机构。

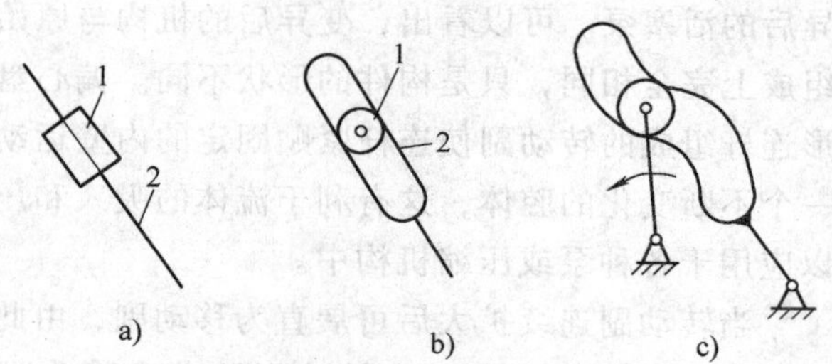

图 5-28 往复凸轮分度机构

1—滑块 2—正三角形凸轮

图 5-28 为一往复凸轮分度机构，其中移动副 B 扩大，将转动副 A 和凸轮高副 C 均包含在其中。该机构工作时，滑块 1 作往复移动，通过滑块内孔边轮缘廓线推动正三角形凸轮 2 作间歇转动。图5-28a为锁紧位置，图 5-28b 为滑块 1 左移，推动凸轮顺时针方向转动的位置。凸轮每次转位角为 60°；若需要不同的转位角，可利用不同的正多边形凸轮形状来实现。由此可见，改变运动副的尺寸，不仅改善了机构的受力状态、运动及动力效果，还开拓了机构的新功能，演化出新机构。

图 5-29 移动副变异为滚滑副

1—滑块 2—导路

2. 运动副元素的接触性质变换

低副元素的接触性质为滑动接触，高副元素包含有滚动和滑动两种接触性质。滑动接触使运动副元素的接触表面产生磨损，降低了机械传动效率和传动精度。为减小磨损，可用滚动接触代替滑动接触。

(1) 移动副 把组成移动副元素之一的结构形状改变成滚子形，这样使原始机构中导路与滑块的结构形式演变为导路与滚子结构形式，见图 5-29a、b、c 所示。

(2) 转动副　在组成转动副的销轴和销轴孔之间增设若干个滚动体，构成滚动轴承。

(3) 高副　把凸轮高副中从动件设计成滚子形，槽轮高副中的拨销也设计成滚子形，则可减小摩擦磨损。

3. 运动副元素的形状变换

运动副元素的形状变换是内容最丰富的一种演化变异，因为运动副的作用、性质主要取决于运动副元素的形状，而且运动副元素形状的逐步改变还可以获取不同性质的运动副，因此也就能演化出不同功能的机构。

(1) 平面低副　转动副元素的形状变换可参见图5-26，由于转动副元素的形状逐步改变而形成了移动副。

移动副由滑动接触转变为滚动接触后，进一步改变移动副元素的形状，如导轨的形状，把直线型的移动导路变成曲线型的，并让带有小滚子的转动构件为主动构件，如图5-29c所示，则就构造了一个凸轮为从动件、摆杆为主动构件的反凸轮机构。移动副元素形状的改变用途很多，可以实现特殊的运动规律，且能解决原始机构难以解决的问题。

图5-30是一个能克服死点位置的机构。曲柄滑块机构中，在滑块主动、曲柄从动时，若连杆与曲柄位于同一直线，则机构处于死点位置。为了改变这种状况，常采用多个曲柄滑块机构错位排列或使用飞轮克服死点。图5-30所示机构是一个较简单的克服死点机构，其结构特点是在滑块上制成导向槽，利用滚滑副的导向作用，使机构克服死点位置，完成机构由移动变换为转动，且无死点位置。

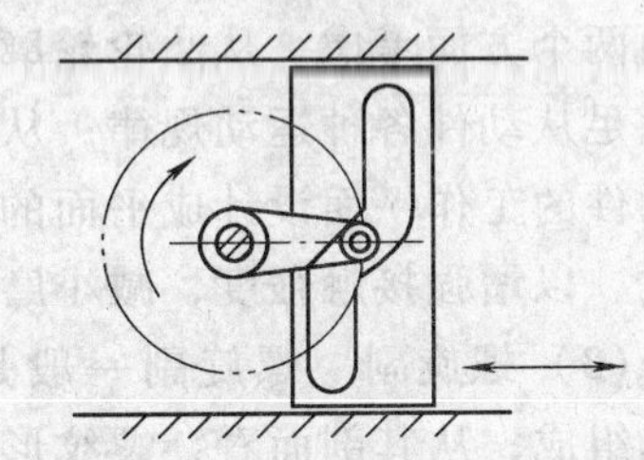
图5-30　无死点的曲柄滑块机构

(2) 平面高副　平面高副元素的形状变换，是为了演化变异出具有不同功能的平面高副，此外还可改善高副机构的各种性能，如受力状态、接触强度、运动及动力特性等。平面高副元素的各种形状可看作是由凸轮高副变异而来，而凸轮机构（见图5-31b）又可以看成是由楔块机构（见图5-31a）变异而来。

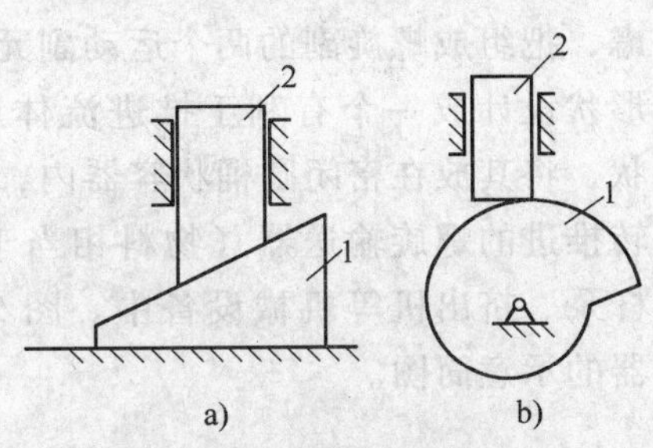

图5-31　楔块机构变异
1—楔块　2—导杆

组成凸轮高副的两个运动副元素，一个是凸轮轮廓曲线，另一个是从动构件与凸轮接触的工作面。凸轮的形状是向径变化的曲线，而从动构件的形状一般常是圆柱滚子或平面、球面等单一曲线形状。凸轮的工作过程一般是变凸轮转动为从动构件的往复运动。图5-32a所示为一电动锯条的凸轮机构，凸轮轮廓曲线是一个具有12个凸凹圆弧形的曲线，从动构件是两个圆柱滚子摆杆。机构工作时，一个滚子位于凸轮凹曲线底部，另一个则位于顶部，由此完成锯条往复运动的动作要求。从该凸轮的形状观察，这是一个形状比较特殊的凸轮轮廓曲线，它具有轮廓曲线的重复和连续。由这种形状的凸轮可以联想到若主、从动构件的轮廓曲线都具有这种形状重复并沿圆周连续、再现，就可以传递连续转动，由此也就产生了图5-32b所示的齿轮机构，主、从动件均具有相同的轮廓曲线，并且凹凸间隔相同，它们之间可以传递匀速转动。若将渐开线齿轮的基圆半径变得无穷大时，则渐开线就展直成直线，齿轮也就展直成齿条，如图5-32c所

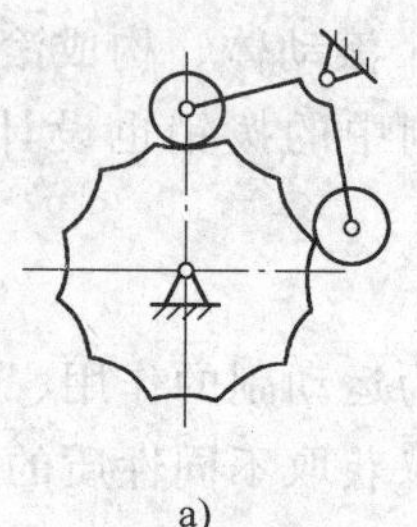
a)

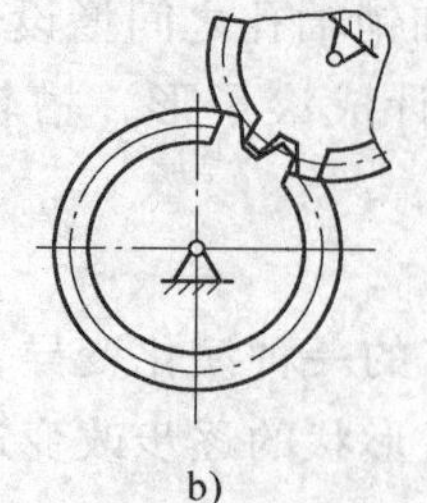
b)

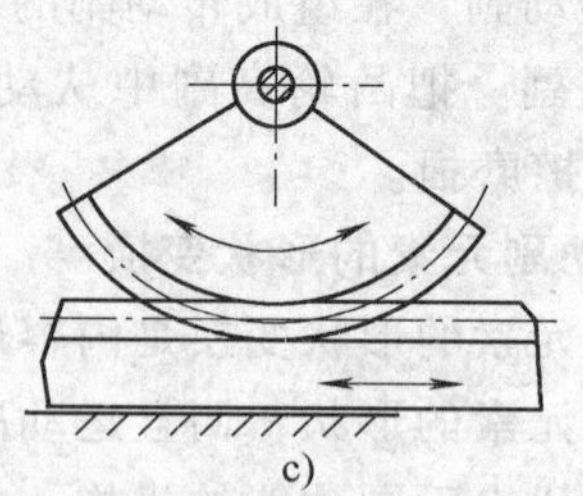
c)

图 5-32　凸轮机构仿效变异

示。仿效这种变异方法，许多间歇转动机构也可转变成间歇移动机构，图 5-33 所示是槽轮变异为移动形式；图 5-34 所示是棘轮变异为移动形式，这种变异可实现间歇移动。

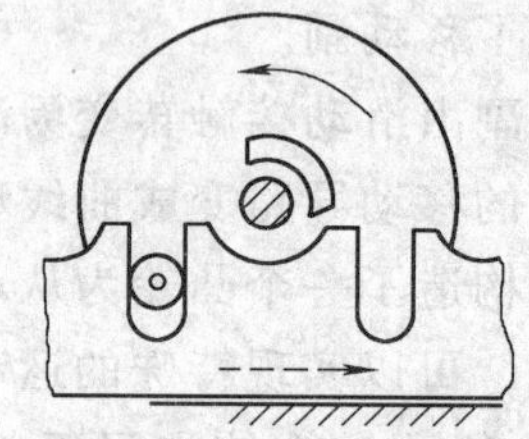
图 5-33　移动式槽轮

平面高副元素形状变换还可改善机构性能，如凸轮高副，可从凸轮轮廓曲线和从动件与凸轮接触的工作平面两个方面考虑。从凸轮轮廓线考虑，凸轮轮廓曲线应满足从动件各种运动规律；从从动件方面考虑，可将从动件的工作平面设计成平面的、凸曲面的或凹曲面的形式，以增强接触强度，减小磨损。

图 5-34　棘轮副的展直

（3）螺旋副　螺旋副一般是由互相旋合的螺杆和螺母组成，从其剖面看，螺纹形状有矩形、梯形、锯齿形、圆形和三角形等，可用于传动、微调、增力、联接等，既简单又可靠。若从螺旋副旋转推进工作原理考虑，把组成螺旋副的两个运动副元素之一，螺杆的剖面形状设计成一个有利于推进流体或粉状物料的叶片形状，将其放在密闭圆桶状容器内，这样就构造了一种旋转推进的螺旋输送器（物料相当于螺母），用于各种螺杆泵、挤出机等机械设备中。图 5-35 所示为螺旋推进器的示意简图。

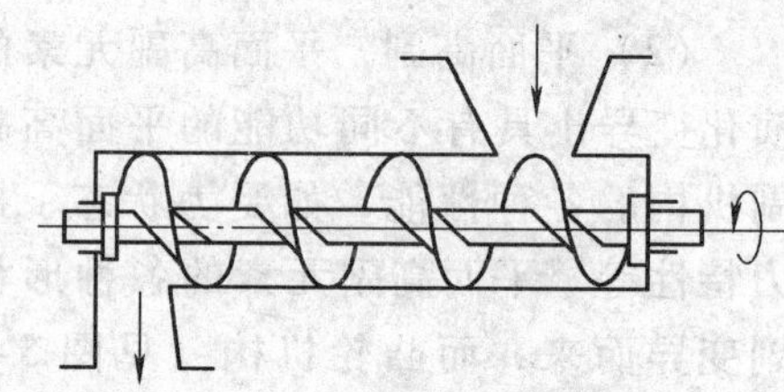
图 5-35　螺旋推进器

二、机构的构件演化与变异

通过机构构件的演化与变异，可改善机构的运动性能、受力状态，提高构件强度或刚度，构型出新机构，实现一些新功能。常用的演化变异方法有：利用构件的运动性质进行演化变异；改变构件的结构形状和尺寸；在构件上增加辅助结构；改变构件运动性质。

1. 利用构件的运动性质演化变异

当构件进行往复运动时，可利用其单程的运动性质，再进一步改变构件的形状以实现这个单程运动间歇地重复出现，从而演化出新的机构。图 5-36a 所示为一个摆动导杆机构，曲柄 AB 为主动件，输入转动；摆杆 OB 为从动件，输出往复摆动。如果用滚滑移动副代替移动副 B，则就变成了图 5-36b 所示机构。观察该机构的运动可以发现，当曲柄 AB 和摆杆 OB 的夹角为锐角，即处于 B'位置时，摆杆的摆动方向与曲柄同向；而曲柄 AB 与摆杆 OB 的夹角为钝角，即位于 B''时，摆杆的摆动方向则与曲柄的转动方向相反，为逆时针方向；方向改变的起始位置是在 AB 和 OB 相垂直的位置，即图 5-36b 所示 B 的位置上。如果以 B 点位置为分界线，把滚滑副的槽分割成两部分，一部分如图 5-36c 所示，当滚子位于槽内时，曲柄 AB 转动，导杆 OB 反向摆动；若滚子脱离摆槽，则运动中断，为避免这种现象的发生，可改变摆杆的形状，设计一个沿 OB 为半径的轨迹圆上开了四个均布相同槽的圆盘，使滚子在脱离一个槽后，相隔一段时间又进入另一个槽，把连续转动转换成间歇转动，摆动导杆机构也就变异成外槽轮机构了。被分割的另一部分如图 d 所示，按照前面同样的做法，也可以变异成内槽轮机构。

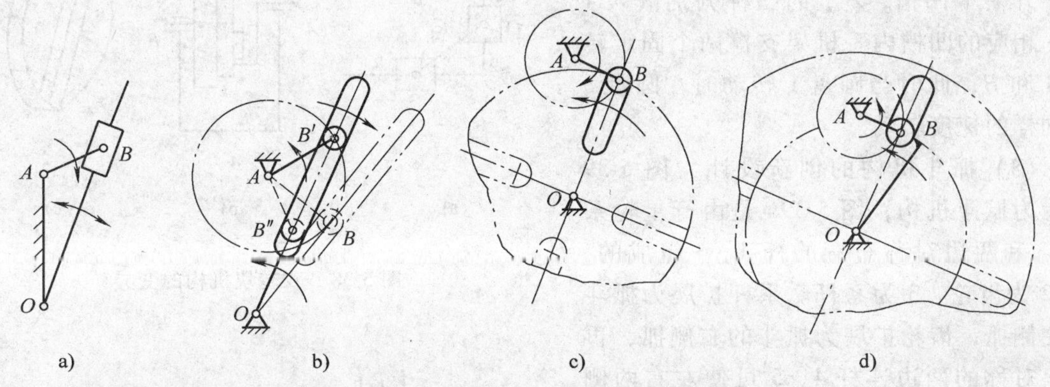

图 5-36　摆动导杆机构变异为槽轮机构

2. 改变构件的结构形状和尺寸

改变构件的结构形状可以解决机构运动不确定和机构因结构原因无法正常运动等问题，下面通过实例说明其演化变异过程。

(1) 平行四边形机构的变异　图 5-37a为一平行四边形机构，其特点是相对构件平行且长度相等，能传递匀速转动，但当机构运动到四个构件为一直线时，机构处于死点位置，造成机构运动不确定。改变这种状态需对机构加以适当的约束，使其运动确定。一个可行的办法是采用两个以上相同机构的组合，如图 5-37b 所示。由此联想，若曲柄上的各活动销轴铰接在同一个圆盘上，如 A 点和 D 点、B 点和 E 点分别铰接在圆盘 1、3 上，且进一步缩短机架 4 的尺寸，则变成了图 5-37c 的形状。在该机构中，两个转动曲柄分别是两个转动圆盘 1 和 3，其转动中心分别是固定铰链 O 和 C，2 是连杆，可采用多个对称布置在两个圆盘之间，用来传递转动，这是一种平行四边形联轴器。该机构还可以进一步变异，把连杆 2 全部做成滚轮的结构形式，把圆盘 1 上的铰链 A 位置全部做成以连杆 2 的长度为半径的圆孔，孔的内侧与曲柄 3 上的滚轮滚

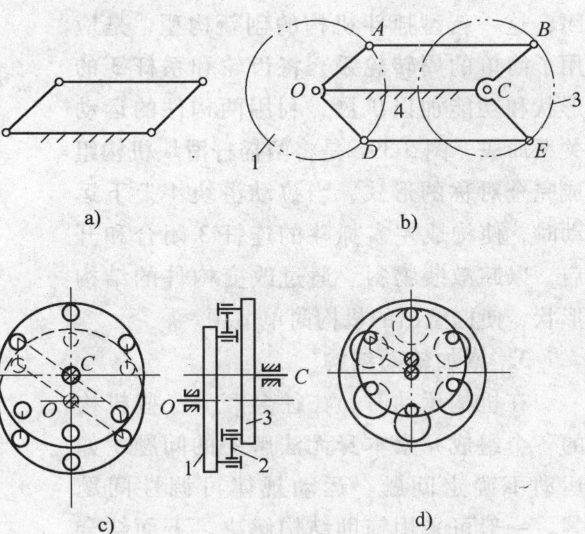

图 5-37　平行四边形机构的变异

动接触，这样就又构造出一个新的机构，称为孔销式联轴器，如图 5-37d 所示，由于其结构紧凑，常用于摆线针轮减速器的输入或输出装置中。

（2）双转块机构的变异 图 5-38a 是双转块机构的示意图，块 1 转动，通过连杆 2 将转动传递给块 3，4 为机架，*A*、*B* 为两个固定转动副。按机构原形的结构形状，两个转块是无法实现整周回转的，若分别将构件 1、2、3 的形状改变成含有滑槽和凸榫的圆盘形状，则构造了一个十字滑块联轴器，如图 5-38b 所示，其中，连杆 2 变成了图 5-38c 所示的两面各有矩形条状凸榫的圆盘，且两凸榫的中心线互相垂直，并通过圆盘中心；转盘 1 和 3 上各开一个凹槽，2 上的凸榫分别嵌入 1 和 3 相应的凹槽内。机架支撑两个固定转轴 *A* 和 *B*，此时当圆盘 1 转动时，圆盘 3 以同样的速度转动。

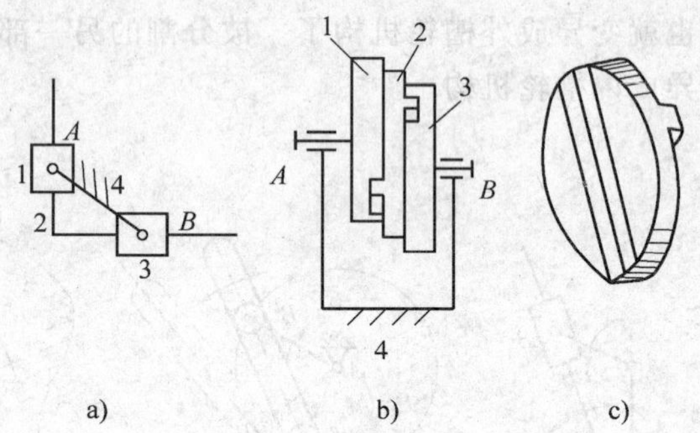

图 5-38 双转块机构的变异

（3）抓斗机构的创新设计 图 5-39 所示为抓斗机构，图 5-39a 是由行星轮系 1-2-3 和两边对称布置的杆 4、5 组成的，1、2 为齿轮，3 为系杆。系杆扩展为抓斗的左侧抓，齿轮扩展为抓斗的右侧抓，再加上对称的两边连杆 4、5 可使左右两侧抓对称动作，绳索 6 可控制两侧抓的开或闭，这一新型抓斗机构的创新构型，是应用了简单的周转轮系，将齿轮和系杆 3 的形状和功能加以扩展，利用两构件的运动关系而成。图 5-39b 是将两摇杆滑块机构组成完全对称的形式，当拉动滑块 4 上下运动时，使构成左右抓斗的连杆 3 闭合和开启，以卸散装物料。通过改变构件的结构形状，使构型出的机构简单适用。

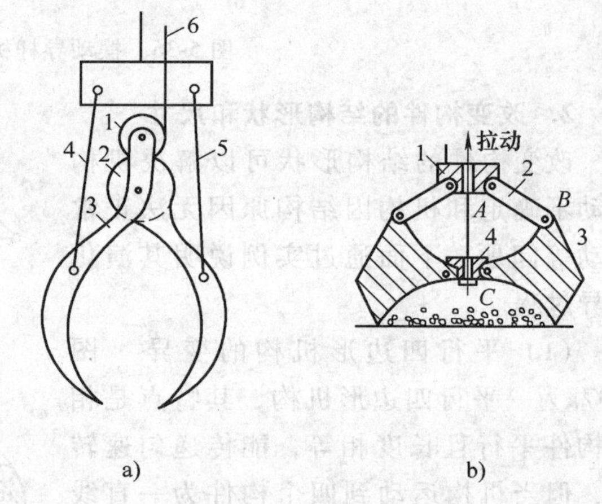

图 5-39 抓斗机构

3. 增加辅助结构

在机构运动时，往往会产生一些机构的各个组成元素本身无法解决的问题，如运动不确定问题、运动规律可调性问题等，一般可采用辅助结构解决。下面结合具体实例进行分析。

（1）转动导杆机构 图 5-40a 是一个转动导杆机构，可以传递非匀速转动。若将导杆的中心线置于曲柄的活动铰链 *B* 的轨迹圆上（见图 5-40b），则导杆将以曲柄速度的一半等速转动；但当活动铰链 *B* 的中心与导杆转动中心重合时，则图 5-

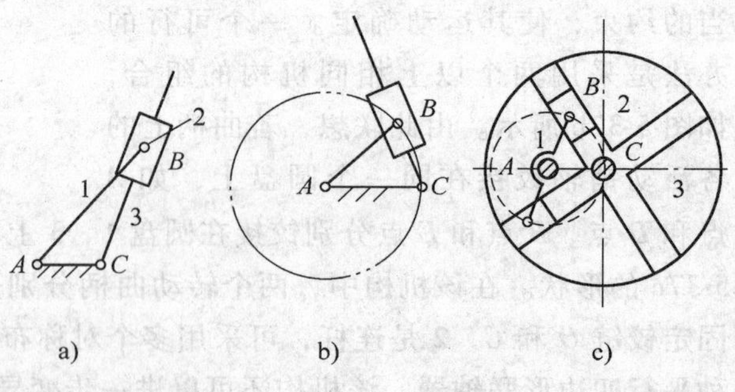

图 5-40 转动导杆机构的变异

40b 所示机构的位置将会不确定。为了消除图 5-40b 导杆机构的运动不确定性，采取加入第二个滑块的办法，并将导杆做成带十字槽的圆盘（见图 5-40c），双臂曲柄两端滑块就在十字槽中运动。圆盘和转臂各围绕各自的固定转轴转动，圆盘槽数为任何数目时，均以曲柄转速的一半速度旋转，这样的机构可用来传递大载荷。串联两种这样的机构，就可以获得 1:4 的无声传动。

（2）凸轮机构　凸轮机构结构简单，可实现任意运动规律，但当凸轮廓线确定后，从动件的运动规律则不能变换和调节。为改变这种情况，可采用增加辅助结构的办法。图 5-41 是一种廓线可变的凸轮机构，凸轮 1 绕固定轴 *A* 转动，推杆 2 在导轨 *B* 中实现一定运动规律的往复运动。为改变推杆 2 的运动规律，在轮 1 上装有四片凸轮片，凸轮片上开有圆弧槽，把凸轮片旋转到合适的位置，然后用螺钉紧固，就可以获得不同形状的凸轮廓线。

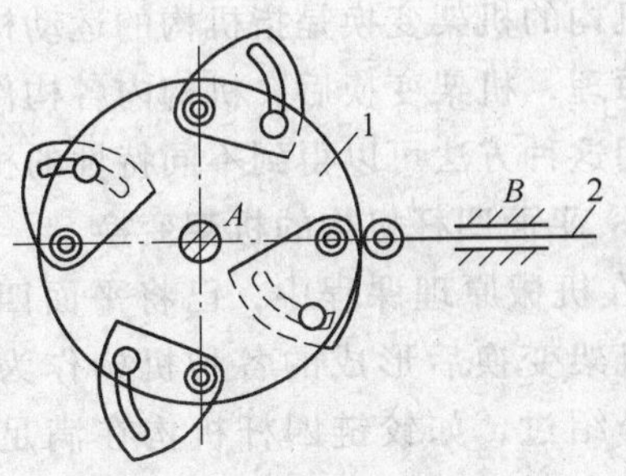

图 5-41　廓线可变的凸轮机构
1—凸轮　2—推杆

图 5-42 是一种推杆可换的凸轮机构。圆柱凸轮 1 上制作有两个凸轮沟槽 *a* 和 *b*，它们是按不同的运动规律确定的，形状是不同的。有两个推杆带有两个滚子 *A* 和 *B*，它们和凸轮的两个沟槽相互对应。两个推杆上制作有齿条，可分别与夹在它们中间的齿轮 2 相啮合，旋转齿轮就可以实现滚子的变换，从而可以输出不同运动规律的移动。

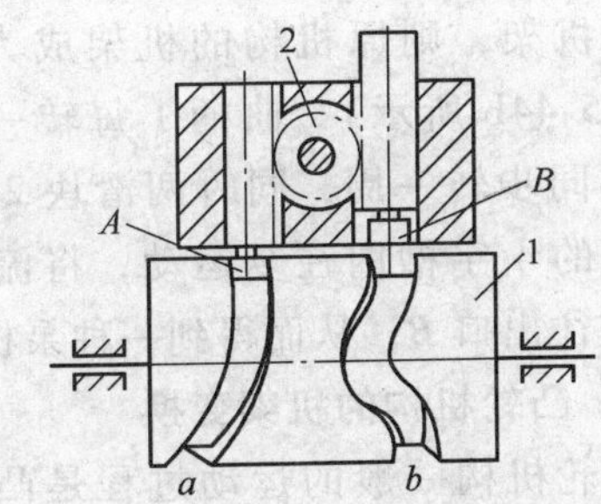

图 5-42　推杆可换的凸轮机构
1—圆柱凸轮　2—齿轮

增加辅助结构以实现运动规律可调的这种变异方法还常用在连杆机构中，借助于螺旋机构来调节构件的长度尺寸，以实现不同的运动规律。

4. 改变构件的运动性质

这主要针对凸轮机构增大行程的问题，改变凸轮作定轴转动的运动性质，使凸轮相对于机架既转动又移动，使从动件实现凸轮的运动和自身相对于凸轮的运动这两项运动的合成，从而实现行程的增大。

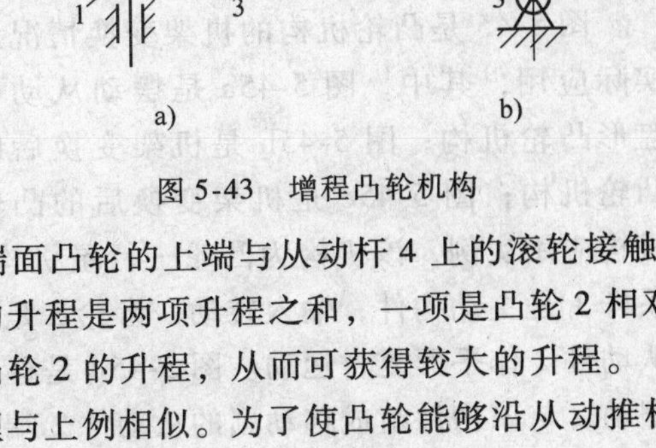

图 5-43a 是一种压力角没有增加，凸轮尺寸也没有加大，而推杆行程增大的凸轮机构，具体的结构是：在凸轮轴 1 上套着一个可借助于导向键 *A* 沿轴向移动又可以转动的端面凸轮，端面凸轮的上端与从动杆 4 上的滚轮接触，下端则与固定滚轮 3 接触。凸轮转动时，从动杆的升程是两项升程之和，一项是凸轮 2 相对于固定滚子 3 的升程，另一项是从动杆 4 相对于凸轮 2 的升程，从而可获得较大的升程。

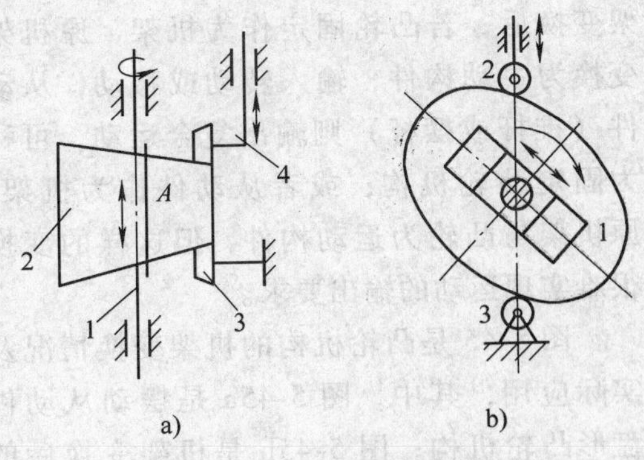

图 5-43　增程凸轮机构

图 5-43b 也是一种增程凸轮机构，其增程原理与上例相似。为了使凸轮能够沿从动推杆

的位移方向移动，将其设计成中间带有滑道，并将转块设在其中，这样当凸轮转动时就可以实现凸轮相对于固定滚子 3 的位移，而从动杆 2 相对于凸轮又有位移，两项位移之和就是从动杆的最终行程，达到了增大行程的效果。

三、机构的机架变换与创新

机构的机架变换是指机构的运动构件与机架的互相转换，或称作机构的倒置。按照相对运动原理，机架变换后，机构内各构件的相对运动关系不变，而绝对运动则发生了改变，因此，用这种方法可以得到不同特性的机构，进一步拓宽了机构的应用范围。

1. 平面四杆机构的机架变换

在机械原理课程中，已将平面四杆机构经机架变换后形成的各种机构作为典型实例介绍过，如铰链四杆机构在满足曲柄存在的条件下，取不同构件为机架，可以分别得到曲柄摇杆机构、双曲柄机构、双摇杆机构。图 5-44a 为卡当机构，若令杆 OO_1 为机架，则原机构的机架成为转子 3（如图 5-44b 所示），曲柄 1 每转一周，转子 3 亦同步转一周，同时两滑块 2 及 4 在转子 3 的十字槽内往复运动，将流体从入口 A 送往出口 B，从而得到一种泵机构。

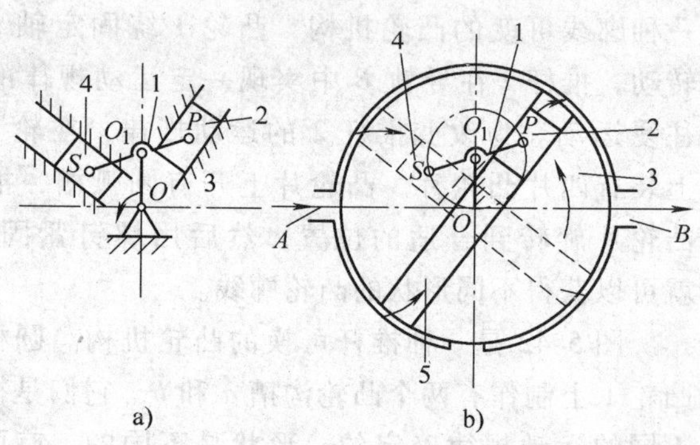

图 5-44 卡当机构及其机架变换

2. 凸轮机构的机架变换

凸轮机构一般的运动过程是凸轮主动作定轴转动或直线移动，从动件（推杆或摆杆）输出往复移动或摆动，输入与输出的运动均为简单的转动、移动或摆动。机架变换后，若凸轮固定作为机架，原机架变换为主动构件，输入转动或移动，从动件（推杆或摆杆）则输出复合运动，可称为固定凸轮机构；或者从动件作为机架，原机架与凸轮为运动构件，但这样的变换很难实现运动的输出要求。

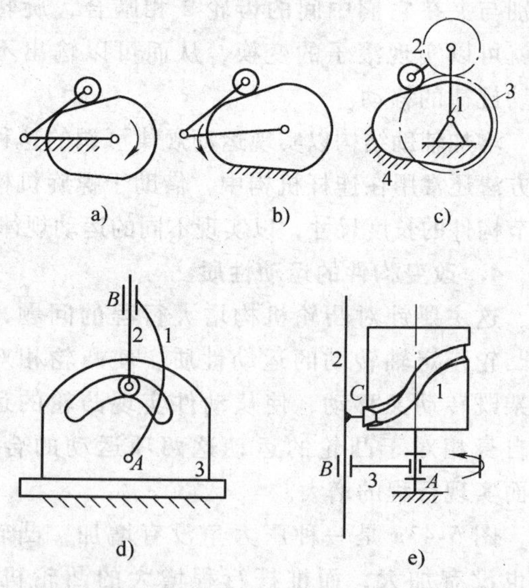

图 5-45 凸轮机构的机架变换

图 5-45 是凸轮机构的机架变换情况及实际应用，其中，图 5-45a 是摆动从动件盘形凸轮机构；图 5-45b 是机架变换后的凸轮机构；图 5-45c 是机架变换后的凸轮机构应用实例，该机构为凸轮一行星机构，系杆 1 是主动构件，输入转动，齿轮 3 是从动构件，凸轮 4 固定，原机架 1 作定轴转动，原从动件 2 作平面复合运动。图 5-45d 是移动从动件凸轮机构机架变换的实例。构件 1 绕 A 轴摆动，与该构件组成移动副的从动件 2 端部的滚子位于固定凸轮 3 的沟槽内，使从动件 2 在

随构件 1 转动的同时作相对移动，可实现复杂的平面运动。图 5-45e 是移动从动件圆柱凸轮机构机架变换的实例，圆柱凸轮 1 固定，在其沟槽内安置从动件 2 上的圆锥滚子 C，该从动件与主动件 3 组成移动副。当构件 3 绕固定轴线 A 转动时，从动件 2 在随构件 3 转动的同时，还按特定的运动规律沿移动副 B 移动。

3. 齿轮机构及挠性件传动机构的机架变换

图 5-46a 为机架变换前的齿轮机构与挠性件传动机构，图 5-46b 为机架变换后的机构。原机架变换成系杆，两轮中的一个固定，另一个变换成行星轮，这样变换就构造出行星传动机构。但应注意，对于挠性件传动机构，必须是具有啮合性质的链传动或同步带传动，普通的靠摩擦力工作的带传动不适合这种变换。

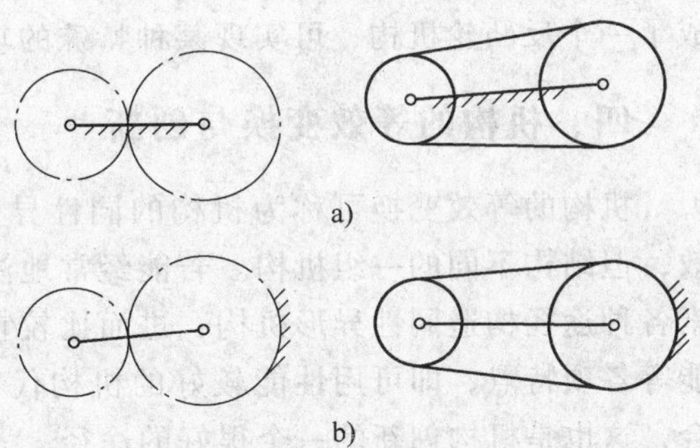

图 5-46　齿轮机构与挠性件传动机构的机架变换
a）机架变换前　b）机架变换后

定轴齿轮传动机构经机架变换后可得到行星传动机构，在该机构的基础上，又可经过机构的串联、并联等组合形式变换出各种各样的周转轮系，用于各种减速、增速、变速及速度合成与分解的机械传动装置中。

4. 间歇运动机构的机架变换

一般常见的间歇运动机构有棘轮机构、槽轮机构、不完全齿轮机构、凸轮机构以及各种组合机构。其传动过程一般是主动件作定轴转动，从动件作间歇转动。个别的如棘轮机构还要通过拨动构件，如棘爪使棘轮间歇转动，而经机架变换后的机构，原来作间歇回转的构件是固定的。

如图 5-47 所示，图 5-47a 是外槽轮机构的机架变换，变换后又串联组合一个行星齿轮机构。槽轮 5 固定，原机构的机架 4 成为系杆，作为机构的从动件，输出间歇转动，整个机构主动构件是中心轮 1，它与行星轮 2 啮合，轮 2 上固接着驱动拨盘，当拨盘上的滚销 3 进入槽轮的槽时，系杆输出转位运动；当驱动拨盘的锁止弧与槽轮 5 的锁止弧啮合时，系杆 4 停歇。其特点是：因为串联了行星齿轮机构，则可以改善原普通槽轮机构的运动特性系数 k，但该机构的运动特性与锁止性能都不太好，使用时应进一步改进。

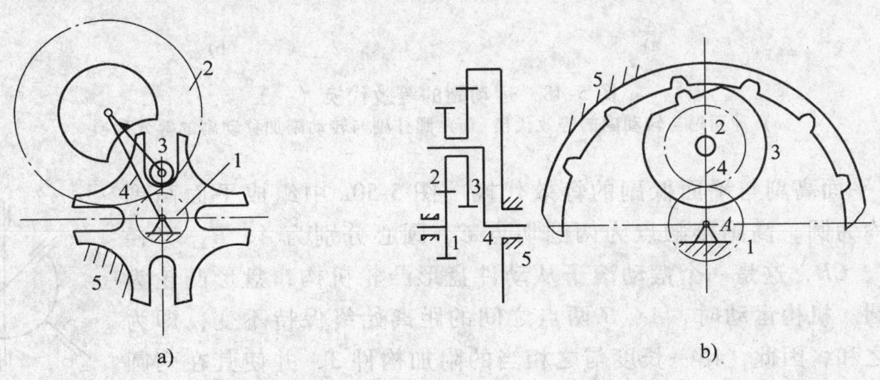

图 5-47　间歇运动机构的机架变换
a）外槽轮机构的机架变换　b）不完全齿轮机构的机架变换

图5-47b是一个不完全齿轮机构的机架变换，变换后也是与一行星齿轮机构进行串联组合。传动原理与前面的例子相同，系杆4只有在具有一个齿的行星轮3与固定的不完全齿轮5相啮合期间才转动，当进入锁止弧啮合期间，系杆停止回转。

机构中的机架变换只是运动变换的一种形式，还有其他形式的运动变换，如凸轮机构中，对凸轮与从动件的运动关系进行变换，使从动件为主动构件，凸轮为从动构件，结果形成了一个反凸轮机构，可实现某种特殊的功能。

四、机构的等效变换与创新

机构的等效变换可称为机构的同性异形变换，通常指输入、输出的运动特性相同或等效，但结构不同的一组机构。若能经常地注意收集各种机构是否有可能等效或同性，或者探索各种途径构造同性异形机构，进而比较它们的受力状态、占据空间位置以及零件的工艺性能等各项特点，即可用性能较好的机构代替性能不太理想的机构，从而获得多种选择的机会，这也是机构创新的一个很好的途径。

1. 利用运动副的等效代换创新同性异形机构

运动副的等效代换是指组成机构的各种运动副相互转换或替代，而又不改变机构运动的输入和输出特性，这些特性主要指机构的自由度、机构中各相应构件的运动特征等。经过这种代换，可以获取同性异形的各种机构，从而增加了多种选择机构的机会。常见的等效代换的形式如下：

（1）空间运动副与平面运动副的等效代换　如图5-48所示，图5-48a所示的球面副 S 可由汇交于球心的三个转动副 R-R-R 等效代换；图5-48b所示的圆柱副 C 可由转动轴线与移动导路重合的转动副 R 与移动副 P 等效代换。这种代换经结构改进后在生产实际中具有一定的使用价值。图5-49所示的汽车用万向联轴器就是其中一例，该机构在结构上作了改进，减少了一个球面副，而代之以十字杆连接，大大提高了联轴器的强度和刚度。

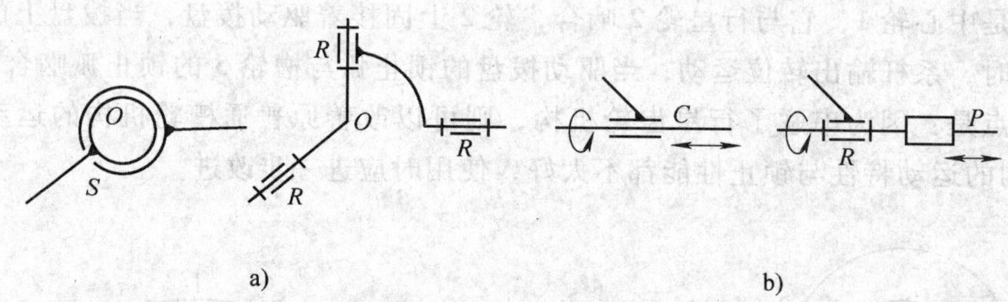

图5-48　运动副的等效代换（一）

a）球面副与转动副的等效代换　b）圆柱副与转动副加移动副的等效代换

（2）平面高副与平面低副的等效代换　图5-50a中组成平面高副的两元素均为圆，高副接触点为两圆切点 C，圆心分别为 A、B，半径分别为 AC、CB，这是一个摆动滚子从动件盘形凸轮机构，盘形凸轮为一个偏心圆。机构运动时，A、B 两点之间的距离始终保持不变，即为两圆半径之和，因此，用一长度与之相当的附加构件3，并使其在两圆心 A、B 处铰接，组成一个曲柄摇杆机构 $OABD$，则该机构与原凸轮机构就成为一组同性异形机构。

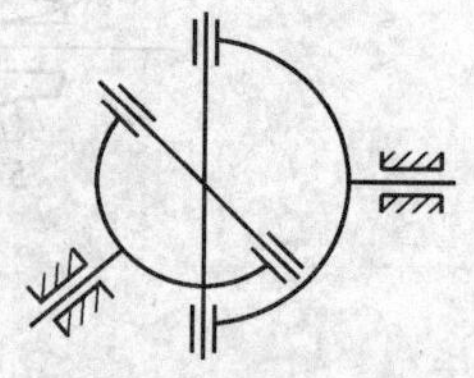

图5-49　万向联轴器

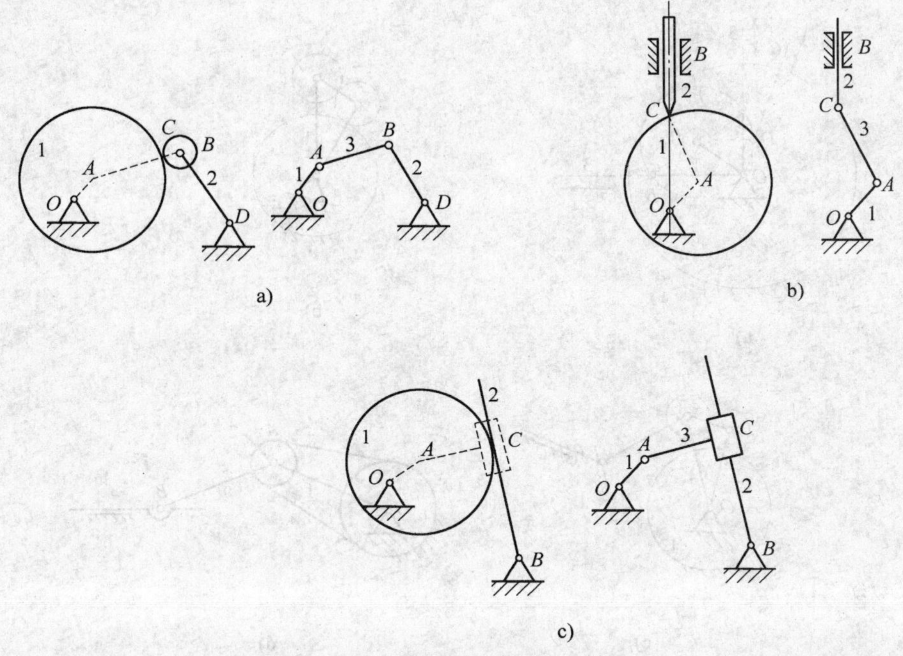

图 5-50　运动副的等效代换（二）

图 5-50b 中组成平面高副的两元素，一个是圆心为 A，半径为 AC 的圆，而另一个为点 C，平面高副接触点就是 C，这是一个移动尖顶从动件偏心盘凸轮机构。机构运转时，AC 两点之间的距离始终保持不变，因此，用一个长为 AC 的附加构件，并使其在 A、C 两点分别与原机构的构件 1 和 2 组成转动副 A 和 C，构成一个曲柄滑块机构 $OACB$，则该机构与原凸轮机构就成为一组同性异形机构。

图 5-50c 中组成平面高副的两元素，一个是圆心为 A，半径为 AC 的圆，而另一个为一直线，平面高副接触点是直线与圆的切点 C，这是一个摆动平底从动件偏心盘凸轮机构。机构运转时，圆心 A 至切点之间的距离始终不变，因此，用一个附加构件 3，使其与圆在 A 点铰接，与直线组成移动副 C，构成一个摆动导杆机构 $OACB$，则该机构与原凸轮机构是一组同性异形机构。

通过以上三个实例可知，当过高副接触点的二曲线曲率半径之和为常数时，可用低副机构代替高副机构；若过高副接触点的二曲线曲率半径之和不为常数，只能瞬时代换。

2. 利用周转轮系的不同结构创新同性异形机构

图 5-51a 所示的卡当运动机构中，由于行星轮 2 较大，内齿轮 4 更大，致使机构的尺寸加大，给使用带来诸多不便。为解决这一问题，应设法构造同性异形机构。若有两个周转轮系，它们的转化机构传动比的大小和方向均相同，则这两个周转轮系是一组同性异形机构。图 5-51a 机构中的周转轮系部分的转化机构的传动比是：$i_{24}^{1}=(n_2-n_1)/(n_4-n_1)=z_4/z_2=2$。现在保持 i_{24}^{1} 不变，将原来的内啮合齿轮变成外啮合齿轮，为保证方向也不变，在两个外啮合齿轮之间加一个介轮，如图 5-51b 所示，其转化机构的传动比也是 2；若在行星轮 2 上固接一杆，并使 $AB=OA$，如图 5-51c 所示，则当系杆 1 转动时，B 点输出移动，则该机构为卡当运动机构的一个同性异形机构。

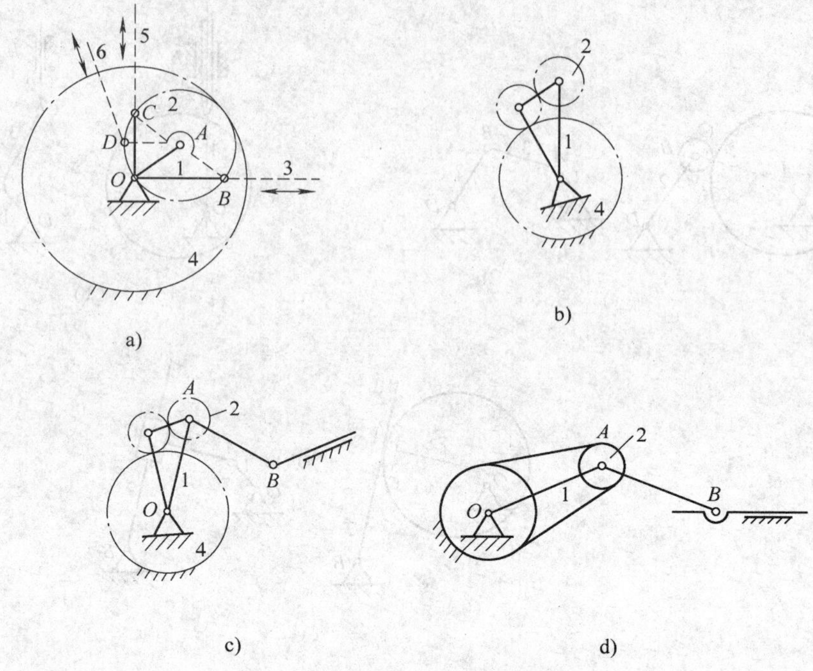

图 5-51 卡当运动机构及其创新

将机构进一步简化，用同步带或链传动代换外啮合的齿轮传动，可以去掉介轮，构成了挠性件周转轮系，同时在小行星轮 2 上固接一杆，同样使 $AB = OA$，如图 5-51d 所示，则该机构也为卡当运动机构的一个同性异形机构，它经常用于扩大行程的运动中，B 点的行程是曲柄 OA 的 4 倍。

五、机构运动原理的仿效与创新

机构运动原理的仿效，是指一些相同的运动原理可以用到不同的机构中去，例如运动的差动原理、谐波传动原理等。

1. 差动运动原理的仿效

差动原理常用于齿轮系中，被称为差动轮系，用于运动的合成或分解。这种差速机构的自由度一般是 2，用于运动的合成则是输入两个运动，合成为一个输出；如果用于运动分解，则是输入一个运动，借助于其他条件的限制输出两个运动。图 5-52 是用于汽车后轮的差动机构，该机构的作用是把发动机输出运动分解给两个车轮，使两个车轮的转动能够与直行或拐弯运动相适应，实现运动分解。

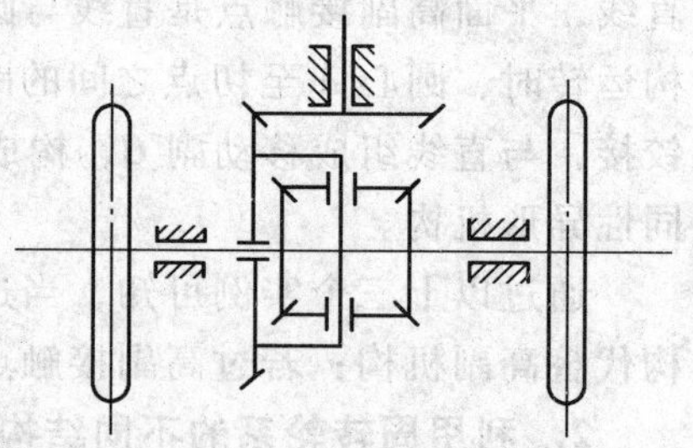

图 5-52 齿轮差动机构

差动运动的原理除在齿轮机构中得到应用外，还可用于凸轮机构、螺旋机构、棘轮机构以及槽轮机构等。图 5-53 所示就是一种凸轮差动机构，该机构由三个同轴

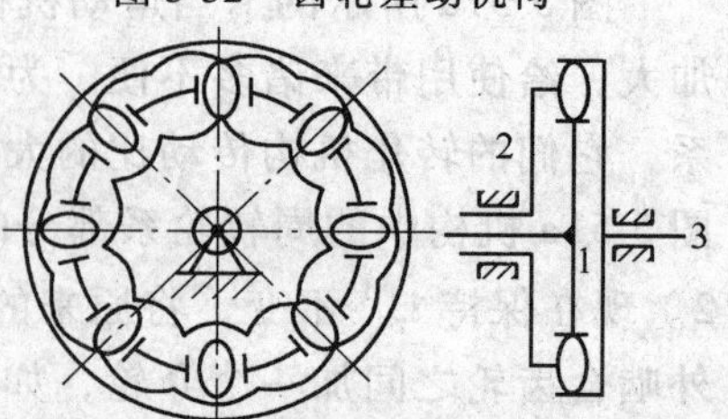

图 5-53 凸轮差动机构
1、3—凸轮 2—推杆

旋转的构件组成，它们分别是外凸轮 1、推杆 2 和内凸轮 3。内、外凸轮的凸凹轮缘上均布数量不等的齿槽，一般为奇数，推杆沿内外凸轮之间的圆周布置，一般布置偶数个带有滚子的推杆，推杆的个数为两个凸轮齿槽数量之和的约数。例如，内凸轮 3 有 13 个齿槽，外凸轮 1 有 11 个齿槽，则推杆的个数可为$(13+11)/3=8$。机构工作时，沿圆周连在一起的推杆和两个凸轮之一输入转动，另一个凸轮则输出转动。

2. 谐波传动原理的仿效

谐波传动是一种靠中间挠性构件（柔轮）的弹性变形来实现运动和动力的传递。这种传动原理常用于齿轮传动中，但也可用于螺旋传动及摩擦传动中。

图 5-54 是一种谐波齿轮传动，基本构件是柔轮 1、刚轮 2 和波发生器 *H*，其中，波发生器 *H* 为主动构件，柔轮为从动构件，刚轮固定。柔轮本身的形状为圆形，齿数 z_1，刚轮的齿数 z_2，比 z_1 略大。由于波发生器的引入，迫使柔轮产生弹性变形，并使其长轴两端的齿与刚轮完全啮合，短轴两端的齿完全脱离，而位于长短轴之间的齿则处于啮入或啮出的过渡状态。当波发生器转动时，随着柔轮变形部位的变更，使得柔轮与刚轮齿之间在啮入、啮合、啮出、脱离四种情况中不断变化，从而使柔轮相对于刚轮按与波发生器相反的方向旋转。该机构输入与输出的传动比为：$i_{H1}=-z_1/(z_2-z_1)$，传动比范围为 50 ~ 500。

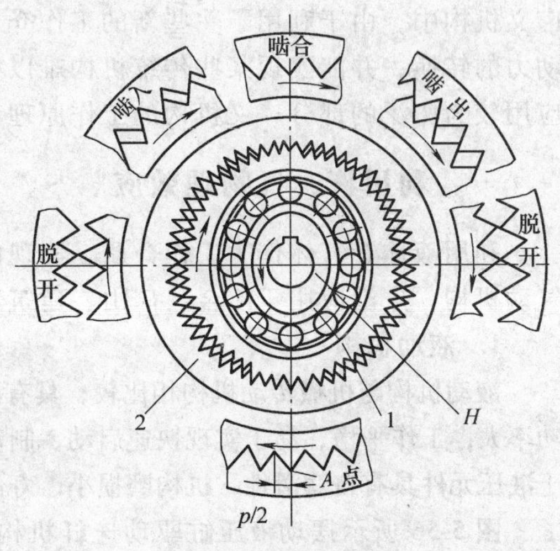

图 5-54　谐波齿轮传动
1—柔轮　2—刚轮　*H*—波发生器

这种谐波传动原理若用于螺旋传动，则可将转动转换成缓慢的移动，或相反也可以用于减速。图 5-55 则是其中的一种，它可以将波发生器 *H* 的高速转动转变为螺杆 1 的低速移动，其中，波发生器 *H* 的截面形状为椭圆形，薄壁螺杆 1 的原始形状为圆柱形，由发生器使其变为椭圆形，刚性的螺母 2 为圆形固定构件。1 与 2 的螺纹形状、旋向及螺距均相同。当波发生器转动时，由于螺杆的变形，使其与刚性螺母之间产生螺纹周长之差，致使柔性螺杆 1 沿螺纹平均半径无滑动地滚动，并将转过不大的角度。波发生器的转角和柔轮 1 的转角之比为机构的传动比，其值取决于波发生器的椭圆轴的尺寸差和螺纹的平均直径。如果螺杆只作移动，不作转动，则螺杆的轴向位移约为 0.1 ~ 0.0025mm。

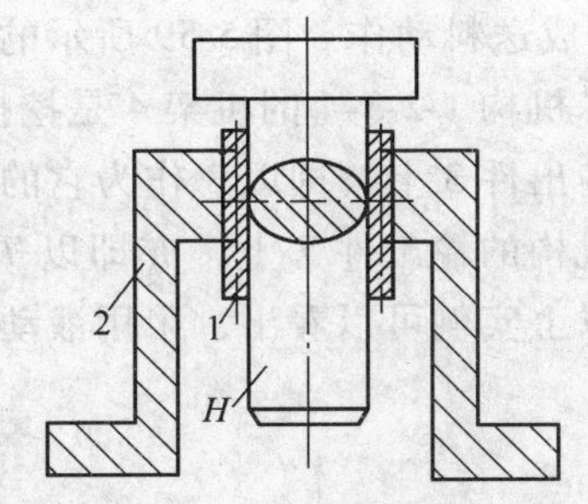

图 5-55　谐波螺旋传动
1—螺杆　2—螺母　*H*—波发生器

3. 啮合传动原理的仿效

齿轮机构的啮合传动具有传动可靠、平稳、效率高的特点，但不便于远距离传动；带传动可实现远距离传动，但摩擦传动不可靠、效率低。如果仿效啮合传动原理，把刚性带轮与挠性带设计成互相啮合的齿状，就形成了同步齿形带传动。

4. 滚动传动原理的仿效

前文已提到了关于用滚动接触代替滑动接触可以减小运动副的摩擦磨损，仿效这种滚动传动原理用于螺旋传动就产生了滚珠螺旋，用于齿轮传动就产生了钢球活齿传动，用于蜗杆传动就产生了循环钢球单头圆柱蜗杆传动。

第三节　广义机构的创新设计

随着科学技术的迅速发展，利用液、气、声、光、电、磁等工作原理的机构日益增多，这类机构统称为广义机构，如液动机构、气动机构、声电机构、光电机构和电磁机构等。在广义机构中，由于利用了一些新的工作介质和工作原理，较传统机构能更方便地实现运动和动力的转换，并能实现某些传统机构难以完成的复杂运动。广义机构种类繁多，本节仅介绍应用较为广泛的部分广义机构的工作原理和机构特点。

一、利用液、气物理效应

利用液体、气体作为工作介质，实现能量传递和运动转换的机构，分别称为液动机构和气动机构，广泛应用于冶金、矿山、建筑和交通运输等行业。

1. 液动机构

液动机构与机械传动机构相比较，具有易于无级调速，调速范围大；体积小、质量轻；输出功率大；工作平稳，易于实现快速启动、制动、换向等动作；控制方便；易于实现过载保护；由于液压元件具有自润滑性，机构磨损小、寿命长；液压元件易于标准化、系列化等优点。

图 5-56 所示摆动液压缸驱动连杆机构，可实现较大的行程和增速，常用于高低位升降台等机械系统中。图 5-57 所示为液压夹紧机构，由摆动液压缸驱动连杆机构，这种液压机构可用较小的液压缸实现较大的夹紧力，同时还具有锁紧作用。图 5-58 所示为铸锭供料机构，它由液压缸 5 通过连杆 4 驱动双摇杆机构 1-2-3-6，将加热炉中出来的铸锭 8 送到升降台 7 上，完成送料动作。图 5-59 所示的挖掘机由三个液压缸驱动三个基本的连杆机构组成，第一个基本机构 1-2-3-4 的机架 4 是挖掘机的机身；第二个基本机构 5-6-7-3 叠联在第一个基本机构的输出件 3 上，即以 3 作为它的相对机架；同样第三个基本机构 8-9-10-7 又叠联在第二个基本机构的输出件 7 上，亦即以 7 作为它的机架。三个液压缸可同时工作，也可单独启动。由以上实例可以看出，采用液动机构的机械系统，往往比用电动机驱动的机械系统要简单的多。

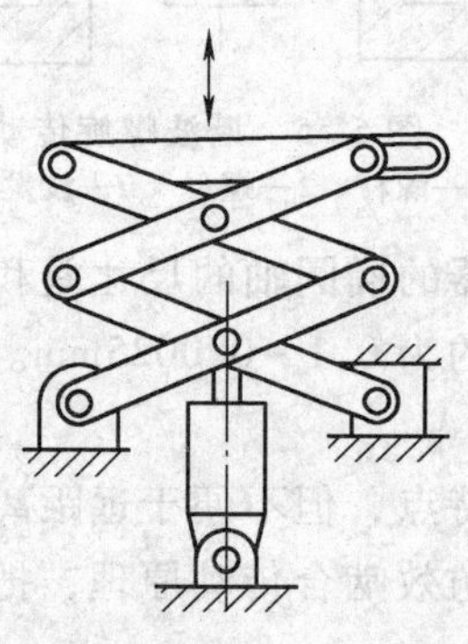

图 5-56　升降机构

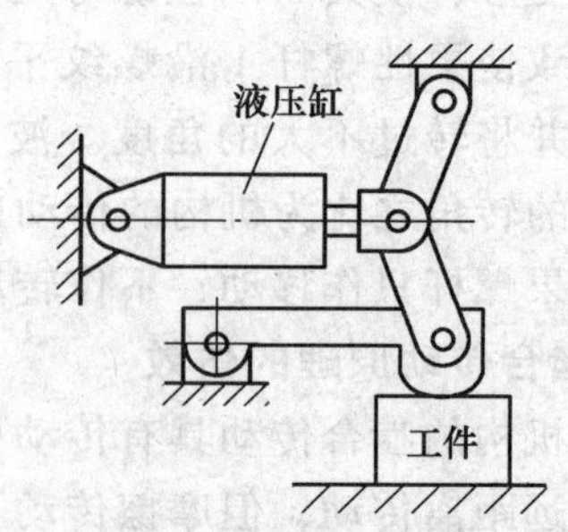

图 5-57　液压夹紧机构

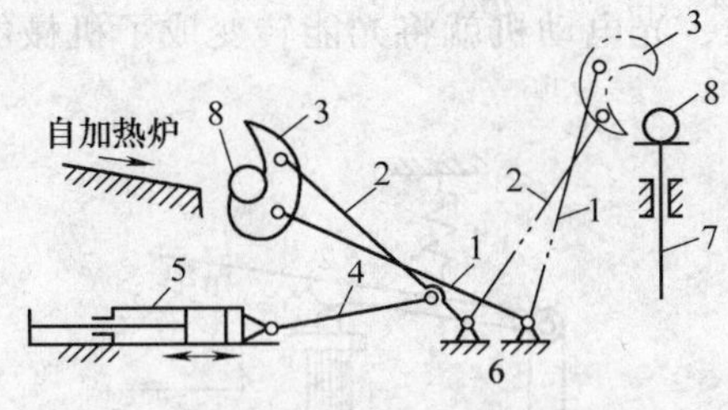

图 5-58　铸锭供料机构

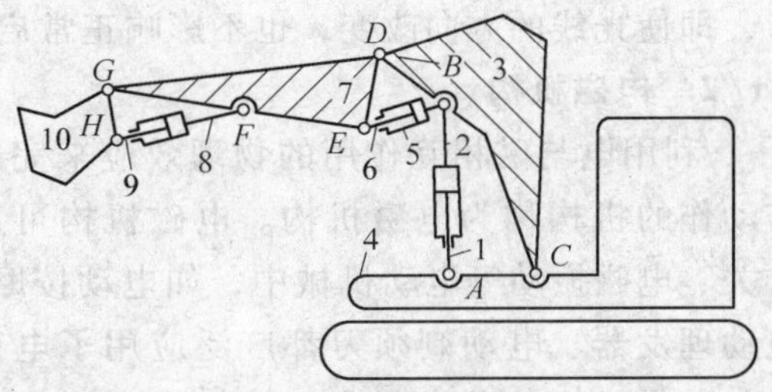

图 5-59　挖掘机

2. 气动机构

气动机构与液动机构相比，由于工作介质为空气，故易于获取和排放，不污染环境；气动机构还具有压力损失小，易于过载保护，易于标准化、系列化等优点。

图 5-60 所示为一种比较简单的可移动式气动通用机械手的结构示意图，由真空吸头 1、水平气缸 2、垂直气缸 3、齿轮齿条副 4、回转缸 5 及小车 6 等组成，可在三个坐标内工作，一般用于装卸轻质、薄片工件，只要更换适当的手指部件，还能完成其他工作。

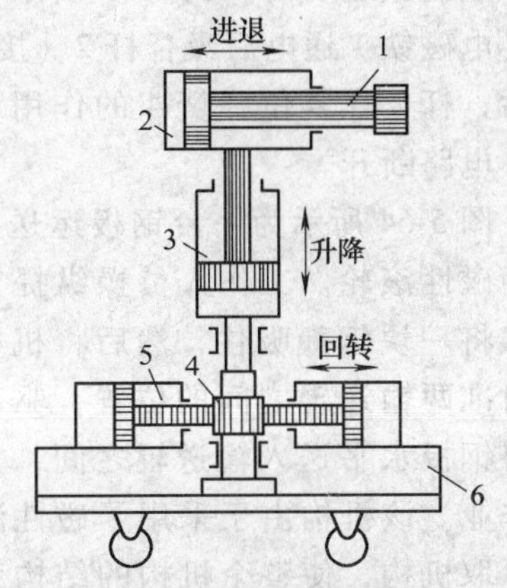

图 5-60　通用机械手结构
1—真空吸头　2—水平气缸
3—垂直气缸　4—齿轮齿条副
5—回转缸　6—小车

图 5-61 所示为商标自动粘贴机示意图，该机构使用了一种吹吸气泵，这种吹吸气泵集吹气和吸气功能为一体，吸气头朝向堆叠着的商标纸下方，吹气头朝着商标纸压向方形盒产品的上方。当转动鼓吸气端吸取一张商标纸后，顺时针转动至粘胶滚子，随即滚上胶水（依靠右边上胶滚上胶）；当转动轮带着已上胶的商标纸，转到下面由传送带送过来的方形盒产品之上时，即被压向产品；当传送带带动它至最左端时，商标纸被压刷压贴在方盒上。由此例可以看出，如果限于刚体机构的范围，不加入气动机构，则很难实现这样复杂的工艺动作。

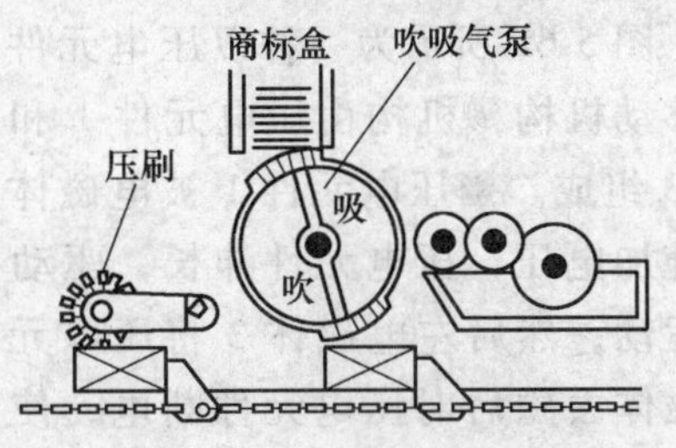

图 5-61　商标自动粘贴机

二、利用光电、电磁物理效应

1. 光电动机

图 5-62 所示为光电动机的原理图，它实际上是将太阳能电池与电动机有机组合而成的一种原动机。其受光面是三个三角形的组成太阳能电池，它与电动机的转子相结合。太阳能电池将太阳能转化为电能驱动电动机转动，当电动机转动时，太阳能电池也跟着旋转，动力由电动机轴输出。由于受光面构成一个三角

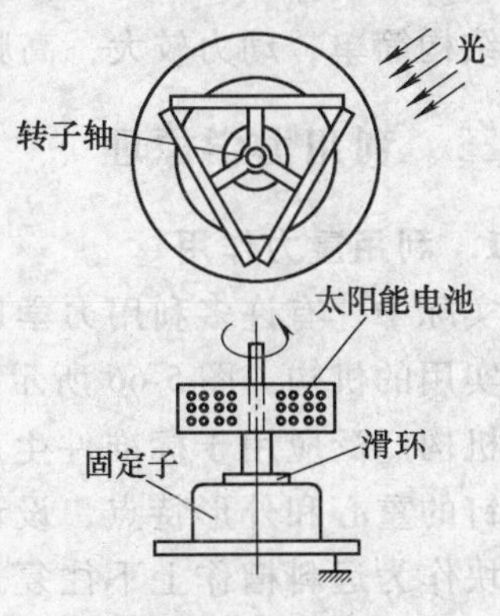

图 5-62　光电动机

形，即使光线的方向改变，也不影响正常启动，这样，光电动机就将光能转变成了机械能。

2．电磁机构

利用电与磁相互作用的物理效应来完成所需动作的机构称为电磁机构。电磁机构可用于开关、电磁振动等电动机械中，如电动按摩器、电动理发器、电动剃须刀都广泛应用了电磁机构。电磁机构的种类很多，但都是利用电磁转换产生机械运动的。图 5-63 所示机构为电磁开关，电磁铁 1 通电后吸合杆 2，接通电路 3。断电后，杆 2 在复位弹簧 4 的作用下，脱离电磁铁，电路断开。

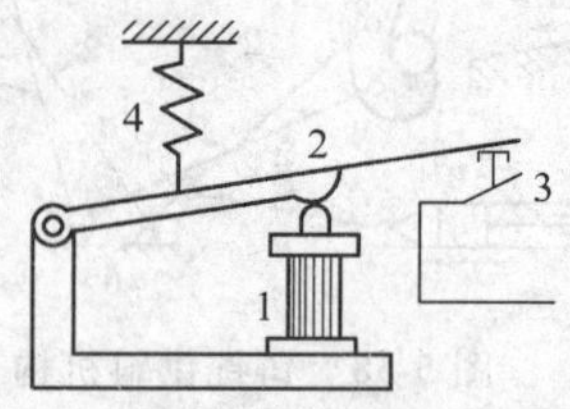

图 5-63　电磁机构

1—电磁铁　2—杆　3—电路　4—复位弹簧

图 5-64 所示为一台钢板运送机构，图中滚轮为磁性滚轮。工作人员操纵提升机构使滚轮下移将一块钢板吸住，然后将机构上移，使钢板对准两输送辊之间的位置，驱动磁性滚轮转动将钢板水平送入输送辊之间，完成钢板的运送作业。该机构由于采用了磁性滚轮作为钢板的抓取机构，使整个机构的结构和工艺动作大大简化，同时也节约了能耗，使维护变得简单而易于操作。

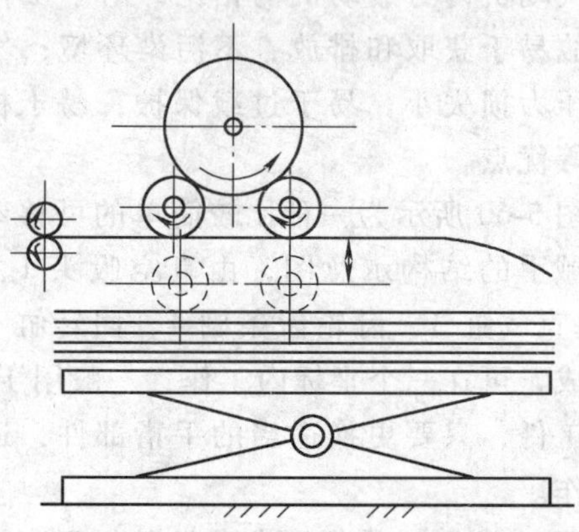

图 5-64　磁性滚轮钢板运送机构

3．压电机构

图 5-65 所示为一种以压电元件为动力的间歇移动机构，机构由压电元件 1 和两个电磁体 2、3 组成。当压电元件 1 被电磁体 2 夹紧时对其施加电压，压电元件伸长，驱动执行机构向左运动，然后左电磁体 3 将压电元件夹紧，右电磁体去磁后对压电元件断电，使压电元件收缩恢复原状。以后按这一过程频繁地给压电元件通电、断电，并使两电磁体交替励磁、去磁，执行机构便能产生向左的间歇直线运动。该机构结构简单，动力较大，高频通电可使执行机构有较高的运动速度。

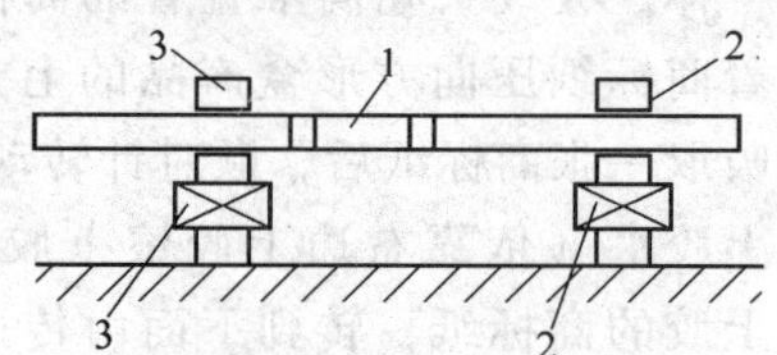

图 5-65　压电式间歇移动机构

1—压电元件　2—右电磁体　3—左电磁体

三、利用力学原理

1．利用重力作用

实际中，有许多利用力学原理创新出的简便而实用的机构。图 5-66 所示的螺钉自动上料整列机构广泛应用于标准件生产中。该机构利用螺钉的重心和外形特点，设计了一个带槽的斜滑块作为运料槽作上下往复运动，让滑块穿过盛放螺钉的料盘不断地运动，使螺钉有机会

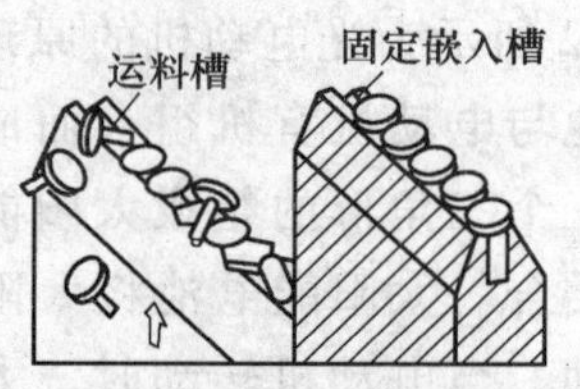

图 5-66　螺钉整列机构

嵌入槽中。当左边的运料槽上下运动时，螺钉通过物料的自重进行整列，并在自重的作用下向下滑移排列整齐。螺钉在左侧槽中上升至与右侧盛料槽并齐时，因槽身具有斜度使被整列了的螺钉自动移向右侧盛料槽以备加工。这套动作的完成没有涉及到纯刚体机构中的强制运动链，仅仅利用了物料自重原理达到所需运动。

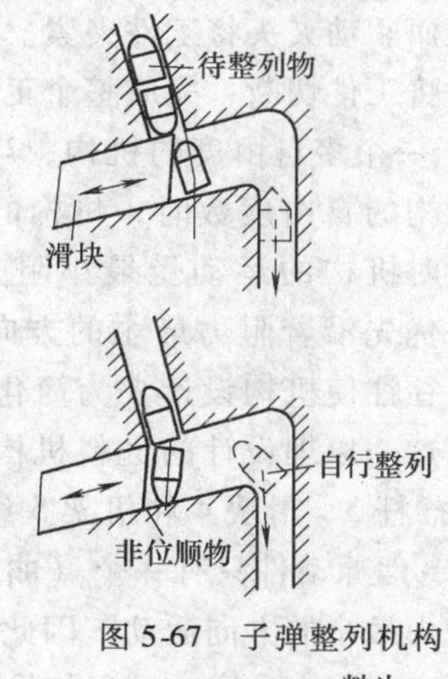

图 5-67 子弹整列机构

图 5-67 所示的子弹整列机构，从图中所示子弹的形状可见，它的重心在圆柱形部分，因此，从上送料槽落下时，不论待整列零件是弹头朝上或朝下，当滑块左右移动推动零件到达右方槽内尖角时，便可以由零件的重心位置变化自行整列，即圆柱体朝下，尖端朝上，使零件全部呈弹头向上地被推入下料槽中。

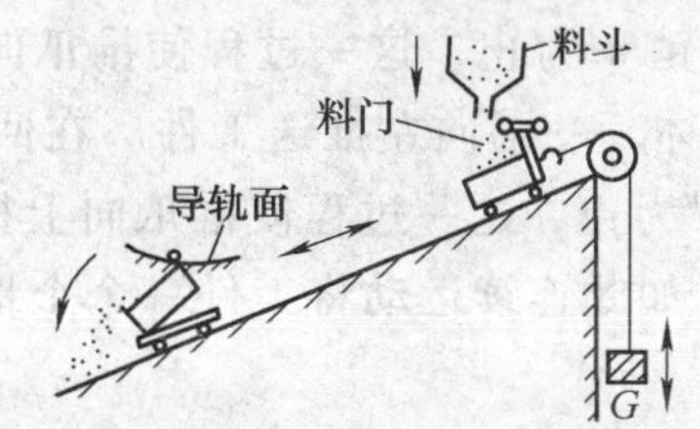

图 5-68 自动装卸矿车

图 5-68 是巧妙利用重力设计的在斜坡上工作的自动矿车，这种矿车通过滑轮用绳索联接在重锤上，空载时被自动拽到坡上。坡上有装沙子的料斗，矿车爬到坡的上端，车的边缘就会推开料斗底部的门，将沙子装在车中。当装上沙子的矿车变得沉重足以克服重锤的拽力，矿车从坡上滑下来。在坡的下端导轨面推动车上的销子，靠它将车斗反倒卸沙，车子卸空后又重新自动返回坡上。

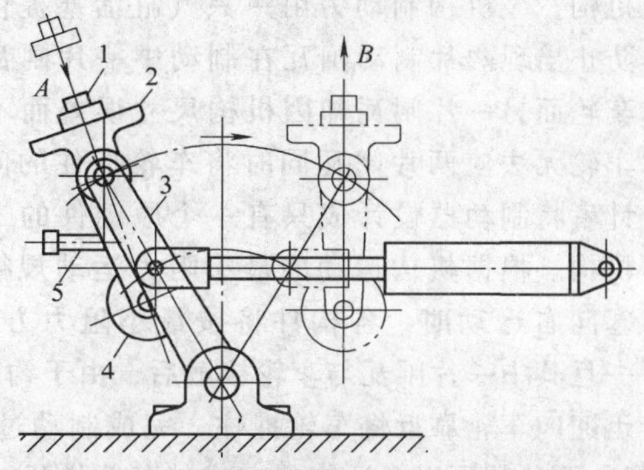

图 5-69 应用平衡重锤作用的平移机构
1—工件 2—工件座 3—摆杆
4—平衡重锤 5—挡块

图 5-69 所示为应用平衡重锤作用的平移机构，气缸驱动摆杆 3 摆动，摆杆上铰接一带平衡重锤 4 的工件座。图示 A 位置为放入工件 1 时的状态。工件座因挡块 5 的作用而倾斜，这样便于工件放入。在工件放入后的搬运途中，工件座离开挡块，由于平衡重锤作用而水平移动到达取出位置 B。同样，若取出工件时也希望倾斜，亦可设置挡块来实现。若设置缓冲装置，则可提高移动速度。

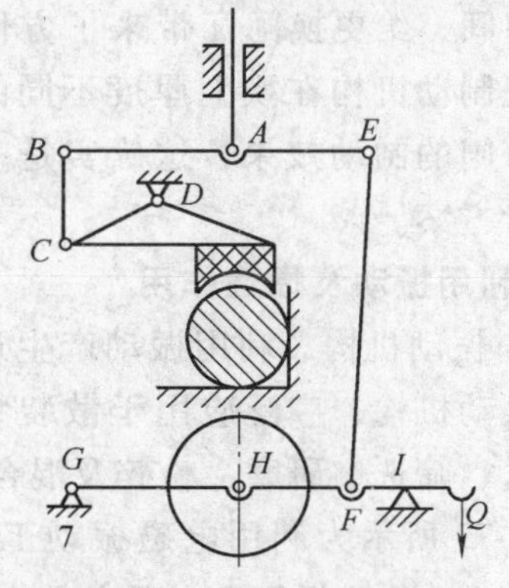

图 5-70 工件夹紧切断机构

图 5-70 所示工件夹紧切断机构是巧妙利用重力来约束转动副，使机构能完成先将工件夹紧，然后将其切断的顺序工艺过程。图中 H 为一圆盘锯，借助圆盘锯和重物 Q 的重力作用，迫使 GF 杆在 I 点与机架接触，使转动副 G 不能转动，构件 GF 暂时如同一机架。当机构 A 点向上移动时，由于 E 点所受重力较大，B 点先向

上运动从而驱动夹头将工件夹紧。当工件被夹紧后，随着 A 点继续向上运动将圆盘锯 H 提起，逐渐将工件切断，完成整个工艺过程。

对于一个多自由度的机构，当给定的原动件数小于机构的自由度数时，机构的运动是不确定的，但这时机构的运动受最小阻力定律的支配，即机构将优先沿着阻力最小的方向运动，利用这一规律，往往使机构设计大为简化。图 5-71 所示即为利用这一原理设计的送料机构，它由曲柄 1、连杆 2、摇杆 3、滑块 4 和机架 5 组成，机构的自由度为 2，但原动件只有一个（曲柄 1），故其运动不确定。但根据最小阻力定律可知，机构将沿阻力最小的方向运动，因此，在推程时，摇杆 3 将首先沿逆时针方向转动，直到推爪 3′碰上挡销 a′为止，这一过程使推爪向下运动，并插入工件的凹槽中；此后，摇杆 3 与滑块 4 成为一体，一同向左推送工件。在回程时，摇杆 3 要先沿顺时针方向转动，直到推爪 3′碰上挡销 a″为止，这一过程使推爪向上抬起脱离工件。此后，摇杆 3 又与滑块 4 成为一体，一同返回，如此连续运动将工件一个个地推送向前。此机构简单、紧凑，适用于推送轻型、小件物品。

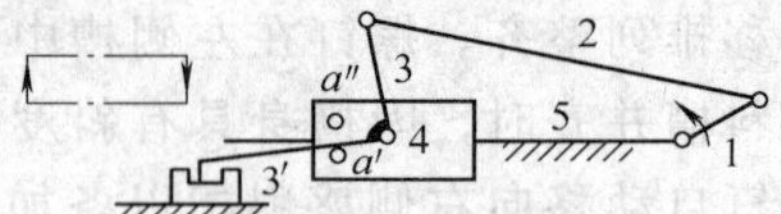

图 5-71　送料机构

1—曲柄　2—连杆　3—摇杆
4—滑块　5—机架　3′—推爪
a′、a″—挡销

图 5-72 所示为一种很有新意的机车车轮制动机构，该机构制动力由一只气缸活塞提供，为了防止出现两片制动闸瓦在制动中一片闸瓦已贴近车轮而另一片闸瓦却因机构尺寸误差而不能靠近车轮无法使两片闸瓦同时将车轮抱住的问题，设计者将制动器设计成只有一个原动件的二自由度机构。根据机构运动的最小阻力运动规律，当活塞向右运动时，各构件将按最小阻力方向运动，一旦其中一片闸瓦与车轮接触后，由于约束增加，机构的自由度变为 1，于是另一片闸瓦将迅速向车轮靠近将车轮抱住，完成制动过程；当活塞向左运动时，机构的自由度又恢复为 2，两片闸瓦以自适应的方式与车轮脱开；当活塞运动至左极限位置不动时，活塞相当于机架，这时机构的自由度为 1，就是说两片闸瓦在非工作时仍保持有 1 个自由度，这个自由度使两闸瓦能同时向一侧移动，为更换闸瓦一方增大了操作空间，给更换闸瓦带来了方便。这种设计也可以保证制动机构在换上厚度不同的新闸瓦后，不会影响合闸的制动效果，这确实是一个很有创意的机构设计方案。

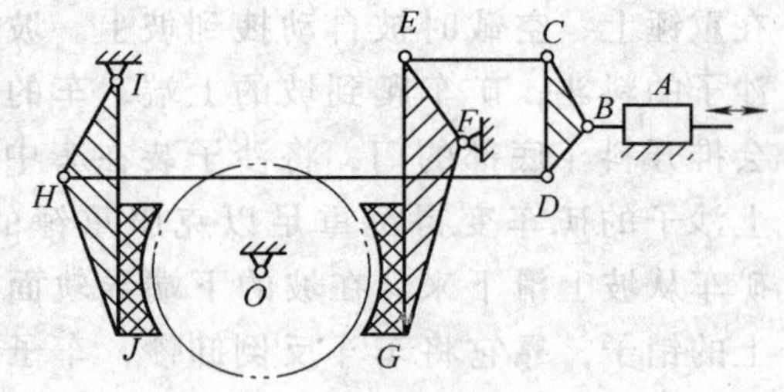

图 5-72　机车车轮制动机构

2. 利用振动及惯性作用

（1）振动机构　利用振动产生运动和动力的机构称为振动机构，广泛应用于散装物料的捣实、装卸、输送、筛选、研磨、粉碎及混合等工艺。

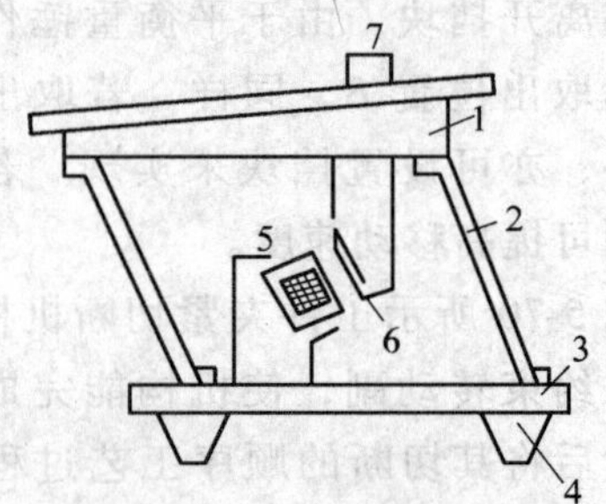

图 5-73　振动送料机构

1—槽体　2—激振板簧　3—底座
4—橡胶减振弹簧　5—铁心线圈
6—衔铁　7—工件

图 5-73 所示为利用电磁振动工作的送料机构，它由槽体 1、激振板簧 2、底座 3、橡胶减振弹簧 4

以及激振电磁装置（由铁心线圈5和衔铁6构成）等组成。当交流电输入铁心线圈5，产生频率50Hz的断电磁力，吸引固定在料道上的衔铁6，使槽体向左下方向运动；当电磁力迅速减小并趋近于零时，槽体在激振板簧2的作用下，向右上方作复位运动，如此周而复始便使槽体产生微小的振动。

当槽体在板簧的作用下向右上方运动时，由于工件7与槽体之间存在摩擦力，工件被槽体带动，并逐渐被加速；当槽体在电磁铁作用下向左下方运动时，由于惯性力的作用，工件将按原来运动方向向前抛射（或称为跳跃），工件在空中微量跳跃后，又落到槽体上。这样，槽体经过一次振动后，在槽体上的工件就向上移动一定距离，直至出料口，从而达到供料的目的。显然，在槽体的空间位置、工件和槽体的摩擦系数等一定时，工件的运动状态与槽体的加速度有关。

图5-74为利用机械振动式锚头安装机，用于预应力混凝土制品的锚头安装。电动机1通过带使带轮2转动。带轮2兼作曲柄摇杆机构的曲柄，摇杆是绕支点O转动的板簧5。板簧5的一端插入锤杆7的槽中，两面垫以橡胶块6。锤杆7在基座孔中上下移动，锤头8和钻座3可以更换，以适应各种工作。摇杆的长度可用螺钉4调节，以防止共振。

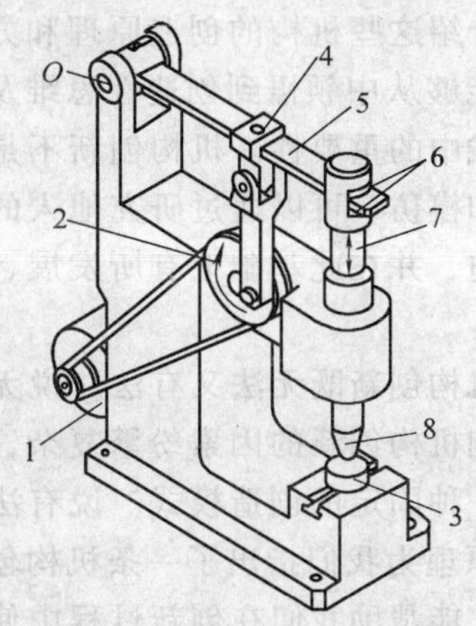

图5-74　振动式锚头安装机
1—电动机　2—带轮　3—钻座
4—螺钉　5—板簧　6—橡胶块
7—锤杆　8—锤头

（2）惯性机构　利用物体的惯性来进行工作的机构称为惯性机构，如建筑机械中的夯土机、打桩机等。多数情况下，惯性和振动在这类机构中同时被利用。

图5-75所示为惯性激振蛙式夯土机，由电动机4通过两级平带5、3使带有偏心块7的带轮6回转。当偏心块7回转至某一角度时，夯头1被抬起，在离心力的作用下，夯头被提升到一定高度，同时整台机器向前移动一定距离；当偏心块转到一定位置后，夯头开始下落，下落速度逐渐增大，并以较大的冲击力夯实土壤。该机用于建筑工程中夯实灰土和地基以及场地的平整等场合。

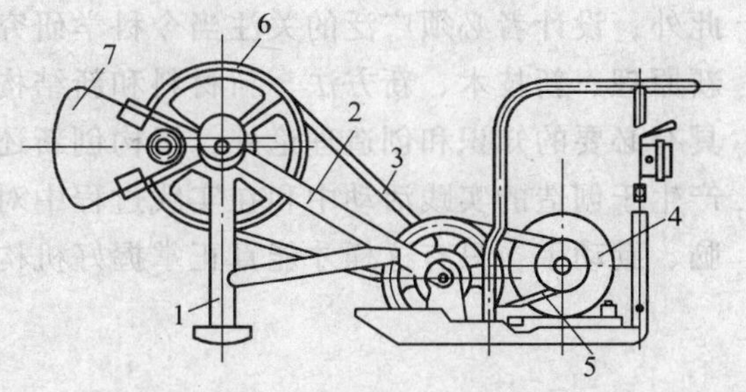

图5-75　惯性激振蛙式夯土机
1—夯头　2—支架　3、5—平带
4—电动机　6—带轮　7—偏心块

3. 利用自锁原理

爬杆机器人是由清华大学的学生在第十七届挑战杯科技竞赛中设计制造的，这种机器人模仿尺蠖的动作向上爬行，其爬行机构只是简单的曲柄滑块机构，如图5-76所示，其中，电动机与曲柄固接，驱动装置运动。上下两个自锁套是实现上爬的关键结构，当自锁套有向下运动的趋势时，锥套、钢球与圆杆之间会形成可靠的自锁，使装置不下滑，而上行时自锁解除。

爬杆机器人的爬行动作原理如图5-77所示，图5-77a为初始状态，上下自锁套位于最远极限位置，同时锁紧；图5-77b所示状态，曲柄逆时针方向转动，上自锁套锁紧，下自锁套解除并被曲柄连杆带动上爬，图5-77c所示状态，曲柄已越过最高点，下自锁套锁紧，上自锁套解除并被曲柄带动上爬，如此周而复始，实现自动爬杆。上例用简单的机构、结构使机器人自行爬杆，体现了独创性、实用性。

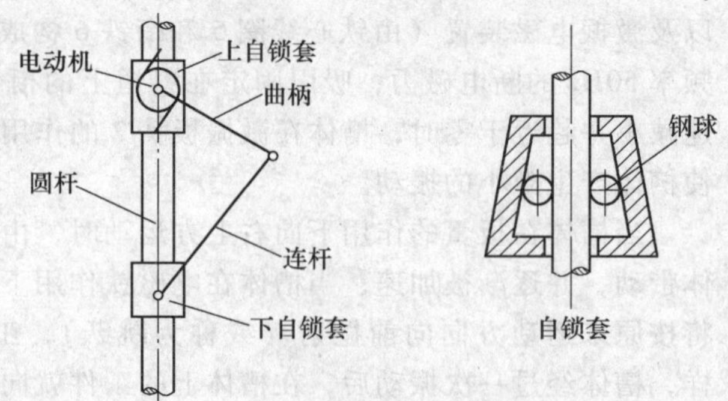

图5-76 爬杆机器人原理机构简图

本章介绍了许多机构，它们的构思都很有创意，这些创意都是人类智慧的结晶。通过介绍这些机构的创造原理和方法，使人们能够从中领悟到创造性思维及其在创新实践中的重要性。机构创新不是简单的抄袭和模仿，可以通过研究他人的成功获得启迪，并在此基础上有所发展、有所前进。

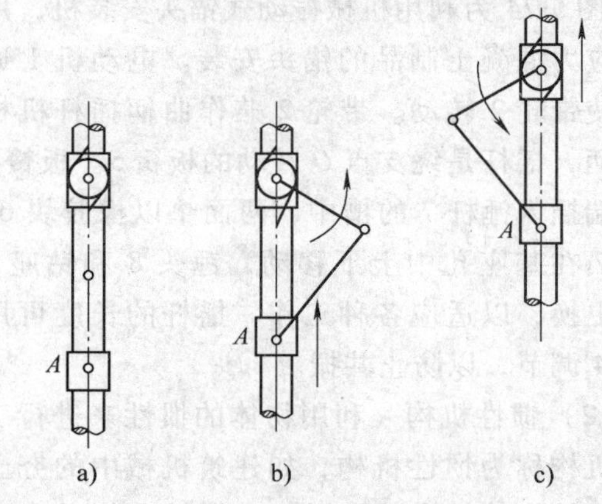

图5-77 机器人爬行动作原理

机构创新既无法又有法。说无法是因为影响机构创新的因素纷繁复杂，不可能找到一种固定的创造模式。说有法是因为创造原理为我们指出了一条机构创新的途径，它能帮助我们在创新过程中使思维发散，而在具体应用某一方法时又能使思维收敛，明确创新的目标。运用创造原理应从多角度、全方位进行试探性的思考，有时甚至需要应用多种原理和方法才能获得成功。

有了创造原理，没有对机构基础知识的丰富储备，机构创新就是无源之水、无根之木。此外，设计者必须广泛的关注当今科学研究在各个领域的进展，从中捕捉那些能产生运动的新原理、新技术、新方法、新材料和新结构，并及时将其转化应用于机构创新设计中。除了具有必要的知识和创造理论外，机构创新还需要创新的激情和冲动，而这种激情和冲动只能产生于创造的实践活动中和在实践过程中对创新孜孜不卷的渴望与追求。多看、多想，勤动脑、勤动手，只有这样才能真正掌握好机构创新的秘诀。

第六章　机械运动方案的创新设计

机械产品的设计过程一般要经过产品规划、方案设计、技术设计、施工设计、改进设计等几个阶段，其中，最富有创造性、最重要的阶段是方案设计，一个好的机械运动方案就是一个创造发明，因此运动方案的创新设计在机械产品设计中具有重要的意义。

第一节　机械产品的方案设计

为了使机械产品具有生命力，能创造出较高的经济效益和社会效益，必须通过需求调查、市场预测等对所开发产品进行可行性分析，拟定出合理的、具有超前意识的机械功能目标，并对产品具体性能参数和各项技术指标加以限定作为设计和评价的依据，这一过程即为产品的规划阶段。

机械产品的功能目标确定后，紧接着应按功能目标的要求来拟定机械的工作原理。方案设计阶段就是在对产品主要功能进行分析的基础上，通过创新构思、搜索探求、优化筛选出最佳的工作原理方案，并对产品的执行系统、原动系统、传动系统、测控系统作方案性设计，以机构运动简图、液路图、电路图等表示。方案设计对产品的结构、工艺、成本、性能和使用维护等都有重大影响，是决定机械产品的质量、使用功能、产品水平和竞争能力的关键环节。

一、机械运动方案设计的主要内容

机械运动方案的设计，主要解决机械产品的工作原理方案及机构系统的选型和设计问题，它是机械方案设计阶段的初步工作。

(1) 原理方案的设计　根据产品的要求，从功能分析入手，确定机械工作原理，进行工艺动作构思和工艺动作分解，确定执行构件所要完成的运动，拟定各执行构件动作相互协调配合的运动循环图。

(2) 机构的选型和组合　根据拟定的原理方案，选择合适的机构类型，并进行合理的机构组合、机械运动方案的设计。

(3) 机械运动方案创新设计的评价　主要对设计作出客观的评价。

二、机械运动方案设计的基本要求

1) 注重用系统工程的方法进行机械运动方案设计。工程设计内容错综复杂，若孤立静止地分析某方面的问题，得出的结论往往是片面的，必须将它当作为一个整体系统来研究，分析系统各组成部分之间的联系和系统与外界环境的关系，用系统工程方法从产品的系统功能要求出发，通过功能原理分析、工艺动作的分解协调，寻求满足主要功能目标的原理方案。

2) 简化传动环节。在保证实现机械预期功能的前提下，为了降低成本和能耗，提高机械传动的精度和效率，应尽量简化传动环节，即运动链应尽量简短。

3）合理分配传动比。在低速级上分配较大的传动比，可使其他各级中间轴转速较高、转矩较小，这样可使轴和轴上零件尺寸较小，从而获得较为紧凑的结构。

4）合理安排传动机构的顺序，提高机械传动效率。

三、机械运动方案的创新设计

设计的本质是创新，创新设计就是要求设计者充分发挥创造力，追求与前人、众人不同的方案，打破一般思维和定势思维的约束，提出新原理、新机构，从多方面、多角度、多层次寻求多种解决问题的途径，在多方案比较中求新、选优，设计出更具有竞争力的新产品。设计者应具有强烈的创新意识，了解创造性思维的特点，掌握一定的创造原理和创造技法，并将它运用到方案设计中去。

第二节　功能综合的基本方法

功能综合是指将口头提出的任务形成技术系统的目的或要求，其主要工作是功能的分析与功能的分解，并判断与功能相对应的效应，为下一步寻求实现功能的工作原理打下基础。另外，为了更方便地进行功能的分析与分解，还应对机械系统中需要实现的各种功能进行分类。

一、功能的描述

19 世纪 40 年代，美国通用电气公司的工程师迈尔斯首先提出了产品功能（function）的概念，并把它作为价值工程研究的核心问题。他认为顾客购买的不是产品本身，而是产品具有的功能。在设计科学的研究过程中，人们也逐渐认识到产品机构或结构的设计往往首先由工作原理确定，而工作原理构思的关键是满足产品的功能要求。自从功能概念被重新认识以后，在设计领域产生了重大影响，人们开始认识到既然用户购买的是产品所具有的功能，那么在保证实现功能的前提下，可以采用各种不同原理、机构和结构来实现所要求的功能，而不一定非要采用固有的原理、机构和结构。于是人们的思维从旧的框架和形式中解放出来，开始不断探索新的原理、结构和外形来实现同一功能，而且有可能使这种功能实现得更加完美和理想。

功能是产品或技术系统特定工作能力抽象化的描述，它与产品的用途、性能、能力等概念既有联系又有区别，例如，钢笔的用途是写字，而其功能是“存送墨水”，性能是书写的流畅性等；电动机的用途是作为原动机，其功能是能量转化——电能转化为机械能，性能是工作时的效率和振动等。由此可知，功能是指某一机器或装置所具有的转化能量、运动或其他物理量的特性。不同的功能描述会产生出完全不同的设计思想和设计方法，寻找到不同的功能载体，会得出完全不同的设计方案，因此，功能的描述要准确、简洁，合理地抽象并抓住其本质，避免带有倾向性的提法，这样可使设计思路开阔，有利于进行创新设计。

例如，要设计一个夹紧装置，若将功能描述为机械夹紧，则设计者联想到的工作原理必为机械手段，如楔块夹紧、偏心盘夹紧、弹簧夹紧、螺旋夹紧等；若将功能描述为压力夹紧，则设计者的思路会更宽，除上述机械手段外，还会联想到液压、气动、电磁等更多的方法和技术，构思出更多种功能原理方案，从而设计出新颖的夹紧装置。

又如，将洗衣机的功能描述为如人手洗衣般的“搓衣、揉衣”，则设计者的思路就会停留在“搓揉”上，构思由机械手来实现“搓揉”功能的工作原理，导致设计工作难以开展；若将功能描述为“洁衣”或“物料分离”（污物与衣服分离），就不难想到利用水流与衣物的相对运动原理使“物料分离”，从而不断设计出搅拌式、滚筒式、波轮式等性能优越的洗衣机，甚至可以突破机械搅水的工作原理，设计出真空洗衣机、臭氧洗衣机、电磁洗衣机、超声波洗衣机以及采用溶剂吸收污物的“干洗”机等，为洗衣机的开发和创新打开了思路。

功能描述就是对系统要达到的输出结果的描述，但并不说明如何达到这个结果。可见功能描述可以采用黑箱法，即对于一个复杂未知的系统，就像一个不知道内部结构且不透明的黑箱，利用技术系统具有能量、物料、信号转化的特征作为黑箱与外部的联系，即输入与输出的关系，如图 6-1 所示。通过对黑箱的输入和输出内容——能量流、物料流和信息流的比较，分析其差异与转换关系，了解其功能和特性，构思出黑箱中的功能内容，从而进一步探求其内部原理和结构。因此，功能描述是描述能量、物料、信号这三要素的输入与输出参量的因果关系，并详细地描述这些参量在特性、状态、结构上的变化，进行必要的排列并分清主次。例如，图 6-2 所示是照明系统和净衣系统的功能描述，照明系统输入的能量是电，输出的能量是光，至于用什么手段则先不考虑；净衣系统输入的物料是脏衣服，同时输入能量，输入接通信号，输出的是净衣服和污物以及切断信号，至于分离效应的载体以及分离的手段暂不考虑。

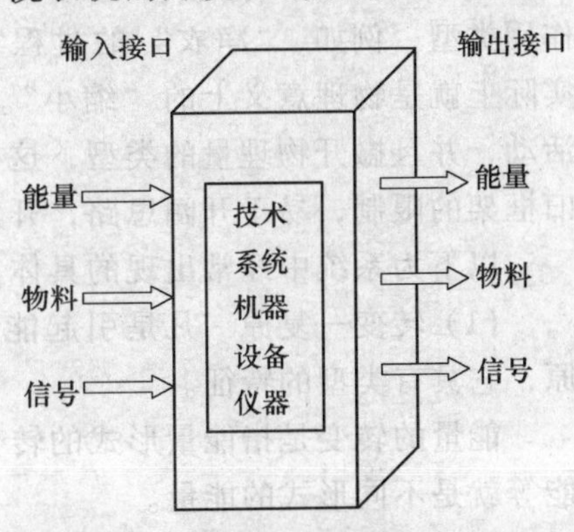

图 6-1　用黑箱法描述未知系统

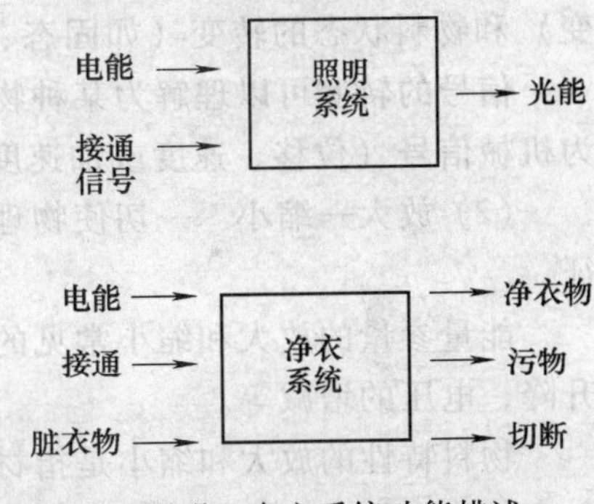

图 6-2　照明、净衣系统功能描述

当系统原理方案完全确定时，黑箱则变为玻璃箱，由此说明，系统原理方案问题已经得到解决。

二、功能的分类

功能分类就是将系统中输入与输出的三要素操作具体化，这将有利于功能的分析，也有利于原理的综合和构型的综合。功能的分类可以按照机械系统的组成进行，也可按三要素变换的物理作用进行分类。

1. 按机械系统的组成进行功能分类

机械系统一般由驱动、传动、执行、测控四部分组成，按机械系统的组成可将系统功能分为以下几类：

（1）驱动功能　为系统提供能量或动力，它接受测控部分发出的指令，驱动执行部分工作，其功能载体为各种类型的原动机，如电动机、内燃机等。

（2）传动功能　传递驱动和执行部分之间的运动和动力，包括运动形式、方向、大小、性质的变化。它的功能载体可以是机械式、液压式或电磁式等。

(3) 执行功能 实现和完成产品的最终功能。简单系统可用简单的构件实现特定的动作；复杂系统有多个执行功能，各动作需要协调与配合。

(4) 控制功能 包括检测、传感与控制。它把系统工作过程中各种参数和工作状况检测出来，变换成可测定和可控制的物理量，传送到信息处理部分，并发出对各部分的工作指令和控制信号。

2. 按三要素变换的物理作用进行分类

为了有利于开拓与创新，常把机器、仪器、设备中的复杂过程即功能归结为物理的基本作用类型，例如，"净衣"的过程实质就是"分离"的作用；齿轮减速器的"减速"过程实际上就是物理意义上的"缩小"。即把复杂、繁多的具体功能归结为简单的、较少的基本活动，并且撇开物理量的类型，这样可使分析过程简化，同时也使得在进行原理综合时不受旧框架的限制，易于开阔思路，开发创新产品。

以下为系统中经常出现的具体功能的物理作用及其反作用：

(1) 转变—复原 凡是引起能量、物料或信号特性发生变化的活动都应称为转变或复原，它具有类型的特征。

能量的转变是指能量形式的转变，例如，热能、电能、光能、声能、动能、势能、化学能等就是不同形式的能量。

物料的转变包括物料特性的转变（如物料磁性与非磁性的转变，物料的传导性、非传导性和超导性的转变等）、物料形状的转变（如物料的圆形、方形、颗粒形、奇异形等转变）和物料状态的转变（如固态、液态、气态的转变等）。

信号的转变可以理解为某种物理量转变为另一种物理量，如电信号（电流/电压）转变为机械信号（位移、速度或加速度）。

(2) 放大—缩小 一切使物理量放大或缩小的活动都称为放大或缩小，它具有大小的特征。

能量参量的放大和缩小常见的有：传动机构的转速与转矩的增减，功率的变化，温度的升降，电压的增减等。

物料特性的放大和缩小是指材料特性数量的改变过程，如材料导电率的提高与降低或反射率的改变等。

信号流的放大和缩小是指常见的机械、气动、液动或电动放大器等。

(3) 混合—分离 凡是根据不同的物理特性参量（密度、原子量、波长、频率、几何形状等）使两个或几个混合在一起的流分离开，或者使已经分开的流混合在一起的活动都应称为混合—分离。使能量和物料、能量和信号、物料和信号混合和分离的过程也称为混合—分离，它们具有数量的特征。

例如，物料水和能量的结合形成了具有压力的水，用于各种液体增压装置，如水泵。暖气片中的热水，通过热传导、对流和辐射将热水中的能量与水分离。

(4) 接合—分开 用来把体现能量的物理量（如功率、力、位移等）合成（相加）或者分解成几个分量的过程，以及用来产生或取消相同或不同物料间结合力的活动都可归纳为接合—分开，它具有位置的特征。

例如，差速器是分解力流的装置；焊接、粘接或者切削、剪断等工艺是物料合成与分解操作的实例。

(5) 存储—取出　把能量、物料、信号存放起来，或从存储器中取出来的活动称为存储—取出，它具有数量、位置和时间的特征。

例如，用来实现能量存储的基本操作有飞轮、弹簧、压缩的气缸、电池等；用来实现物料存储的设备或设施有容器、气缸、仓库等；用来存储信号的有各种存储器（如磁盘、光盘、磁卡等）。

(6) 传导—中断　是指能量、物料、信号通过电缆、光纤、管道、机构等进行传送或断开的活动，它具有位置和时间的特征。

例如，机构运动的传递、管道上的阀、电器上的开关等都是实现传导—中断操作的实例或元件。

3. 机构能实现的基本功能

机构能实现的基本功能可归纳为以下几类：

1）变换运动的形式：运动形式主要有转动、单双向移动、单双向摆动以及间歇运动等。

2）变换运动的速度：即增速、减速、变速或调速等。

3）变换运动的方向：主要指传动件的两轴线可平行、相交、空间交错等；对于空间连杆机构与空间凸轮机构可在运动空间实现任意方向运动的变换。

4）进行运动的分解与合成：两个自由度的机构及各种差速机构的分解与合成。

5）对运动进行操纵与控制：主要指各种离合、操纵装置。

6）实现给定的运动轨迹：机构中的浮动构件可实现各种轨迹要求，如连杆机构中的连杆、行星齿轮机构中的行星齿轮以及挠性件传动机构中的挠性构件等。

7）实现给定的运动位置：指两个连架杆的相对位置，以及浮动构件的导引位置。

8）实现某些特殊功能：如增力、增程、微动、急回、夹紧、定位和自锁等功能。

三、功能的分解

产品或技术系统的总体功能称为总功能。一般技术系统都比较复杂，难以直接求得满足总功能的原理解，可将产品或技术系统按总功能、分功能、子功能及功能元进行分解，化繁为简，以便通过各功能元解的有机组合求得技术系统解。在技术系统中，各分功能的类型不完全相同，它们之间既有联系，也有区别。有的分功能已经有了定型化的产品，可以直接购买，没有必要再继续研制；有些分功能已经研制出来，可以直接使用，如减速器、发动机、电路板等。

功能分解一般可图示为一种树状的功能结构，称为功能树，功能树可以清晰地表达各分功能的层次和相互关系，有利于机械产品的原理方案设计。功能树起源于相当于总功能的树干，实现总功能这一目的所需要采用的全部手段功能构成一级分功能，这些分功能相当于树枝；实现一级分功能目的的手段功能又构成了二级分功能（或称子功能），构成小树枝。如此不断分解，直至分解到可以直接求解的位于树枝末端的功能元，功能元是可以直接求解的系统最小组成单元。功能分解也可以表示为串联结构、并联结构以及环形结构等。图 6-3 所示为功能分解图。

通过功能分解，就可将任务书所给出的总功能划分为已知的分功能或功能元，并把分功能或功能元逻辑地联接起来，从而产生所要求的整个系统的因果关系，在此基础上通过搜索找到实现功能元的功能载体，以便于完成机械产品的原理方案设计。

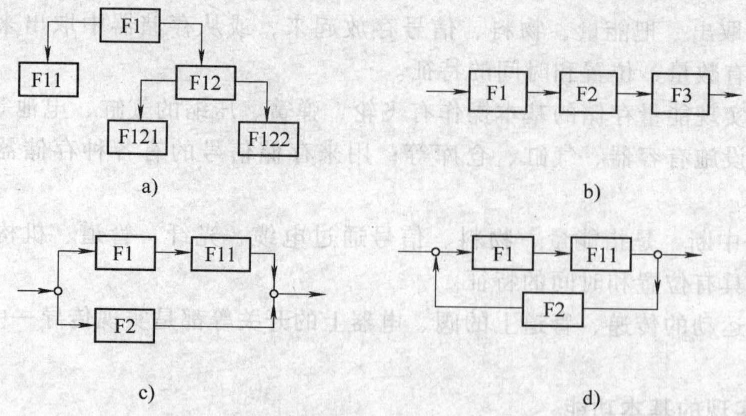

图 6-3 功能分解图

a）树状结构 b）串联结构 c）并联结构 d）环形结构

例如，要求设计一个包装乳状化妆品的自动包装机，能量源为电能。按照黑箱法进行功能描述，如图 6-4 所示。可以看出，基本功能的具体运作过程不明显，不好操作，若将功能进行分解，把每个分功能的具体物理作用充分体现出来，进一步确定工作原理就容易了，其功能分解图如图 6-5 所示。

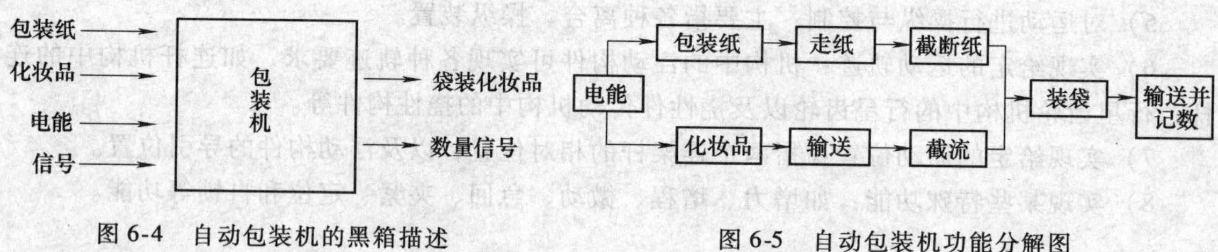

图 6-4 自动包装机的黑箱描述

图 6-5 自动包装机功能分解图

上述功能分解方式不能充分表达各分功能之间的相互配合关系，图 6-6 所示为用来表示

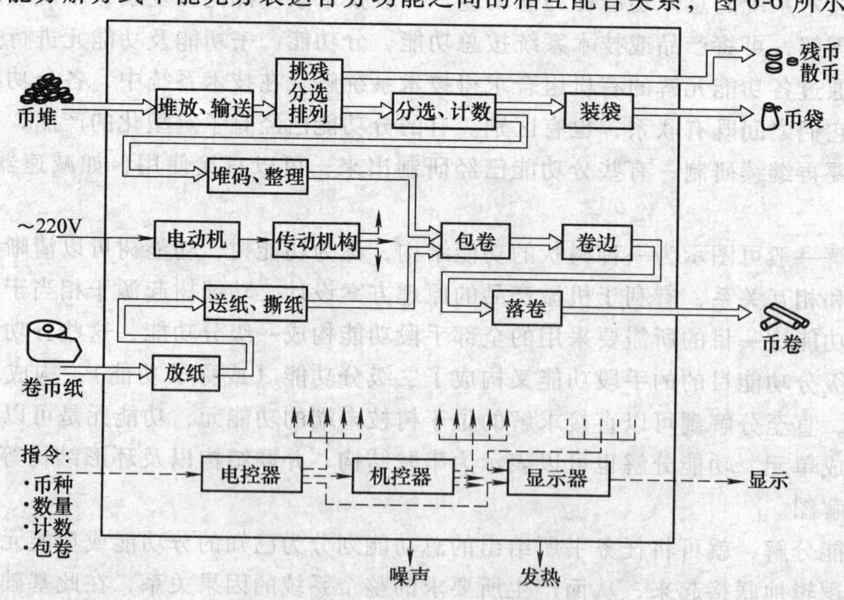

图 6-6 硬币计数包卷机的功能结构图

各分功能之间关系的框图，称为功能结构图，它比功能分解图更好地反映了各分功能之间的联系和配合。由总功能分解为分功能、子功能，再分解至功能元，最后作出功能结构图的过程，即为功能分析。功能分析过程是设计人员初步酝酿功能原理设计总体方案的过程，这个过程往往不是一次完成的，而是随设计工作的逐步深入而不断地修改和完善。

例 6-1　数控车床的功能分解。

数控车床的主要功能是将加工过程信息化、自动复现数控程序、通过切削（车削）使零件加工成形，其目标是实现快速生产，主要特征是柔性自动化。它有能将数控程序转化为工件和刀具运动控制命令的信息处理功能，有要求能按运动控制命令运动的伺服系统，有要能保证加工精度的结构功能，数控车床还可能拥有自动换刀、自动装夹工件、自动排屑等辅助功能。数控车床的功能树如图 6-7 所示。

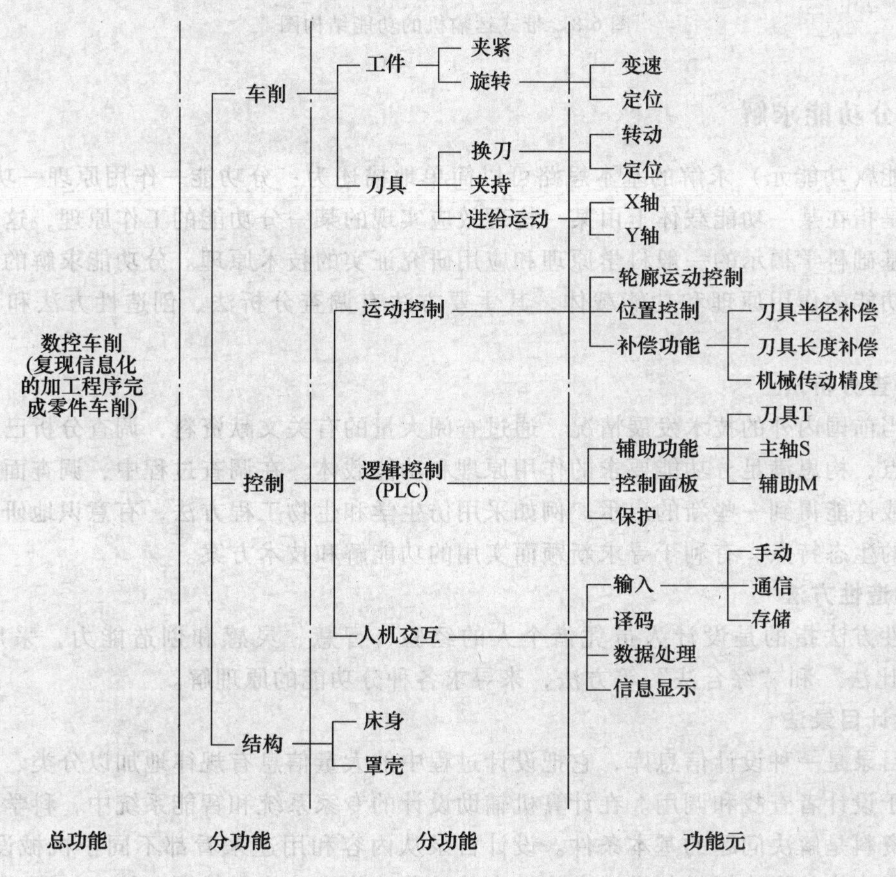

图 6-7　数控车床的功能树

例 6-2　带式运输机的功能分析。

常见的带式运输机，其主要功能是传送构件。从结构上看，它由电动机、联轴器、减速器、齿轮、轴、输送带、机架等构件组成。电动机为动力源；联轴器、减速器等是传动装置；输送带则是工作装置，用来实现物料的传送。机架对机器起支承作用，机器由人工控制，其功能结构图如图 6-8 所示。

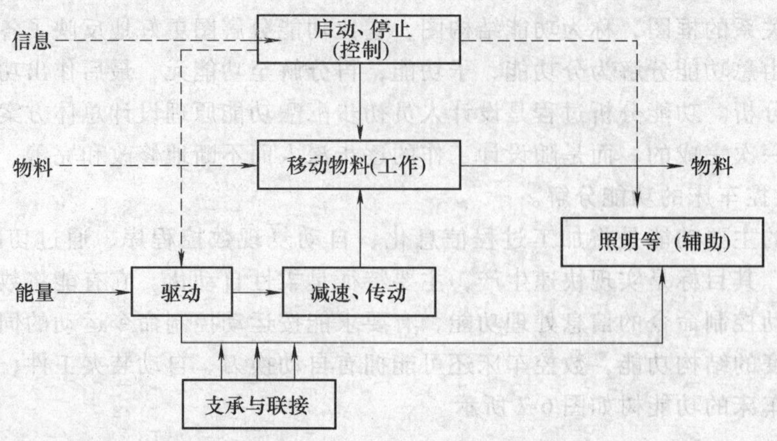

图 6-8 带式运输机的功能结构图

四、分功能求解

分功能（功能元）求解的基本思路可以简单地描述为：分功能—作用原理—功能载体。作用原理是指在某一功能载体上由某一物理效应实现的某一分功能的工作原理，这里的工作原理包括基础科学揭示的一般科学原理和应用研究证实的技术原理。分功能求解的目的是寻求完成分功能的作用原理和功能载体，其主要方法有调查分析法、创造性方法和设计目录法。

1. 调查分析法

根据当前国内外的技术发展情况，通过查阅大量的有关文献资料，调查分析已有同类产品的优缺点，构思满足分功能要求的作用原理和功能载体。在调查过程中，调查面应尽可能宽一些，或许能得到一些新的启示。例如采用仿生学和生物工程方法，有意识地研究大自然及动植物的生态特点，有利于寻求新颖而实用的功能解和技术方案。

2. 创造性方法

创造性方法指的是设计人员凭借个人的经验、智慧、灵感和创造能力，采用“智暴法”、“类比法”和“综合法”等方法，来寻求各种分功能的原理解。

3. 设计目录法

设计目录是一种设计信息库，它把设计过程中的大量信息有规律地加以分类、排列和存储，以便于设计者查找和调用。在计算机辅助设计的专家系统和智能系统中，科学、完备的设计信息资料是解决问题的基本条件。设计目录从内容和用途来看都不同于机械设计手册，它主要是以表格的形式提供与设计方法学有关的分功能或功能元的原理解，如原理目录、对象目录、解法目录等。

五、功能原理方案确定

由于每个功能元的解有多个，因此，组成机械的功能原理方案即机械运动方案可以有多个。功能原理方案的组合可采用形态学矩阵法来进行。

形态学矩阵法是一种系统搜索和程式化求解的分功能组合求解方法，它是进行机械系统组合创新的基本途径。通过这种方法得到多种可行方案后，经过筛选、评价可以获得最佳方案。

形态学矩阵法的应用步骤如下：

1）通过总功能分解可以求得若干分功能。总功能分解往往要与机械的工艺动作过程联系起来考虑，使分功能的动作能够用某一类的执行机构来实现。

2）功能求解。从分功能的性质来寻找实现的工作原理，然后从工作原理寻求功能载体。

3）方案组成。在功能分解和功能求解的基础上，利用形态学矩阵法进行方案综合，在全体方案中，还必须考虑相容性条件、连续条件等，因此，有些方案并无存在价值或价值不大，可以在初步筛选时去除。

4）方案评价和选择。由于根据形态学矩阵法所得的可行方案数目很大，所以必须先进行初评。初评的标准可以定为新颖性、先进性和实用性，把一些三性不好的先加以筛除，然后用适合该类机械系统的技术经济指标进行综合评价，选择出综合最优的方案。

第三节　功能原理方案的创新设计

用系统工程方法进行产品的原理方案设计，是在功能分析基础上进行的工作原理和工艺动作过程的构思，也就是将机械产品的功能目标转化为工艺动作的过程。实现同一功能目标，可以采用不同的工作原理，而不同的工作原理，其所要求的运动规律和机构设计也各不相同，因此，工作原理方案的拟订，从质的方面决定了机械的设计水平和综合性能，是机械设计中实现产品创新的关键阶段。

一、工作原理的构思

为了实现某一功能目标，可以采用多种不同的工作原理方案。例如，要实现将一叠纸张逐一分开这一功能目标，就可提出如图 6-9a ~ 图 6-9g 所示的 7 种原理方法，设计者可以利用力学原理，设计一个作往复直线运动的推杆将纸张逐一从纸张叠层上面推开；可以应用摩擦原理，设计一只旋转的摩擦轮将纸从纸张叠层上逐一擦开；可以利用离心惯性力产生的原理，将纸叠旋转，利用纸张旋转产生的离心惯性力将纸张逐一抛开；可以利用重力使物体下落的工作原理，设计一个可使纸叠倾斜的限位装置，使纸张逐一自然脱开；可以利用气体在管道中形成负压或正压的原理将纸张吸住挪开或逐一将纸张吹开；还可以利用静电吸引的原理，使纸叠最上层的纸张带电后被带电的工作板吸住后移开等。又如，机械装配自动线上的上料装置，可采用如图 6-10 所示的几种上料方法，其中，图 6-10a 所示为利用机械推压原理上料；图 6-10b、c 所示为利用摩擦原理分料；图 6-10d、e 所示为利用气吸原理分离并输送板料。一个崭新的原理方案可创造出一个新颖的产品，应运用各种科学原理和技术方法，尽可能多地提出一些原理方案来突破传统的工作原理，实现原理方案的创新设计。

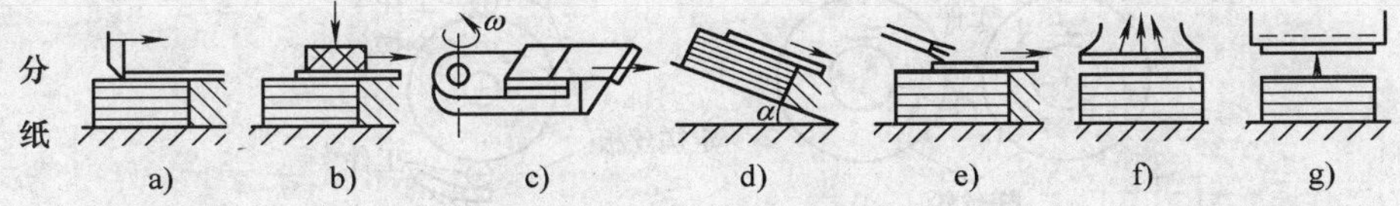

图 6-9　分纸功能原理方法
a）切向力　b）摩擦力　c）离心力　d）重力　e）气体力　f）负吸压力　g）静电吸力

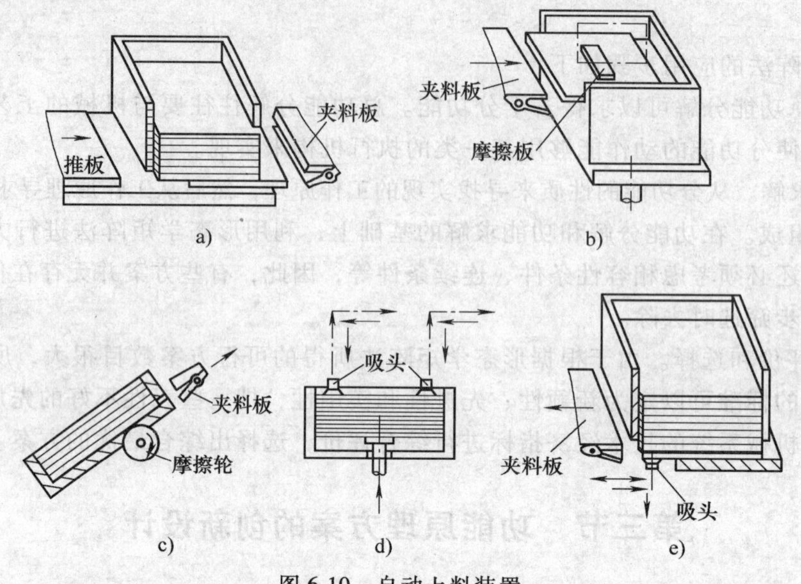

图 6-10 自动上料装置

确定机械的工作原理，主要依靠对各种工作原理的深刻理解和巧妙构思，而不是依靠完全形式化的计算，因此，除了认真分析产品的功能目标，详细了解各种技术原理和操作方法外，还应注意运用各种思维方法，开阔思路，大胆设想，在较宽的领域内进行工作原理的探索，然后优化筛选，去粗存精。

在构思机械产品的工作原理时，应进行定向发散思维，这种思维方式的特点是具有规律性和可搜索性，如，制造齿轮，经功能分析是要解决“改变物料形状、制品成形”的问题，可采用机械加工成形或无切削成形的方法实现。沿着机械加工思路构思，可拟定出仿形法加工（铣削、拉削）和展成法加工的工作原理；沿着无切削成形思路构思，则可拟定出铸造、冲压、挤压及粉末冶金等工作原理。而展成法又有插齿和滚齿等，挤压又有螺旋挤压、合模挤压等。又如，要设计一台螺纹加工机，根据“形成螺纹”的总功能，沿机械加工的思路可形成图 6-11 所示的 5 种原理方案，其中，图 6-11a、b 所示分别为车削和铣削，属切削加

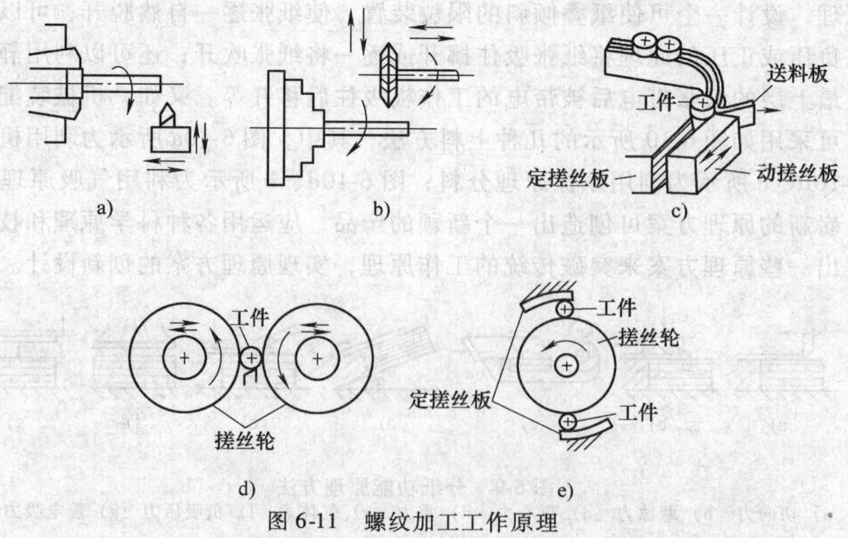

图 6-11 螺纹加工工作原理

工；图 6-11c、d 、e 所示为无切削加工，是利用滚压加工进行搓丝，由于工作构件的不同，可形成不同的搓丝机方案，最后根据螺纹的加工要求，选择最经济、最合理、最可行的原理方案。

显然，运用定向思维进行定向搜索，可获得具有树状结构规律的工作原理，经过比较、优化筛选，可确定出一个较为理想的工作原理。

在构思机械产品的工作原理时，还应运用多向思维和联想思维进行思索。多向思维具有突发性、偶然性和独创性；联想思维具有形象性、运动性和创造性，它们是创新活动的出发点。要完成机械创新设计，必须有科学原理上的突破或基础研究方面的新构思，否则，在新产品设计中，只是单纯模仿已有产品的工作原理，进行类比设计，那么，由于设计思想上的束缚，会使机械创新设计成为空谈。只有积极运用多向思维和联想思维，依据所具备的知识、经验和方法，从不同方向、不同角度，通过仔细观察和丰富联想，凭借直觉和想象产生新设想、新概念和新方案，才能获得创新成果。

例如，要开发缝纫机新产品，其功能是“缝制衣服”。因为有了“缝”字，思路就容易变得狭窄，总是往穿针引线上构思，很难设计出新颖的产品。如果能从另一个角度去思维，拟定一个通过粘贴布片来缝制的工作原理，就可能实现一个创新，或者从现有缝纫机工艺动作的逆向思维，想象布料不移动，而针既能上下穿行又能沿布料移动，这样就可以把布料披在模特身上完成衣服的缝制。

通过对某些特定机构工作原理的多向思维和巧妙构思，能使机构的功能应用范围得以扩展。如大家熟知的螺旋机构，除可作为传力螺旋（螺旋压力机、千斤顶）和传导螺旋（进给螺旋）外，利用其螺杆、螺母的相对运动特点，可设计出螺旋差动机构和微调机构，用于调整和测量（千分尺）；利用其自锁性，可应用于联接；利用其螺旋面间有空隙的特点，还可应用于物料的推进和挤压，设计出各种螺旋挤出机和螺杆泵等。

在创新设计中，联想思维的运用体现在受已有机械产品工作原理的启发、联想、改进而进行技术改造活动，还体现在对日常生活中各种现象的观察或受自然界各种动作的启发而联想，由联想而发明、创造。例如，观察水烧开时蒸汽顶开水壶盖而联想，发明了蒸汽机；观察鱼在水中活动而联想，发明了潜水艇；受牛奶分离器分离奶油的启发，设计出了洗衣机中高速旋转的甩干篮。为了构成较大的思维空间，实现工作原理的创新设计，要求设计者除了具备常用的基础知识外，还应了解和熟悉各种新技术、新工艺，并探索将其应用于机械工程的可能性。

在构思机械的工作原理时，还应充分注意机械自身的特点。机械运动是连续的、简单的、循环的、坚硬的、稳定的，而人体或生物体的构造是柔软的，其动作可以是复杂的，但又是不可连续的、不稳定的。在拟定机械工作原理时，一味模仿生物体的动作和构造是不可取的，最终将导致设计失败。例如，在设计洗衣机时，如果一味模仿人手洗衣的工作原理，用机械手来完成洗衣的动作，则工作机构将是相当复杂的，且由于机械构件的坚硬性，其洗衣效果并不理想，然而，若考虑到机械运动的循环性和连续性，采用通过水流的连续冲刷来带走污物的工作原理，则机械运动方式仅仅是简单的正传和反转，只需由电动机带动一个轮廓具有凹凸形的转盘就能实现，大大地简化了工作机构，又能很好地实现洗衣功能。

另外，在构思机械的工作原理时，应尽量利用工作对象的特点，争取让工作对象参与机械运动，这将大大简化工作机构，是一种巧妙的构思。例如，在图 6-11 所示螺纹加工原理方案中的搓丝机（见图 6-11c、d 、e)，即是利用工作对象的毛坯是圆柱体，可以夹在搓丝板或搓丝轮的中间并随其运动而相对转动，实现搓丝成形的效果，其工艺动作极其简单，且大批量生产时效益更显著。

二、工艺动作的分解

工艺动作是由执行构件来实现的，机械最容易实现的运动形式是转动、移动和摆动。对于复杂的工艺动作，由单一机构的运动来完成是困难的，通常采取的办法是把复杂的工艺动作分解成几个简单的动作，然后通过机构或结构的组合进行各动作的协调配合，以完成复杂的工艺动作要求。

例如，插齿机上插刀要完成切削、展成、让刀的工艺动作，很难构想出一个机构能实现这样复杂的运动，设计时可将插刀的动作先分解，切削由移动来实现；展成由转动来实现；让刀由间歇运动来实现，如图 6-12 所示；然后进行各动作的协调配合，使插刀复杂的工艺动作得以实现，如，可用导向滑键连接蜗轮与插刀轴，使插刀轴既可沿轴孔相对移动，又可随蜗轮一起转动，从而使转动和移动同时实现。让刀的间歇运动可设计成刀与刀架一起动作的结构；为避免干涉，让刀动作与切削动作在时间上还应进行协调设计。

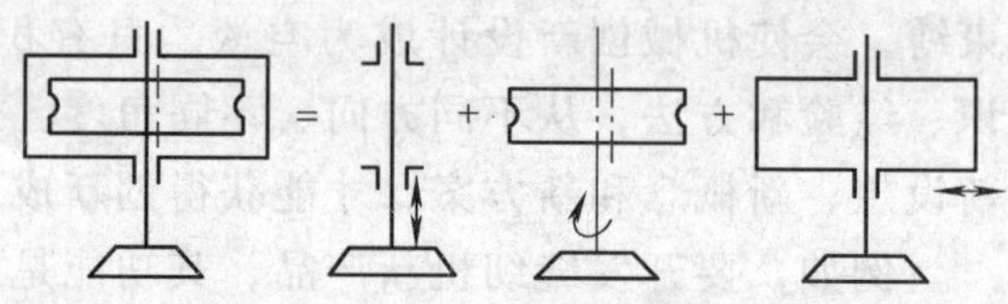

图 6-12　插刀工艺动作的分解

在设计机械系统时，同样应将工艺动作过程分解成几个容易实现的子动作，依靠多个执行机构的协调配合来实现总功能。

三、机械运动循环图的制定

由上述可知，当设计的机械产品有多个执行构件且各执行构件的动作关系互相关联时，则设计中必须将各子动作进行协调配合，以保证各执行构件间运动的协调性，使机器正常工作。进行运动协调设计的依据是机械运动循环图。

各工艺动作的协调配合，主要是指各执行构件的动作在时间和位置上的协调，如，牛头刨床刨削工件时，其工作台的进给运动必须在刨刀的非切削时间内进行；又如，自动机工作台的转位，除了在时间上要协调外，在位置上还必须保证转位后的停歇位置准确。大多数机械的工作过程是呈周期性的，例如，在自动机械中，零件的毛坯从开始进入加工到加工完毕的时间间隔称为自动机械的一个工作循环，而机械中完成各工艺动作的执行构件，又往往有它自己的工作循环，这个循环常常包括三个阶段，即工作行程、空回行程和静止阶段。为了使整个机械中各个机构的执行构件的相对位置都能够周期性的重复，机械的工作循环应当等于各机构中执行构件工作循环的整数倍，常用图表的方式来表示每个工艺动作在机械工作循环中的相对时间间隔，以确保各工艺动作的运动协调性。由于这种动作协调关系呈周期性循环，所以这种动作关系的协调图称为机械运动循环图。

运动循环图通常可采用直角坐标形式的直线循环图，横坐标表示输入轴的位置，纵坐标表示各执行构件的位置。应在分析机械工艺动作过程的基础上制定机械运动循环图，其主要步骤为：

1）分析各工艺动作的特点，从中确定一个主要动作，以此作为其他动作的位置基准。

2）设定主要动作的位置起点、终点和运动循环周期。若输入运动为转动，循环周期常设定为360°（设轴转动一周，各执行构件均完成一个运动循环）。

3）分析其他动作相对主要动作的次序及衔接位置，注意两个动作衔接处应有一定的时间间隔，以避免运动干涉。

如插齿机中插刀运动各工艺动作就有运动协调的要求，必须制定运动循环图来指导设计，其拟定过程如下：插刀的主要工艺动作有切削、展成和让刀，经分析确定切削动作为主要动作，它要实现的是由上而下的切削，再由下而上返回的移动，因此设定最高位置为起点，同时也是一个运动循环的终点，再设定循环周期为360°。然后分析其他工艺动作，经分析：展成运动没有与主要动作的协调配合问题，是一个独立的运动；而让刀与主要动作的关系要求为：插刀由上而下切削时，插刀应处于抬刀位置，以便于切削；插刀由下而上返回时，插刀应处于让刀的位置，以避免插伤齿面。让刀和抬刀的动作区间只允许在插刀脱离毛坯的一段很短时间间隔内完成。经具体动作时间分配，绘制出如图6-13所示的运动循环图，其中，机械运动循环到15°时插刀开始接触毛坯，抬刀动作已在12°时完成，因此，两个动作的衔接保留了3°的间隙，以保证不会发生运动干涉。返回行程的循环区间分配与其相同。

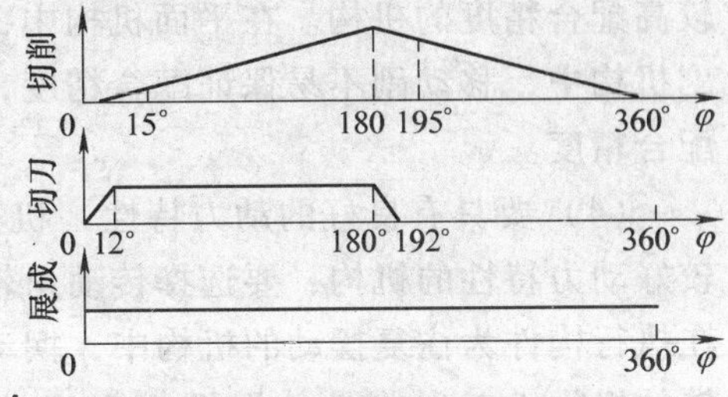

图 6-13　插刀系统机械运动循环图

通过运动循环图，可清楚地看到各工艺动作在运动循环周期中的先后顺序及相对时间间隔，据此可指导机械中各机构的设计和组合，因此，制定机械运动循环图是机械运动方案设计中的重要环节。

第四节　机构的选型及组合

一个好的机械原理方案能否实现，机构设计是关键。机构设计中最富有创造性、最关键的环节是机构的形式设计。机构的形式设计具有多样性和复杂性，同一工作原理方案可选用不同类型的机构及组合来实现，因此，在分析机械工作原理的基础上，根据工艺动作的要求，选择合适的执行机构类型，并将它们合理地组合起来，是机械运动方案设计的重要步骤。

一、机构选型的原则

所谓机构的选型，是指利用发散思维的方法，将现有的各种机构按运动形式或实现的功能分类，然后根据原理方案确定的执行构件的运动形式及功能要求来进行搜索、比较、选择，制定出合适的机构形式。在进行机构选型时，应遵循以下几项原则：

（1）机构选型时应尽量满足或接近功能目标　在进行机构选型时，除满足基本的运动形式、运动规律要求外，执行构件在工作过程中的运动精度和速度、加速度的变化，也应满足功能目标的要求，以保证产品质量。

例如，若要求执行构件完成精确而连续的位移规律，按运动形式要求可选用凸轮机构、液压机构、气动机构等。对液压、气动机构，由于液体或气体的泄漏及周围环境的变化均会影响其运动的准确性，故不适合完成精确而连续的运动规律；而凸轮机构能确保准确的位移规律，且结构简单，故较为理想。液压、气动机构较适合用于始、末位置要求准确，而中间位置不需要准确定位的情况。

（2）机构应力求结构简单　机构选型时，其结构在满足功能要求的前提下，应力求简单、可靠。完成同样的运动要求，应优先选用构件数和运动副少、运动链短、尺寸适度、布局紧凑的机构，这样可减轻重量，降低成本，减少由于零件的制造误差而形成的运动链累积误差，从而提高机构的运动精度和工作可靠度，同时，运动链的简短也有利于提高机构的刚度，减少产生振动的环节。

（3）要方便加工制造并提高精度　机构选型时，应注意选择加工制造方便、容易保证较高配合精度的机构。在平面机构中，低副机构比高副机构容易制造，且承载能力大。在低副机构中，移动副不易保证配合精度，且运动中易出现自锁，而转动副比移动副更容易保证配合精度。

（4）要具有良好的动力特性　机构不仅传递运动，还传递动力，机构选型时应选择有较好动力特性的机构，要选择传动角较大的机构，以提高机器的传力效率，减少功耗。如，在执行构件为往复摆动的机构中，摆动导杆机构最为理想，其压力角始终为零。对于高速运转的机构，工作构件的惯性力和惯性力矩较大，应考虑机械运转的动平衡问题，使机械系统的振动降低到最低，可采用对称布置的平衡方法，使各机构作用于机座上的动载荷互相抵消来达到平衡。如图 6-14 所示的摩托车发动机构，由于两个相同的曲柄滑块机构以 A 点为对称，所以在每一瞬间其所有惯性力互相抵消，达到了完全平衡。

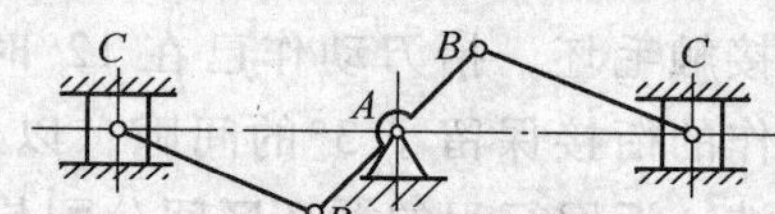

图 6-14　两套机构对称布置的平衡方法

对于执行构件行程不大而短时需克服很大工作阻力的机构，应采用瞬时具有较大机械增益的增力机构，以减小原动机的功率。图 6-15 所示为压力机的主机构，滑块 5 为冲头，当冲压工件时，机构所处位置为 α 和 θ 都很小的位置。经分析可知，当 α 和 θ 都很小时，即使冲压阻力 F 很大，但曲柄所需要的驱动力矩却很小。

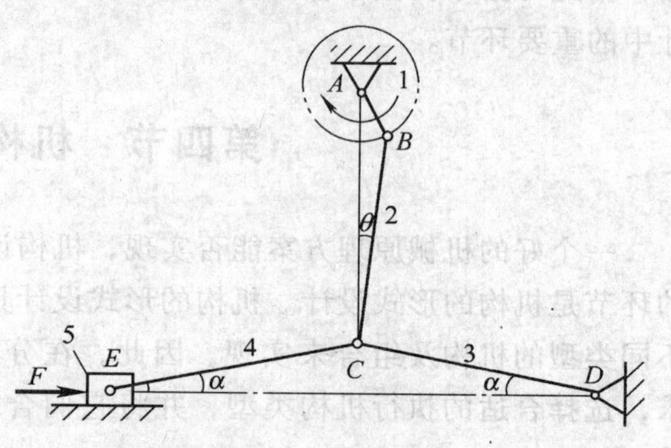

图 6-15　增力机构

1—曲柄　2、4—连杆　3—摇杆　5—滑块

（5）要考虑动力源及其形式　在只要求执行构件实现简单的工作位置变换的机构中，若采用气压或液压缸作为原动机，则可省去一些减速传动装置，使机构的结构简化，并具有便于调节速度、操作方便的优点；若采用电动机，则原动件应为连续转动的构件，且需减速传动装置。机械装置若位置不固定，例如汽车等输送装置，只能采用各类发动机或燃料电池。

（6）具有较高的生产效率和机械效率　机构选型时必须注意生产效率和机械效率的问题。机构的类型合适，传动链简短，传力性能、动力特性好，动力机恰当等，都有利于生产效率和机械效率的提高。

二、机构的选型

机构选型一般先按执行构件的运动形式要求选择机构，同时还应考虑机构的功能特点和原动机的形式。满足各种运动要求的现有机构及其性能，可从机构手册或相关资料中查得，表6-1给出了部分按执行构件运动形式分类的机构及应用实例，可供机构选型时参考。常用原动机的运动形式及性能特点见表6-2。

表6-1 执行构件的运动形式分类的机构及应用实例

执行构件运动形式及功能	机构类型	应用实例与原理
匀速转动	平行四边形机构	机车车轮联动机构、联轴器
	双转快机构	联轴器
	齿轮机构	减速、增速、变速装置
	摆线针轮机构	减速、增速、变速装置
	谐波传动机构	减速装置
	行星轮系	减速、增速、运动合成与分解装置
	挠性件传动机构	远距离传动、无级变速装置
	摩擦轮机构	无级变速装置
非匀速转动	双曲柄机构	惯性振动筛
	转动导杆机构	刨床
	曲柄滑块机构	发动机
	非圆齿轮机构	机床、自动机、压力机
	挠性件传动机构	
往复移动	曲柄滑块机构	冲、压、锻等机械装置
	移动导杆机构	缝纫机挑针机构
	齿轮齿条机构	可实现匀速移动，如插床
	凸轮机构	用于控制装置，如配器机构
	锲块机构	压力机、夹紧装置
	螺旋机构	千斤顶、车床进给机构
	挠性件传动机构	用于远距离往复移动装置
	气、液动机构	升降机
往复摆动	曲柄摇杆机构	破碎机
	曲柄摇块机构	自动装卸装置
	双摇杆机构	汽车转向装置
	摆动导杆机构	具有急回性质，如牛头刨床
	滑块摇杆机构	车门启闭机构
	凸轮机构	
	齿轮齿条机构	
	非圆齿轮齿条机构	
	挠性件传动机构	
	气、液动机构	

（续）

执行构件运动形式及功能	机构类型	应用实例与原理
间歇运动	棘轮机构 槽轮机构 凸轮机构 不完全齿轮机构 气、液动机构	机床进给、转位、分度、离合器等装置 转位装置，如电影放映机 分度装置、间歇回转工作台 间歇回转、移动工作台 分度、定位
实现特定轨迹	平面连杆机构 平行四边形机构 凸轮机构 行星轮系 挠性件滑轮机构	连杆上某点可实现特定轨迹，如鹤式起重机、搅拌机等 用于直移或引导，如升降机、绘图仪等 直线移送机构 实现各种花纹图案 导引升降装置
夹压锁紧	连杆机构 凸轮机构 螺旋机构 斜面机构 棘轮机构 气、液动机构	利用机构的止点位置 利用自锁性质 利用阀控制
合成与分解运动	差动齿轮机构 差动螺旋机构 差动棘轮机构 差动连杆机构 差动滑轮机构	汽车后桥差速器 用于微调装置 用于微小的间歇进给装置 数学运算机构

表 6-2 常用原动机的运动形式及性能特点

运动形式	原动机类型	性能与特点
连续转动	电动机、内燃机	结构简单、价格便宜、维修方便、单机容量大、机动灵活性好，但初始成本高
往复移动	直线电动机、活塞式液压缸或气缸	结构简单、维修简单、尺寸小、调速方便、速度低、运转费用较高
往复摆动	双向电动机、摆动活塞式液压缸或气缸	结构简单、维修简单、尺寸小、易调速、速度低、运转费用较高

实现同一功能或运动形式要求的机构可以有多种类型，选型时应尽可能将现有的各种机构搜索到，然后根据机构选型原则进行分析、比较，初步选出一些所需机构类型，再对这些机构方案进行综合评价，选出最优方案。例如，能使牛头刨床的刨刀具有急回特性的往复直线运动的机构有多种方案，如图 6-16 所示，可对这些机构方案进行分析、评价，最终选出理想方案。

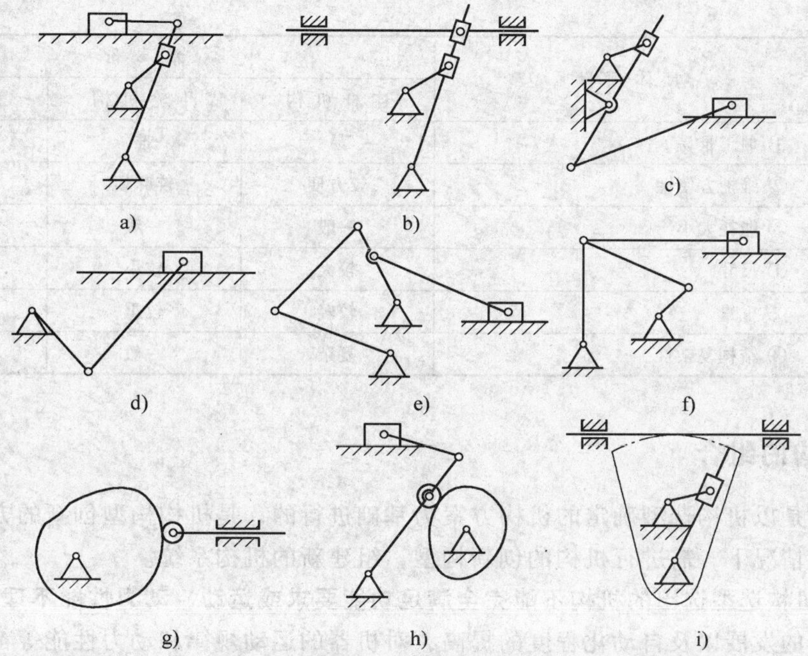

图 6-16　牛头刨床刨刀往复运动机构的初选方案

通常对机构方案应从运动性能、工作性能、动力性能等方面进行综合评价，表 6-3 列出了各项评价指标的具体项目，表 6-4 是对三种最常用机构的评价，供设计时参考。

表 6-3　机构方案评价指标

序　号	评价指标	具体项目
1	运动性能	① 运动规律、运动轨迹；② 运转速度、传动精度
2	工作性能	① 效率高低；② 使用范围
3	动力性能	① 承载能力；② 传力特性；③ 振动、噪声
4	经济性	① 加工难易；② 维护方便性；③ 能耗大小
5	结构紧凑	① 尺寸；② 重量；③ 结构复杂性

表 6-4　典型机构的评价

评价指标	具体项目	评价		
		连杆机构	凸轮机构	齿轮机构
运动性能	① 运动规律、运动轨迹	任意性较差	基本能任意	一般作定比传动
	② 运转速度、传动精度	较低	较高	高
工作性能	① 效率高低	一般	一般	高
	② 使用范围	较大	较小	较小
动力性能	① 承载能力	较大	较小	较大
	② 传力特性	一般	一般	较好
	③ 振动、噪声	较大	较小	较小

（续）

评价指标	具体项目	评价		
		连杆机构	凸轮机构	齿轮机构
经济性	① 加工难易	易	难	一般
	② 维护方便性	较方便	较麻烦	方便
	③ 能耗大小	一般	一般	一般
结构紧凑	① 尺寸	较大	较小	较小
	② 重量	较轻	较重	较重
	③ 结构复杂性	复杂	一般	简单

三、机构的组合

机构组合是以机构选型确定的机构方案为基础进行的，是机构构型创新的方法之一。通常在下面两种情况下，需进行机构的创新构型，组建新的机构系统。

1. 通过机构选型选出的机构不能完全满足功能要求或运动、动力性能不理想

随着生产的发展以及自动化程度的提高，对机器的运动规律和动力性能等都提出了更高的要求，通过机构选型选出的简单齿轮、连杆和凸轮等机构往往不能满足上述要求，则可采用将基本机构串联的方式进行机构组合，以改善机构的性能，满足功能目标的需要。

例如，要实现大摆角的往复运动，通过机构选型确定出曲柄摇杆机构，但由于许用传动角的关系，摇杆的摆角常受到限制。若采用图 6-17 所示的方式将曲柄摇杆机构（1-2-3）和齿轮机构（3-4）组合起来，则可增大从动件的输出摆角。图 6-18 所示为用于梳毛机推毛板传动的六杆机构，它是将摇杆滑块机构和铰链四杆机构串联组合而成的，从而使推毛板实现较大的移动行程。

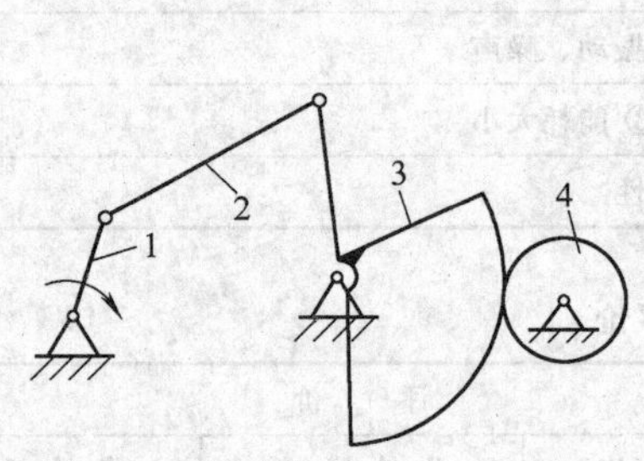

图 6-17 用于扩大摆角的连杆—齿轮机构

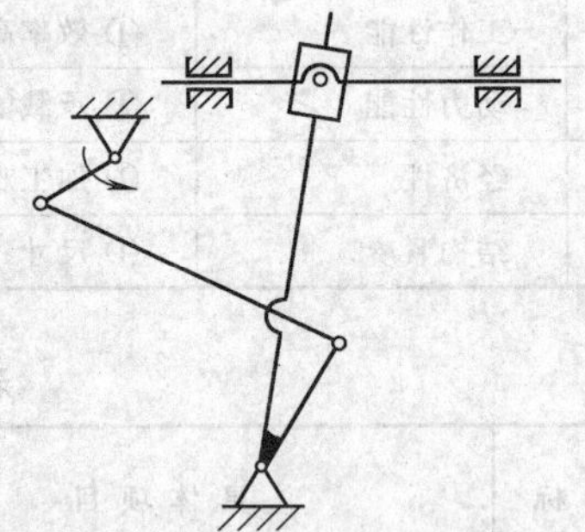
图 6-18 梳毛机推毛板机构

2. 机构的工艺动作复杂

由前述可知，当机构的工艺动作复杂时，应进行工艺动作的分解，采用多个执行机构协调配合完成，这就需要将各执行机构进行一定方式的组合。通常采用的组合方式有并联式、复合式和叠加式，例如，针织机构针的复杂平面运动，可分解为沿针织品表面的上下穿行移动和钩针钩线的摆动，它们分别可由图 6-19a、b 所示的两个凸轮连杆机构实现，将这两个机构采用叠加式组合成如图 6-19c 所示的机构，此时钩针即可实现复杂的平面运动。

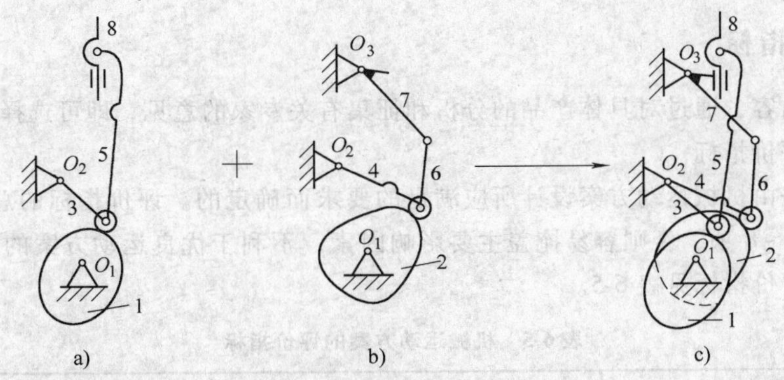

图 6-19　针织机构针机构的组合

第五节　机械运动方案创新设计的评价

在机械运动方案设计中，为了获得技术上可行、性能上先进、经济上合理，能可靠地实现用户要求的新方案，必须对设计出的各种方案进行评价，只有通过评价，才能确定价值优化的合理方案。价值目标是以最低的成本获取最大的功能，即价值是功能与成本的比值，只有价值高的创造才具有生命力。

评价不仅要对方案进行科学的分析和评定，还应针对方案技术、经济方面的弱点加以改进和完善，因此，评价实质上也是产品开发的优化过程。

为了对机械运动方案进行客观、科学、量化地总体评价，获得一个综合性能最佳的方案，必须建立一个机械运动方案的评价体系。所谓评价体系，是通过一定范围内的专家咨询，确定作为评价依据的评价指标和评价方法。评价体系的建立是围绕价值目标进行的，对不同的设计任务应根据具体情况，拟定不同的评价体系。

一、评价内容

作为机械运动方案的评价体系，一般应包括技术评价、经济评价、社会评价三个方面的内容，其主要评价内容如下：

（1）功能性　是否能顺利地完成机械产品的预期功能目标，与同类产品比较是否具有先进性和新颖性，其工作原理是否有创新或突破。

（2）经济性　从产品的设计制造成本和运行成本两方面评价，如设计制造的难易程度，材料的价格和耗费情况，产品使用周期的长短、能耗大小等。

（3）可操作性　产品操作是否方便、简单，人机关系的协调性如何等。

（4）安全性　包括产品本身的安全性和对人身、对环境的安全性问题，如产品是否具有安全保护装置，对操作者有无采取安全防护措施，是否考虑环境保护问题等。

（5）可推广性　从方案实施的市场效应、社会效应、可持续发展情况等方面评价。

由于机械运动方案设计是指机械设计全过程的第一个阶段，还没涉及到具体的设计和制造，因此，以上评价内容只是对预期结果的评价，完全正确的评价还在于产品完全投入市场之时。通过评价有助于及时发现和纠正问题，以免造成更大的损失。

二、评价指标

根据评价内容，通过对具体产品的分析和征集有关专家的意见，即可选择主要的要求和约束条件作为评价指标。

评价指标是由机械运动方案设计所应满足的要求而确定的。评价指标的总数不易过多，一般不要超过6~8项，否则容易掩盖主要影响因素，不利于优良运动方案的选出。关于机械运动方案的评价指标见表6-5。

表6-5 机械运动方案的评价指标

序号	评价指标	加权系数	定性描述与相对应得分					
			5	4	3	2	1	0
1	功能目标完成情况	0.2	理想	较好	一般	较差	差	太差
2	方案复杂程度	0.15	简单	较简单	一般	较复杂	复杂	太复杂
3	方案实用性	0.15	实用	较实用	一般	可用	勉强实用	不实用
4	方案可靠性	0.1	可靠	较可靠	一般	差	较差	不可靠
5	方案新颖性	0.1	新颖	较新颖	一般	较陈旧	陈旧	太陈旧
6	方案经济效益	0.05	高	较高	一般	较低	低	太低
7	方案可推广性	0.05	好	良好	一般	较差	差	无推广性
8	方案可操作性	0.05	好	良好	一般	较差	差	不可操作
9	方案先进性	0.05	先进	较先进	一般	较差	差	太差
10	环境问题重视程度	0.1	很重视	重视	一般	较差	差	没考虑

三、评价方法

以机械运动方案的评价指标作为评价依据，对各个评价指标进行定性或定量的评价。具体评价方法有许多种，如评分法、模糊综合评价法、系统工程评价法等。下面介绍评分法。

评分法是用分值大小作为衡量方案优劣的定量评价。首先应对参评的各项指标进行评分，然后经加权计算再求各项指标分值的总分，作为方案评价的得分，并以此来衡量机械运动方案的优劣，分值高者为优。

（1）评分　对机械运动方案的大多数评价指标评价时，只能先用理想、较好等形容词进行定性描述，然后再根据评分标准确定出相应的分值。评分标准可采用5分制或10分制，如采用5分制，则“理想状态”取为5分，“太差”或“不能用”取为0分，具体可见表6-5。

在评分时，一般采用集体评分法，以减少由于个人主观因素对分值的影响。对几个评分者所评的分数取平均值或去除最大、最小值后的平均值作为有效分值。

（2）加权计分法　对于多评价目标的方案，在求其方案总分时常采用加权计分法。

机械运动方案有多项评价指标时，各项评价指标的重要性不尽相同，为反映评价指标的重要程度，应根据各项指标的相对重要性设置加权系数。各项指标的重要性取决于该项指标所代表的内容对整个方案的影响程度，影响大的加权系数值就大，反之加权系数值就小。为便于分析计算，取各评价指标的加权系数 $g_i<1$，且 $\sum g_i=1$，见表 6-5。每项评价指标的加权系数可以根据经验确定，也可以采用判别表法计算求出。

在进行方案总分计算时，应将各指标的分值 p_i 乘以加权系数 g_i 后再求和，即

$$N=\sum p_i g_i$$

式中，N 为方案总分；p_i 为各评价指标的分值；g_i 为各评价指标的加权系数。

表 6-6 为汽车发动机三种方案的三项基本性能的评分表。由表中数据可知，方案 C 最好。

表 6-6 三种方案汽车发动机的三项基本性能的评分表

性能指标	燃料消耗		单位功率质量		寿命		总分
加权系数 g_i	0.5		0.2		0.3		
方案	P_1	P_1g_1	P_2	P_2g_2	P_3	P_3g_3	$\sum P_ig_i$
A	2	1.0	3	0.6	4	1.2	2.8
B	3	1.5	3.5	0.7	3	0.9	3.1
C	5	2.5	4.5	0.9	2	0.6	4.0

通过上述方法对机械运动方案进行评价，可比较直观地了解运动方案各项性能指标的优劣，为进一步的决策选优提供了依据。

第六节 机械运动方案创新设计实例

一、设计任务

要求设计一专用自动钻床，用来加工图 6-20 所示零件上的 3 个 $\phi8$ 孔，并能自动送料。该钻床的总功能是加工孔。

根据机械的功能要求和工作性质，选择机械的工作原理、工艺动作的运动方式和机构形式，从而拟定多功能专用钻床的传动系统。

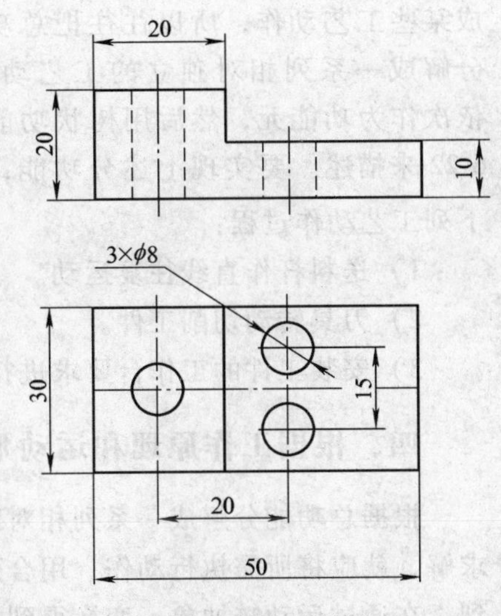

图 6-20 钻孔零件图

二、功能原理分析

首先确定钻孔工作原理，由于设计要求为规定深度钻孔的工作原理就是利用钻头与工件间的相对回转和进给移动切除孔中的材料，因此，完成钻孔功能有以下三种方案。

1）钻头既作回转切削，又作轴向进给运动，而放置工件的工作台静止不动，如图6-21a 所示。

2）钻头只作回转切削，而工作台和工件作轴向进给运动，如图 6-21b 所示。

3）工件作回转运动，钻头作轴向进给运动，如图 6-21c 所示。

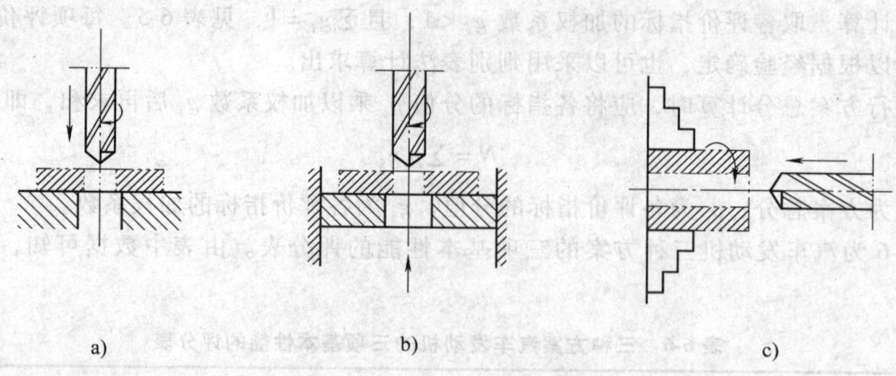

图 6-21 钻孔加工的运动方案
a）方案Ⅰ b）方案Ⅱ c）方案Ⅲ

一般钻床多采用第一种方案，但本设计因工件很小，工作台很轻，移动工作台比同时移动 3 根钻轴简单，故采用第二种方案。

其次是送料方案的确定，采用送料杆从工件料仓推送工件的方式，工件作间歇直线运动。

三、功能分解与工艺动作分解

1）为实现多功能专用钻床的总功能，可将功能分解为送料功能、钻孔功能。

2）工艺动作过程。机器的功能是多种多样的，但每一种机器都要求完成某些工艺动作，所以往往把总功能分解成一系列相对独立的工艺动作，依次作为功能元，然后用树状功能图 6-22 来描述。要实现上述分功能，有下列工艺动作过程：

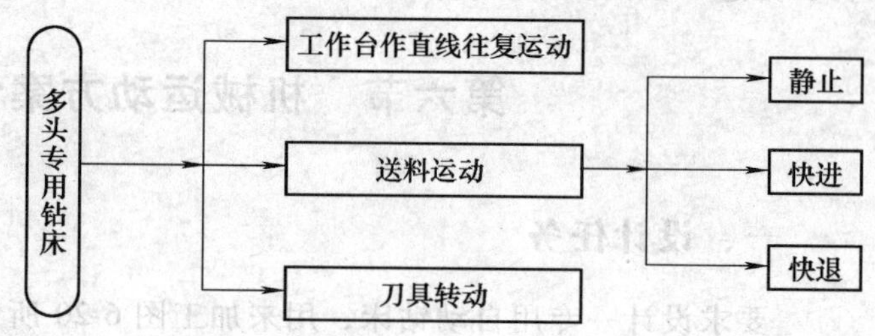

图 6-22 多头专用钻床树状功能图

1）送料杆作直线往复运动。

2）刀具转动切削工件。

3）安装工件的工作台要求进行上下往复运动。

四、根据工作原理和运动形式选择机构

根据总功能分解成一系列相对独立的工艺动作，得到树状功能图。要实现上述分功能的求解，就应将所需执行动作，用合适的机构来实现。功能元载体的求解可根据解法目录来找到，在通过运动链抽象、变换得到机构解时，也可构思出一个新型机构。

同一种功能可选择不同的工作原理，同一种工作原理可选择不同的机构。按运动转换的基本功能选择机构，由总功能分解成各功能元，确定各执行构件的运动形式。进一步要解决的问题如下：

1）选择原动机，分析原动机运动形式与执行构件运动形式之间的关系。

2）配置传动机构和执行机构。一个原动机往往要驱动几个执行构件动作，有的原动机靠近执行构件，可直接带动执行构件；有的原动机与执行构件相距较远，必须加入传动机构，并与执行机构相连接，才能把原动机的运动传递转换为执行构件的运动。

3）确定传动机构和执行机构的运动转换功能。任何一个复杂的机构系统都可以认为是由一些基本机构所组成的，这些机构有低副机构（如平面连杆机构）、高副机构（如凸轮机构、齿轮机构）和多自由度机构（平面五杆机构、差动轮系等）。这些机构的基本功能如图 6-23 所示。

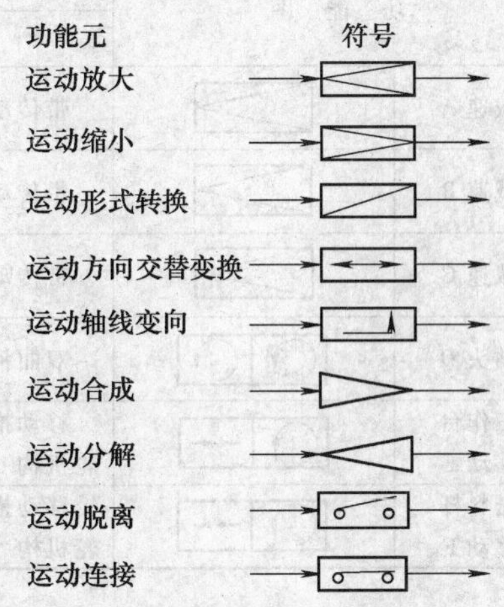

图 6-23　机构的基本功能

图 6-24 所示为多功能专用钻床的运动转换功能图，它描述了原动机（电动机）与执行构件、刀具、工作台、送料机构之间的运动转换功能。中间的矩形框内表示传动机构、执行机构的运动转换基本功能，末端的平行四边形框内表示执行构件的运动形式。该机床由一个原动机通过传动链来实现执行构件的预期运动。

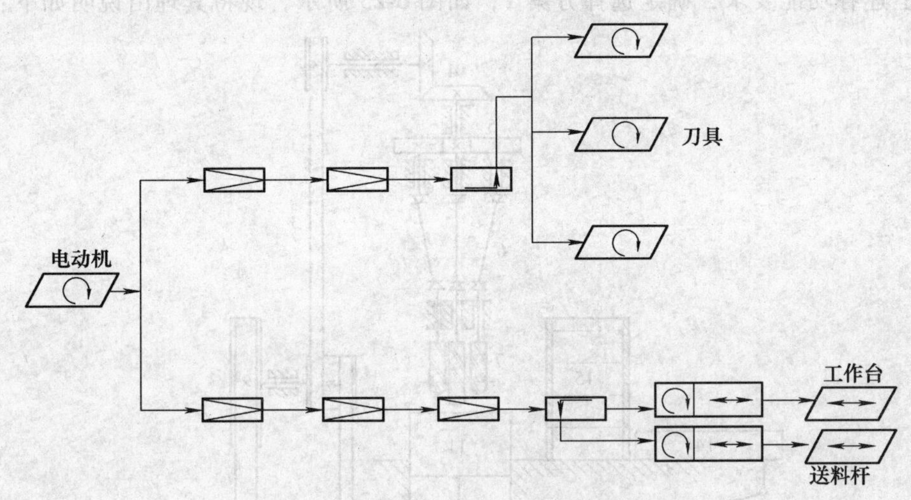

图 6-24　多功能专用钻床的运动转换功能图

五、用形态学矩阵法选择多功能专用钻床系统运动方案

在形态学矩阵中，纵坐标为功能元即基本运动转换功能图列，横坐标为与功能元匹配的机构列表。

表 6-7 描述了专用钻床传动链的形态学矩阵，可综合出 384（$N=6\times4\times4\times4=384$）种方案。

表 6-7 专用钻床传动链的形态学矩阵

功能图		功能元解（匹配机构）1	2	3	4
减速 A		带传动	链传动	齿轮传动	行星传动
减速 B		带传动	链传动	齿轮传动	蜗杆传动
减速 C		带传动	链传动	齿轮传动	蜗杆传动
钻头 D		双曲柄传动	链传动	齿轮传动	摆动针轮传动
工作台移动 E		移动推杆圆柱凸轮机构	移动推杆盘形凸轮机构	曲柄滑块机构	六杆（带滑块）机构
送料杆移动 F		移动推杆圆柱凸轮机构	移动推杆盘形凸轮机构	曲柄滑块机构	六杆（带滑块）机构

根据是否满足预定的运动要求，运动链机构顺序安排是否合理，运动精确度，成本高低，是否满足环境、动力源、生产条件等限制条件，最后选择出较好的运动方案。

$$\text{方案 1：} A1 + B1\begin{cases} + C3 + D3 \\ + D3 + E2 + F4 \end{cases} \qquad \text{方案 2：} A1 + B2\begin{cases} + C3 + D3 \\ + C3 + E3 + F4 \end{cases}$$

根据上述各功能要求，确定选择方案 1，如图 6-25 所示，现将其理由说明如下：

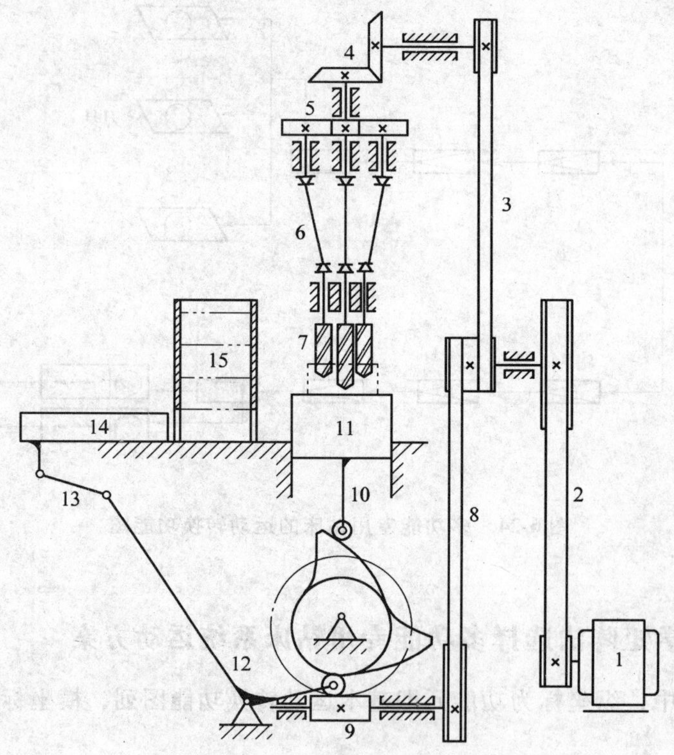

图 6-25 多功能专用钻床传动系统

1—电动机 2、3、8—带传动 4—锥齿轮传动 5—圆柱齿轮传动
6—双万向节 7—钻头 9—蜗杆传动 10、12—凸轮机构
11—工作台 13—连杆 14—送料杆 15—待加工工件

（1）切削运动链设计　能实现减速的传动有齿轮传动、链传动和带传动等，考虑到传动距离较远和速度较高等因素，决定采用 V 带传动来实现减速和远距离传动的功能。能够实现变换运动轴线方向的传动有锥齿轮传动、交错轴斜齿轮传动和蜗杆传动等，考虑到两轴垂直相交和传动比较小，决定采用锥齿轮传动来实现变换运动轴线方向的功能。

为使 3 个钻头同向回转，可采用由一个中心齿轮带动周围 3 个从动齿轮的定轴轮系。由于机构尺寸的限制，3 个从动齿轮轴线间的距离远大于 3 个钻头间的距离，为了将 3 个从动齿轮的回转运动传递给 3 个钻头，可采用双万向联轴节或钢丝软轴。将上述所选机构经适当组合后，即可形成钻削运动链。

（2）进给运动链设计　采用直线推杆盘状凸轮机构作为执行机构较为合理。减速换向可采用蜗杆传动，为达到很大的减速比和变换空间位置，在蜗杆传动之前可串接带传动。

（3）送料运动链设计　对送料运动链的功能要求与进给运动链基本相同，只是其往复运动的方向为水平，且运动行程较大，又因其减速比与进给运动链相同，故可由进给运动链中的蜗轮轴带动。由于送料运动规律较为复杂，故宜采用凸轮机构，又因其行程大，所以要采用连杆机构等进行行程放大。

第七章　机械结构方案的创新设计

机械结构方案设计是在总体设计的基础上，根据所确定的原理方案，决定满足功能要求的机械结构，即为将机构和构件具体化为某个零件或部件的形状、尺寸、位置、数量等具体结构，用以实现机械对它的工作要求。在结构设计中，要考虑材料的力学性能、零部件的功能、工作条件、加工工艺、装配、使用等各种因素的影响，因此，结构设计是机械设计中涉及问题最多、最具体、工作量最大的阶段。工程知识是从事结构设计工作的前提，巧妙构型与组合是结构创造性设计的核心。

第一节　实现零件功能的结构设计与创新

在结构设计过程中，设计者首先应掌握各种零件实现其功能的工作原理和提高其工作性能的方法与措施，还要具备善于联想、类比、组合、分解及移植等创新技法，这样在结构设计时才能根据零件的功能构造它们的形状，确定它们的位置、数量、联接方式等结构要素，更好地实现零件应具备的功能要求。

一、功能分解

每个零件的不同部位承担着不同的功能，并具有不同的工作原理。若将零件功能分解、细化，则会有利于提高其工作能力，有利于开发新功能，从而使零件整体功能更趋于完善。

例如，螺钉是一种最常用的联接零件，其主要功能是联接。联接可靠、防止松动、抵抗破坏能力是设计的主要目标。若将各部分功能进行分解，则更容易实现整体功能目标。螺钉功能可分解为螺钉头、螺钉体、螺钉尾三个部分。螺钉头又可分为扳拧功能与支撑功能；螺钉体又可分为定位功能与联接功能；螺钉尾则为导向与保护功能。

螺钉头的扳拧功能应与扳拧工具、操作环境相结合进行结构创新设计。根据所需拧紧力矩的大小，变换功能面的形状、数量和位置可得到螺钉头的多种设计方案，如图 7-1 所示。当所需拧紧力很小、不需专门工具时，可设计成滚花型和元宝形头部，用手拧紧；所需拧紧力较小时，可用“十字”、“一字”型旋具槽形式，并可设计成平头或沉头方案，也可用内六角、内四角、内三角形式，通过专用扳手作用于螺钉头的内表面拧紧；所需拧紧力较大时，往往要用扳手拧紧，可设计成外六角、外四角等螺钉头形式。为提高装配效率，简化扳拧工具，还推出了一种内六角花形、外六角与十字槽组合式的螺钉头，使其功能得到扩展，如图 7-2a 所示。

螺钉头的支撑功能是由与被联接件接触部分的螺钉头部端面实现的，这个端面称为结合面。对于不同材料的被联接件和不同强度要求的联接，结合面的形状、尺寸也不同。图7-2b 是一种法兰面螺钉头结构，它不仅实现了支撑功能，还可以提高联接强度，防止松动。若进一步扩大结合面的功能，将结合面制成齿纹，则防松功能将会增倍，被称为三合一螺钉，如图 7-3 所示。

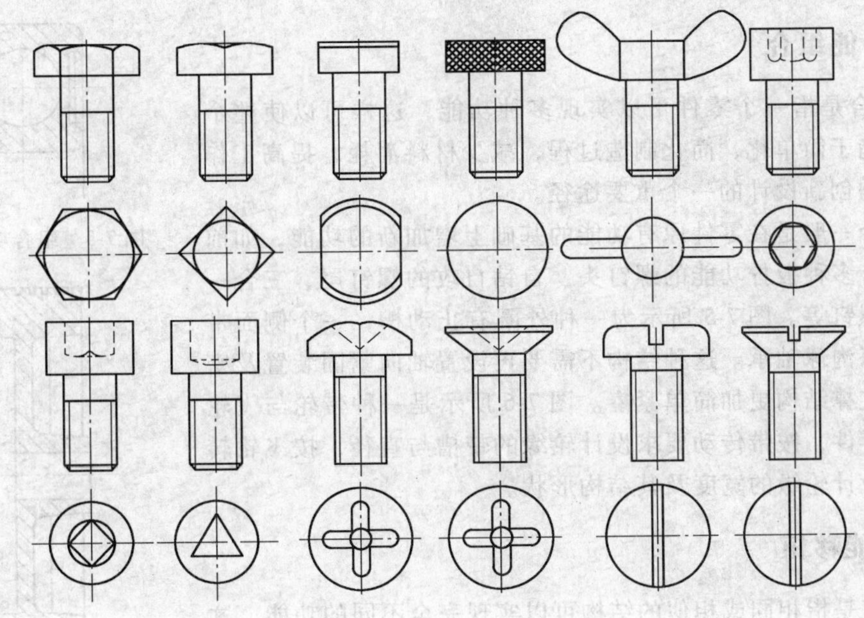

图 7-1　螺钉头的扳拧结构

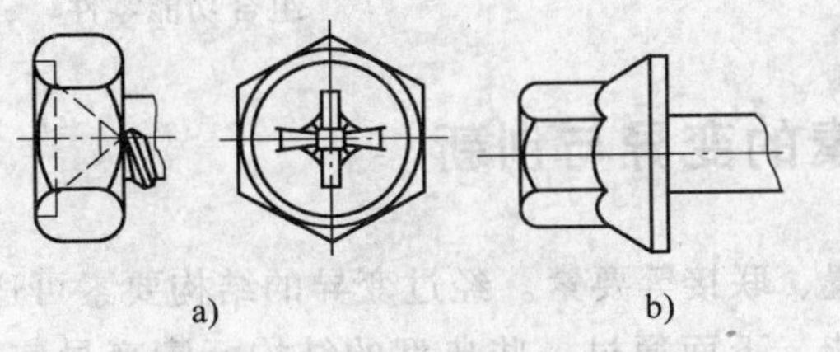

图 7-2　组合式螺钉头

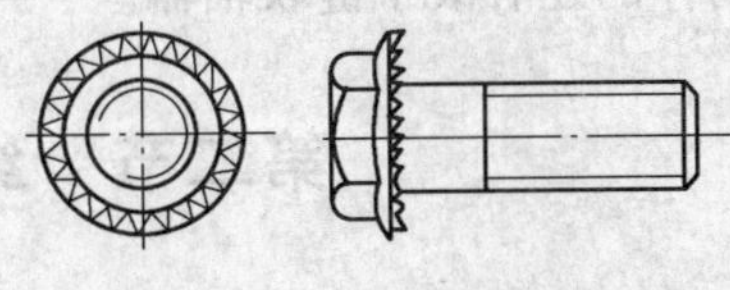

图 7-3　法兰面螺钉头

螺钉体的定位功能是由无螺牙部分的光轴实现的。如铰制孔用螺纹的光轴部分，不仅有形状、尺寸要求，还有公差要求。螺牙部分的功能是联接，是螺钉的核心结构，其工作原理是靠摩擦力实现联接。要想联接可靠，就希望摩擦力增大，而当量摩擦系数最大的剖面形状是三角形，因此联接螺纹采用的是三角形螺纹。

螺钉尾的功能主要是导向，为方便安装，一般应具有倒角。为进一步扩大螺钉尾部功能，可设计成自钻自攻螺钉的尾部结构，如图 7-4 所示。这种螺钉常用于建筑业、汽车制造业的多层板或大型面板的联接，简化了加工、装配过程，具有良好的经济效益。另外为保护螺纹尾端不受碰伤与紧定可靠，其螺钉尾部可做成平端、锥端、短圆柱端、球面端等多种结构形状。

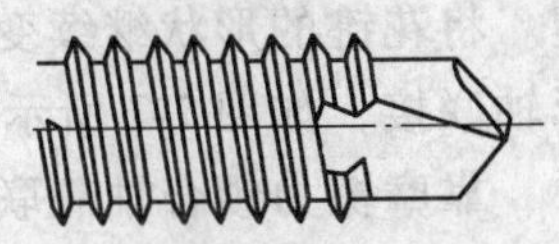

图 7-4　自钻自攻螺钉尾部结构

零件结构功能分解的内容非常丰富，为了获得更完善的零件功能，在结构创新设计中可尝试先进行功能分解，再通过联想、类比和移植等创新原理进行功能的扩展或新功能的开发。

二、功能组合

功能组合是指一个零件可以实现多种功能，这样可以使整个机械系统更趋于简单化，简化制造过程，减少材料消耗，提高工作效率，是结构创新设计的一个重要途径。

功能组合一般是在零件原有功能的基础上增加新的功能，如前面提到的具有多种扳拧功能的螺钉头、自钻自攻的螺钉尾、三合一功能的组合螺钉等。图 7-5 所示为一种外圈有止动槽，一个侧面带有防尘盖的深沟球轴承。这种结构不需要再设置轴向紧固装置及密封装置，使支撑结构更加简单紧凑。图 7-6 所示是一种带轮与飞轮的组合功能零件，按带传动要求设计轮缘的带槽与直径，按飞轮转动惯量要求设计轮缘的宽度及其结构形状。

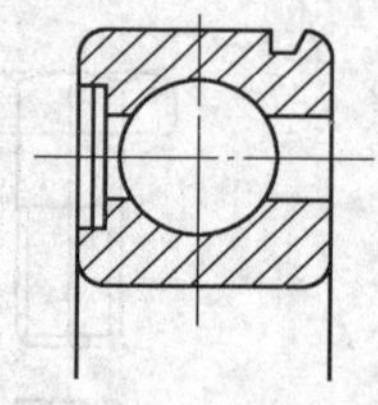

图 7-5 组合功能轴承

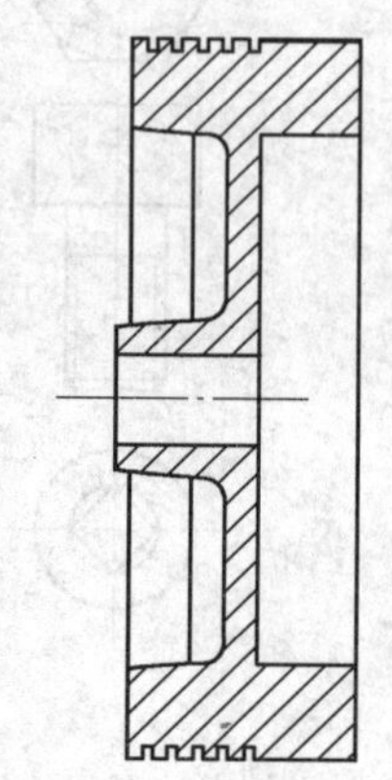

图 7-6 带轮与飞轮组合功能零件

三、功能移植

功能移植是指相同或相似的结构可以实现完全不同的功能，这样可以通过联想、类比和移植等创新技法获得新功能。例如，齿轮啮合常用于传动，但也可以将啮合功能移植到联轴器，制成齿式联轴器，同样的还有滚子链联轴器。

第二节 结构元素的变异与创新

结构元素主要是指结构的形状、数量、位置、联接等要素。经过变异的结构要素可适应不同的工作要求，或比原有结构具有更好的功能。下面通过一些典型的结构元素变异实例，说明结构元素变异的基本过程和应用价值。

一、轴毂联接的结构元素变异与创新

轴毂联接的主要结构形式是键联结。单键的结构形状有方形、半圆形，主要是靠键的侧面工作。当传递的转矩不能满足载荷要求时需要增加键的数量，就变为双键联结。若进一步增加其工作能力就出现了花键。花键的形状又有矩形、梯形、三角形、渐开线形以及滚珠花键。将花键的形状继续变换，由明显的凸凹形状变换为不明显的，就产生了无键联结，即成形轴联接，如图 7-7 所示。

靠摩擦力锁合轴毂联接是靠楔紧而产生的摩擦力将轴与毂联接在一起，常采用楔键与切向键。但楔键与切向键在楔紧后，轴与毂会产生相对偏心，因此工作时对中性差，并且轴上键槽也削弱了轴的强度。由此可产生联想，若沿轴的圆周用带有锥度的套进行楔紧就可避免这种偏心，也避免了轴上键槽的加工，因此就产生了弹性环联接。

弹性环联接是利用锥面贴合并楔紧在轴毂之间的内外锥形环构成的摩擦联接，如图 7-8 所示。在螺纹拧紧而产生的轴向压力作用下，内外环相对移动并压紧，内环缩小抱紧轴，外环胀大撑紧毂，使接触面产生径向压力；工作时就靠由压力而产生的摩擦力传递转矩。弹性环联接对轴的疲劳强度削弱很小，对中性好，装拆方便，使用寿命长，轴向和周向调整方

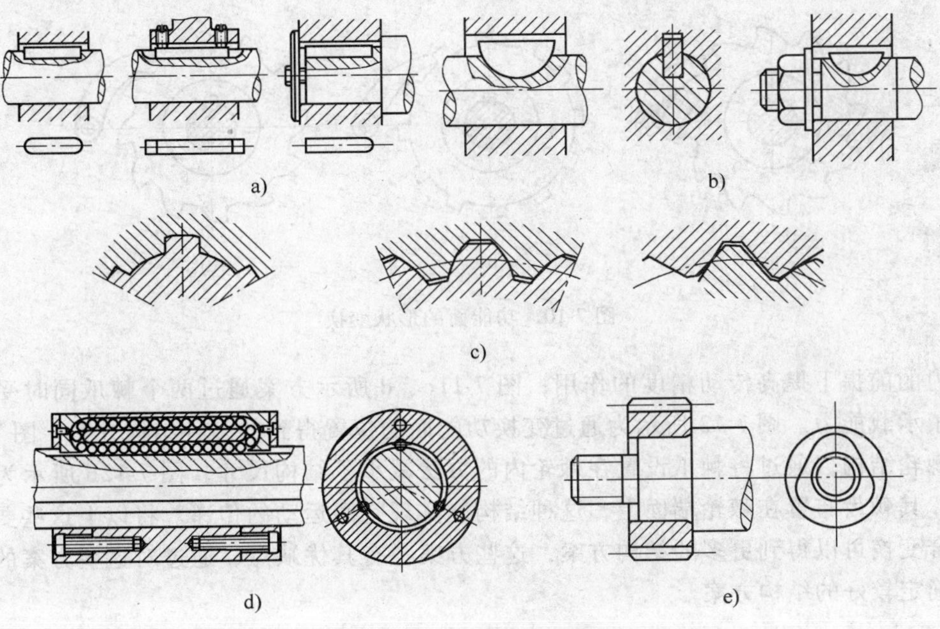

图 7-7　键联结的结构元素变异

a）平键　b）半圆键　c）花键　d）滚珠花键　e）成形轴毂联接

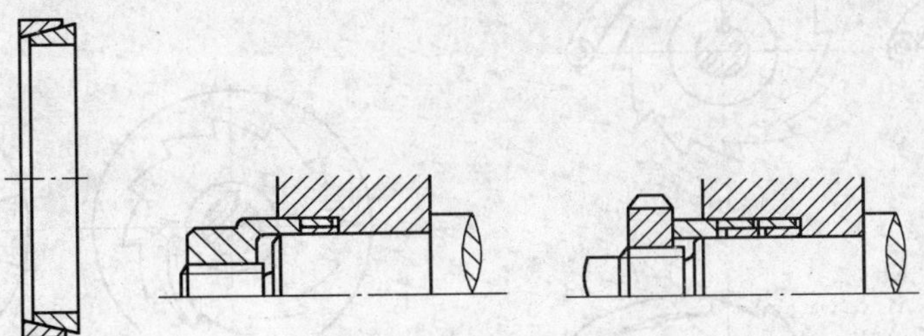

图 7-8　弹性环联接

便，容易将轮毂固定在理想的位置上。与过盈配合一样，双向转动不会产生冲击，而对轴与毂的加工要求比过盈配合低。

二、棘轮传动的结构元素变异与创新

在图 7-9 所示的棘轮机构中，棘爪头部的平面与棘轮齿形平面互相接触，是棘轮机构的功能面。通过变换功能面的形状可以得到如图 7-10 所示的多种结构方案，分别为滚子、尖底、平底等结构。其中图 7-10a 和图 7-10c 所示方案用于单向传动，图 7-10b 所示的棘轮可用于双向传动，图7-10c 所示的功能面能承担较大的载荷，应用较普遍，但制造误差对承载能力影响较大。通过变换功能面的数量可得到如图 7-11 所示的多种结构方案。图 7-11a 所示方案通过减小轮齿尺寸使轮齿的齿数增多，由于齿数增加使传动的最小反应角度减小，传动精度提高；图 7-11b 所示方案不改变棘轮的形状，而通过增加棘爪数量的方法起到在不降低

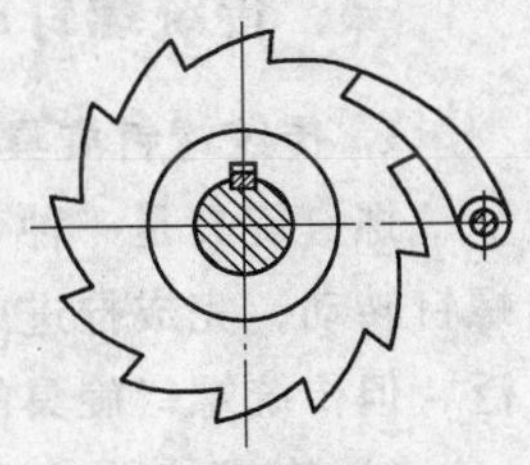

图 7-9　棘轮机构

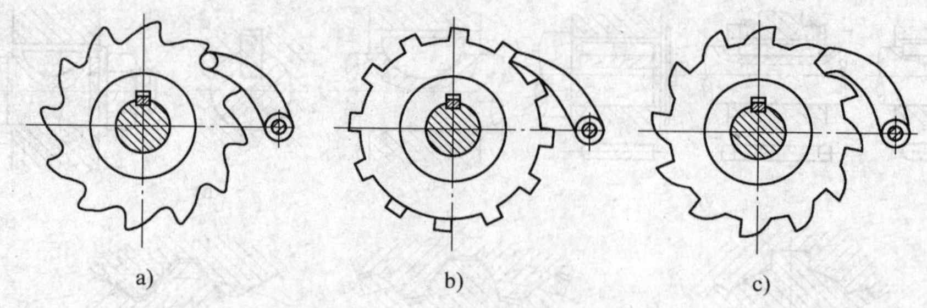

图 7-10 功能面的形状变换

承载能力的前提下提高传动精度的作用；图 7-11c、d 所示方案通过两个棘爪同时受力的方法提高了承载能力。图 7-12 所示为通过变换功能面的位置得到的多种结构方案，图 7-12a 所示为内棘轮结构，通过将棘爪设置在棘轮内的方法减小了结构尺寸；图 7-12b 所示为轴向棘轮结构，其棘齿布置在棘轮端面上，这种结构能实现空间运动的传递。将以上这些要素进行交叉组合变换可以得到更多的结构方案，这些方案各有其优缺点，通过对这些方案的分析可以从中确定较好的结构方案。

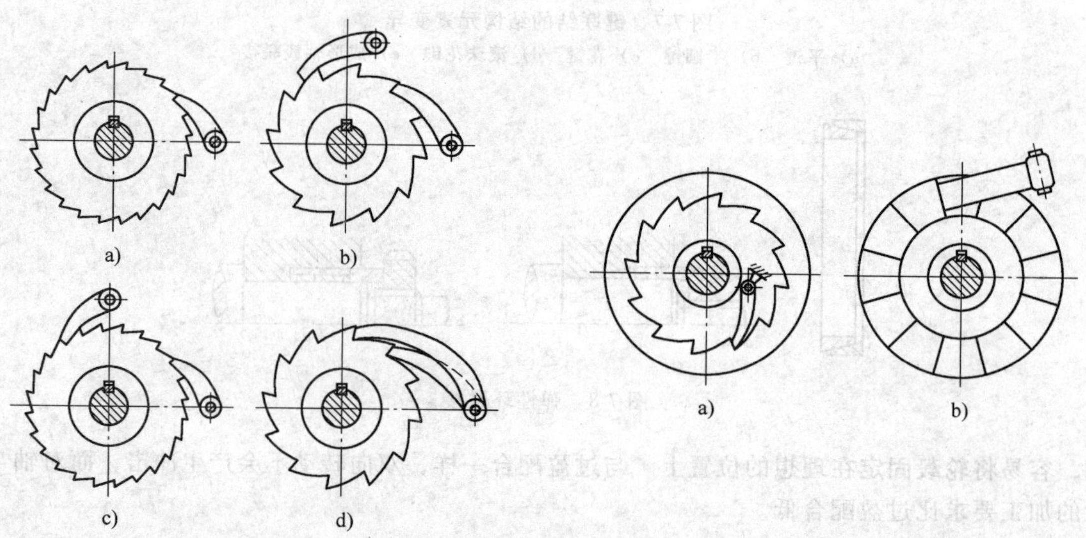

图 7-11 工作面的数量变换

图 7-12 工作面的位置变换

三、传统螺钉旋具的结构元素变异与创新

1. 传统螺钉旋具的现有技术

螺钉旋具是一种手工操作的工具，即通过使用者手部的扭转动作，强迫螺钉旋具体带动螺钉转动，完成拧进或松开螺钉的工艺要求。这种螺钉旋具的结构简单，成本低廉，应用广泛，但传统螺钉旋具的功能是有限的，主要存在两个问题：

1）完成拧紧或松开螺钉需多次重复螺钉旋具头插入和离开螺钉端槽的动作，使用者手部扭转动作不能连续，工作费力、不灵活、效率低。

2）拧紧或松开不同规格的螺钉，螺钉旋具的规格也应不同，需要有成套的螺钉旋具。

2. 螺钉旋具的新型结构

为了克服上述缺点，人们开发出了一些新型结构的螺钉旋具。

（1）组合刀头螺钉旋具　这种螺钉旋具的结构特点是刀头的大小和形状是可以更换的，备有一组可供不同需要选用的刀头，放置在螺钉旋具的刀柄内（见如图7-13），更换比较方便，在很大程度上解决了传统螺钉旋具存在的第二个问题，所以得到了用户的认可。

（2）棘轮式螺钉旋具　这种螺钉旋具的结构特点是刀头与刀柄可以做相对运动，而且相对运动的方向是可以控制的，因此可以实现螺钉旋具不离开螺钉就可以重复螺钉旋具的扭转动作，具有工作连续、效率高等特点。这种螺钉旋具在很大程度上解决了传统螺钉旋具存在的第一个问题，所以也得到了用户的认可。

（3）压转式螺钉旋具　该螺钉旋具变传统的转动刀柄拧螺钉为推进手柄即可使螺钉拧紧或放松，在弹簧作用下退回手柄，再次推进手柄工作，刀头不离开螺钉可重复工作，效率较高。其具体结构如图7-14所示，螺钉旋具头1由锁紧套2锁紧在螺钉旋具杆3上，有一组螺钉旋具头放置在手柄6中可供更换。推进手柄4（螺母），可使螺钉旋具杆3旋转。由于螺钉旋具杆上开有左旋、右旋螺旋槽各一条，手柄中也相应装有左旋、右旋螺母各一个，通过拨动操纵钮5向左或向右可分别使左旋或右旋螺母起作用，从而只需推动手柄4就可完成拧紧或放松螺钉的动作。如果把操纵钮5拨到中间，则螺母被锁住，这时螺钉旋具就变成一个普通的螺钉旋具了。

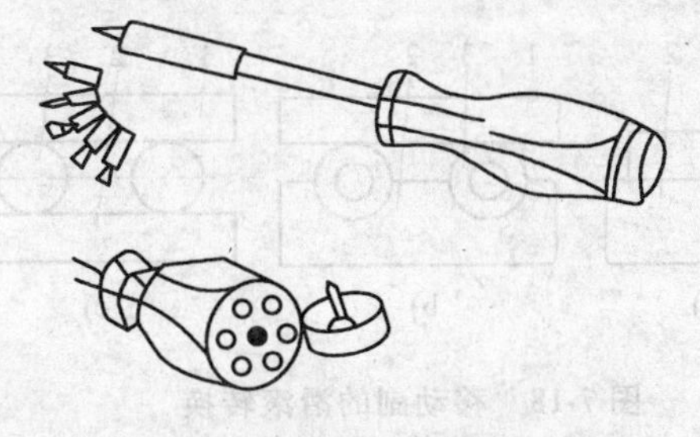

图7-13　组合刀头螺钉旋具

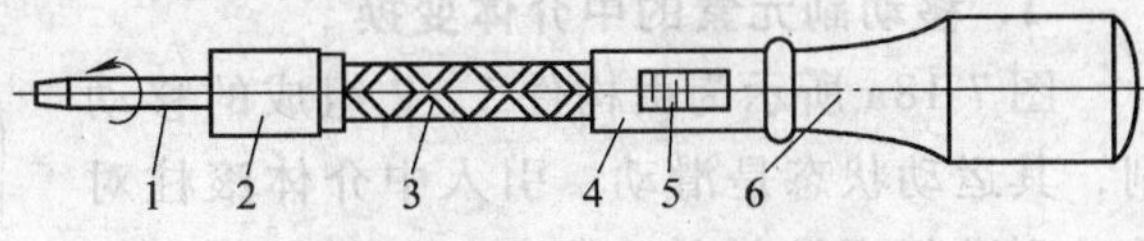

图7-14　压转式螺钉旋具

1—螺钉旋具头　2—锁紧套　3—螺钉旋具杆　4、6—手柄　5—操纵钮

四、传统扳手的结构元素变异与创新

1. 传统扳手的现有技术

目前大家常见到的扳手主要有两大类：一是通用扳手，例如成组的呆扳手和活扳手；二是专用扳手，例如气动扳手、液动扳手、电动扳手、内六角扳手等。图7-15所示为活扳手，可以通过转动蜗轮来调节扳口的大小，以适应不同规格的螺钉、螺母，使用方便。图7-16所示为呆扳手，用来拆装六角头或方头螺栓、螺母。每只呆扳手只适用一个规格螺栓，每只双头呆扳手可适用两个规格螺栓。呆扳手比活扳手的刚度好，拧紧力矩可大一些。

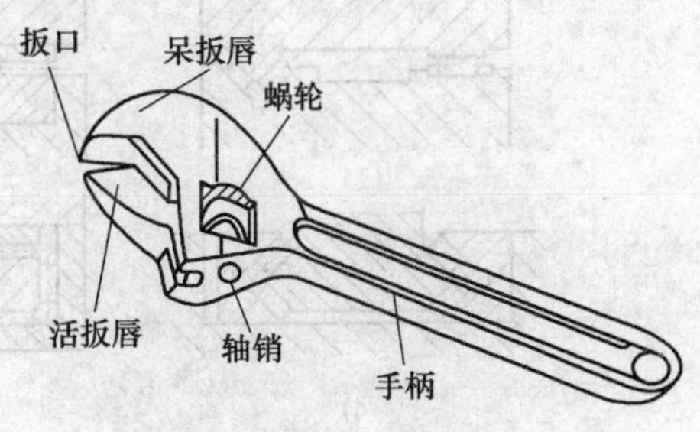

图7-15　活扳手示意图

2. 新型多功能扳手——铰链式扳钳

如图 7-17 所示，铰链式扳钳由扳杆 1、钳钩 2 和销轴 3 组成，销轴 3 将扳杆 1 和钳钩 2 铰接在一起。扳杆 1 的头部设有带齿的扇形钳体 4，其圆心与销轴孔偏心。钳钩 2 的内侧设有 V 形钳口 5。钳口 5 的两钳口边 6、7 相交形成内凹的钳口角 8，而钳钩 2 的外侧则是弧边 9 的平滑组合。圆孔 10 为扇形钳体 4 及其齿形的加工工艺孔。

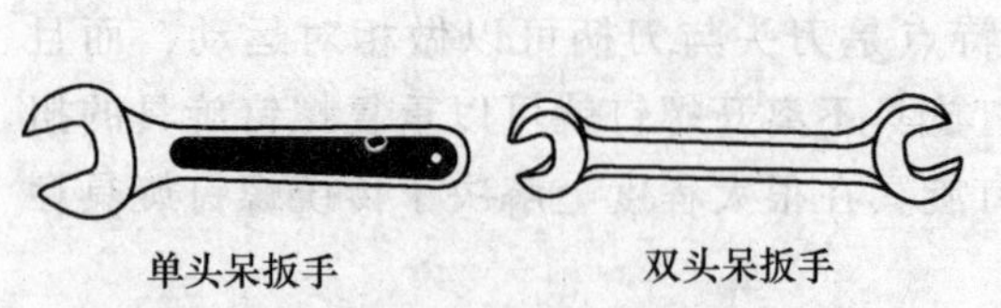

图 7-16 呆扳手示意图

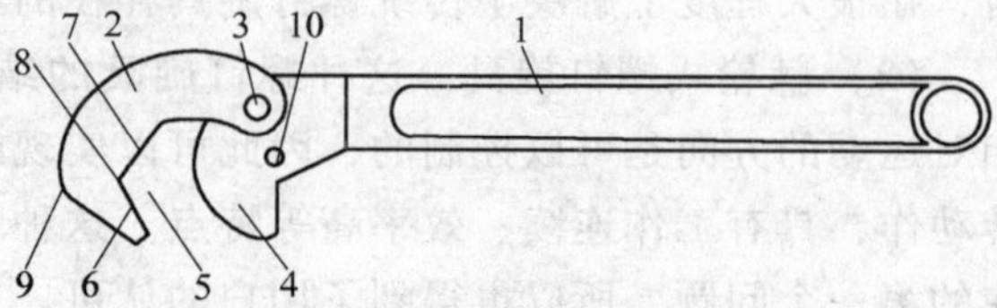

图 7-17 铰链式扳钳的结构图

1—扳杆 2—钳钩 3—销轴 4—扇形钳体 5—V 形钳口 6、7—钳口边 8—钳口角 9—弧边 10—圆孔

使用这种铰链式扳钳时，钳钩的旋转半径小，被钳体是六角形时，其六角的顶点将进入 V 形钳口内凹角内，能使钳口边同六角形的被钳体完全贴合，使用性能良好。它还可以夹持管件，通过钳口上的齿接触夹紧，且能自锁，夹持牢固，工作可靠。铰链式扳钳将普通扳手和管子钳的功能集于一身，具有快速、自调、方便的特点，并具有良好的市场前景。

五、机构运动副元素中介体变换创新

1. 移动副元素的中介体变换

图 7-18a 所示为由构件 1、2 组成的移动副，其运动状态是滑动。引入中介体滚柱对移动副进行滑滚转换，图 7-18b 所示引入的中介体是两个并联的二元滚动体——二副（一个转动副、一个高副）滚柱，使移动副变成滚动体、转动副和纯滚动副。图 7-18c 所示引入的中介体是两个并联的二副（两个高副）滚柱，使移动副转换成滚动体和纯滚动副。机床上应用的滚柱导轨就是典型的中介体变换的例子，通过进一步改变零件结构本身的形态所得到的不同的滚动导轨结构形式如图 7-19 所示。

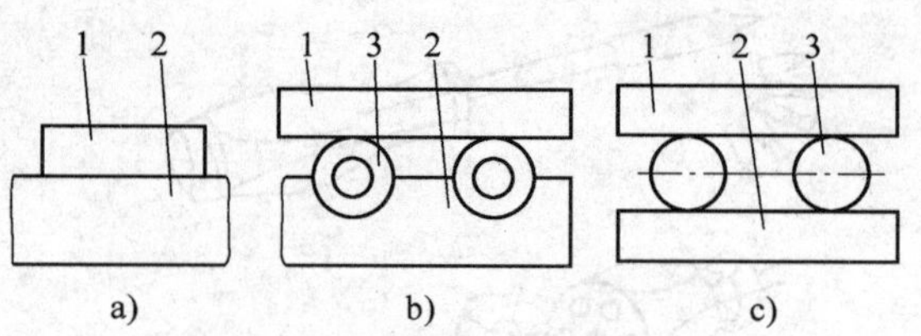

图 7-18 移动副的滑滚转换

1、2—构件 3—滚柱

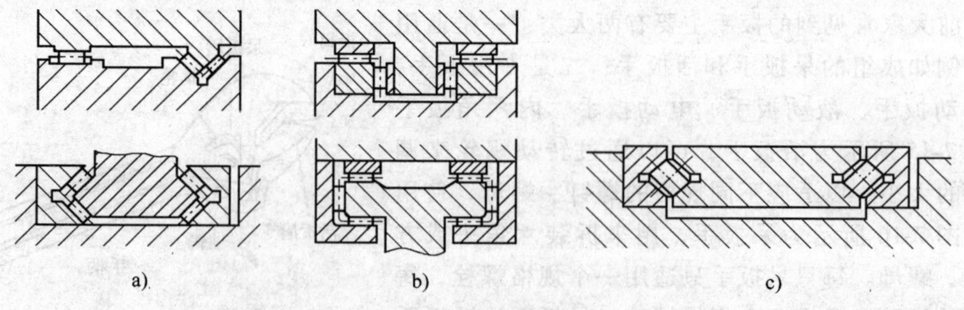

图 7-19 滚动导轨的结构形式

a）三角形滚动导轨 b）矩形滚动导轨 c）十字交叉滚动导轨

2. 转动副元素的中介体变换

图7-20a所示为由构件1、2组成的转动副（滑动轴承），其运动状态是滑动。引入中介体钢球对转动副进行滑滚变换。图7-20b所示为在滑动轴承两元素1、2之间，引入中介体钢球3（或滚柱3），使两元素1、2通过中介体钢球3形成纯滚动。保持架4把钢球3隔开，但它们之间的运动状态是滑动。如果采用附加滚动体（半径小于中介体钢球半径的一组钢球）替代保持架，则中介体钢球和附加滚动体钢球之间变滑动为滚动，如图7-20c所示。由滑动轴承发展成隔离钢球滚动轴承是转动副滑滚转换成功的典型例子。

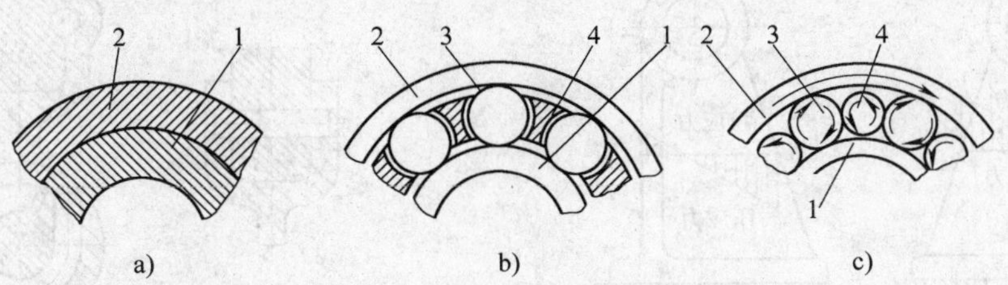

图7-20　转动副的滑滚转换

1、2—构件　3—钢球　4—保持架（图c中为附加滚动体）

3. 螺旋副的中介体滑滚转换

图7-21a所示为由构件1、2组成的螺旋副，其运动状态是滑动。引入中介体钢球（或滚柱）对螺旋副进行滑滚转换，如图7-21b所示，在螺旋副两元素之间引入一组循环钢球3，使螺旋副两元素间通过中介体钢球3形成纯滚动。在精密机械传动中得到广泛应用的滚珠丝杠就是螺旋副滑滚转换的例子。

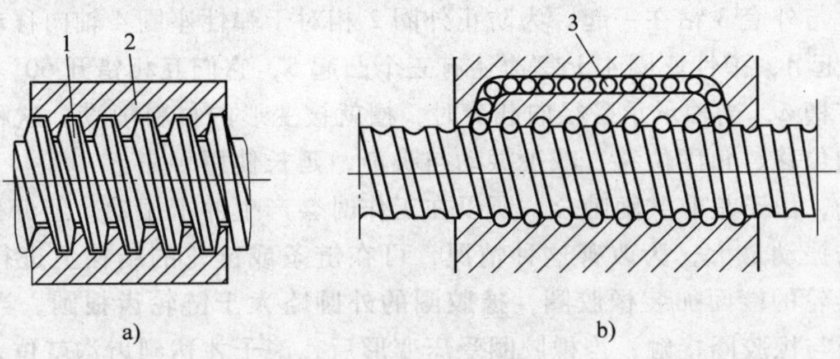

图7-21　螺旋副的滑滚转换

1、2—构件　3—钢球

第三节　提高性能的结构设计与创新

零件结构形状设计应利用材料的长处，发挥材料的性能，扬长避短，或者采用不同材料的组合结构，使各种材料性能得以互补，并通过结构形状的变化来改善产品的性能。

一、发挥材料性能的结构设计与创新

铸铁材料的抗压强度远大于抗拉强度，因此承受弯矩的铸铁结构截面多为非对称形状，

以使承载时最大压应力大于最大拉应力，从而充分发挥其优势。图 7-22 所示为两种铸铁支架结构的比较，显然图 7-22b 所示方案的最大压应力大于最大拉应力，符合铸铁材料的强度特性，是较好的结构方案。

陶瓷材料承受局部集中载荷的能力差，在与金属件的联接中，应避免其弱点。如图 7-23 所示，其中，图 7-23a 的结构不理想；图 7-23b 所示的销轴联接中用环形插销代替直插销，可增大承载面积，是一种合理的结构形式。

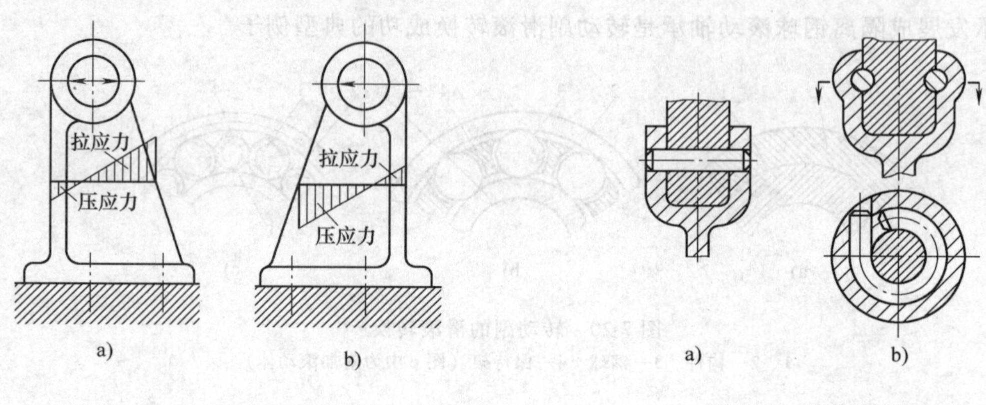

图 7-22 铸铁机座

图 7-23 陶瓷联接

二、实现性能互补的结构设计与创新

将刚性与柔性材料合理搭配，在刚性部件中对某些零件赋予柔性，使其能用接触时的变形来补偿工作表面几何形状的误差。图 7-24 所示的滚动轴承，将其外圈 2 装在弹性座圈 4 上，弹性座圈 4 与外套 3 粘在一起。为防止外圈 2 相对于弹性座圈 4 轴向移动，在弹性座圈 4 的两边做有凸起 A，弹性座圈 4 上每边还有三个凸起 5，它们互相错开 60°。弹性座圈 4 上沿宽度方向设有槽 a，当轴承承受径向载荷时，槽就被变形的材料填满。这种轴承可以补偿安装变形、轴向位移、角度位移，减少振动与噪声，延长使用寿命。

对于链传动，由于是非共轭啮合，所以在工作时会产生冲击振动。经分析可知在链条啮入处引起的冲击振动最大，为改善这种情况，可在链条或链轮的结构上进行变形设计。图 7-25 所示是在链轮的端面加装橡胶圈，橡胶圈的外圆略大于链轮齿根圆，当链条进入啮合时，首先是链板与橡胶圈接触，当橡胶圈受压变形后，滚子才达到齿沟就位，从而减少了啮合冲击。

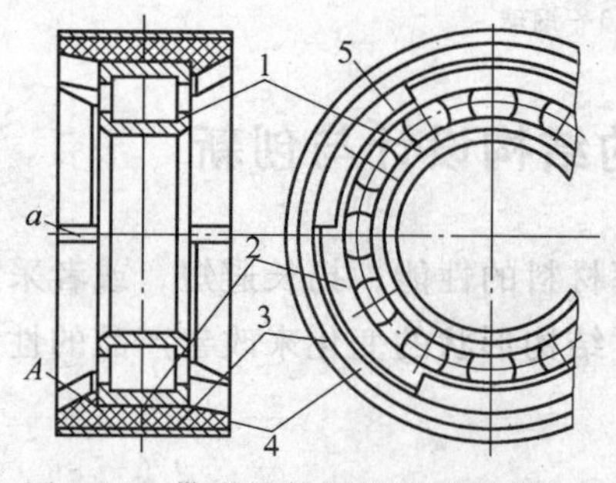

图 7-24 带弹性外圈的滚动轴承
1—内圈 2—外圈 3—外套 4—弹性座圈 5—凸起

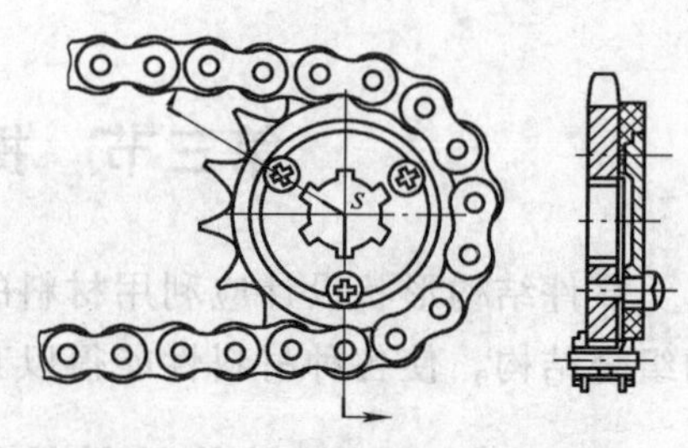

图 7-25 减振链轮

三、提高承载能力的结构设计与创新

在结构设计中，应将载荷由多个结构分别承担，这样有利于降低危险结构处的应力，从而提高结构的承载能力。图 7-26 所示为一轴外伸端的带轮与轴的联接结构。图 7-26a 所示的结构在将带轮的转矩传递给轴的同时也将压轴力传给轴，它将在支点处引起很大的弯矩，并且弯矩所引起的应力为交变应力，弯矩和转矩同时作用会在轴上引起较大应力。图 7-26b 所示的结构增加了一个支承套，带轮通过端盖将转矩传给轴，通过轴承将压力传给支承套，支承套的直径较大，而且所承受的弯曲应力是静应力，通过这种结构使弯矩和转矩分别由不同零件承担，提高了结构整体的承载能力。

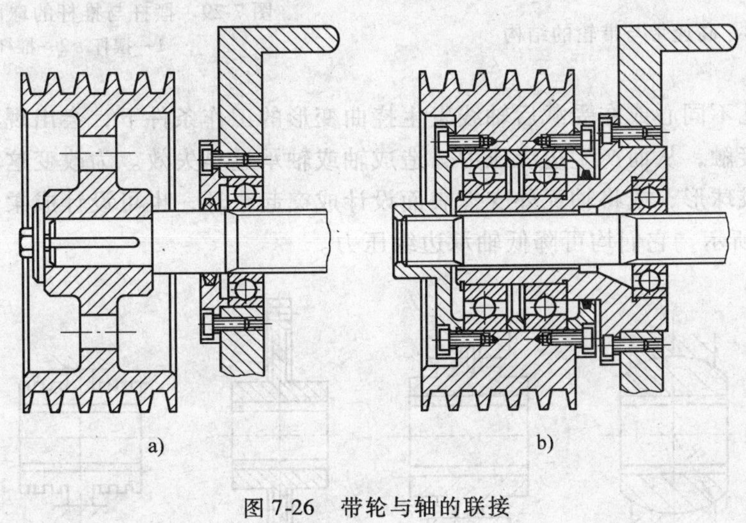

图 7-26　带轮与轴的联接

四、提高强度和刚度的结构设计与创新

高副接触零件的接触强度和接触刚度都与接触点的综合曲率半径有关，设法增大接触点的综合曲率半径是提高这类零件工作能力的重要措施。图 7-27 所示结构中，图 7-27a 所示为两个凸球面接触传力，综合曲率半径较小，接触应力大；图 7-27b 所示为凸球面与平面接触、图 7-27c 所示为凸球面与凹球面接触，其综合曲率半径依次增大，接触应力依次减小，有利于改善球面支承的强度和刚度。

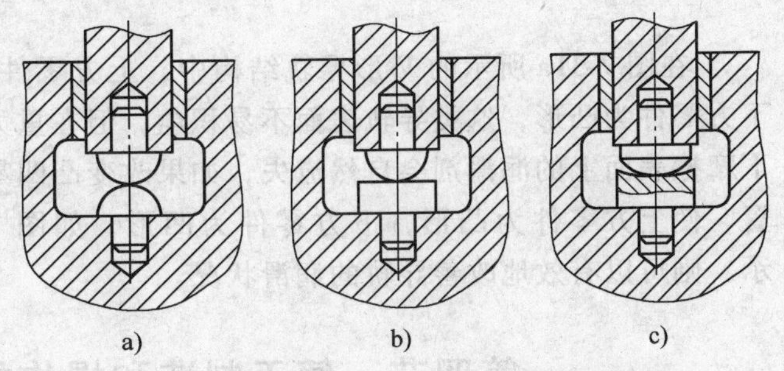

图 7-27　改善球面支承强度和刚度的结构设计

五、改善工作性能的结构设计与创新

在结构形状设计时，还要考虑到工作条件与外界因素对零件功能效果的影响。例如，对于高速带传动，为增加带的挠曲性，在带的非工作面上一般均开有横向沟槽；带轮一般制成鼓形，运转时保持带位于带轮的中部，以防止脱落；为避免带与带轮之间生成气垫，影响传

力的可靠性，在小带轮的边缘上开有环形槽，如图 7-28 所示。

如图 7-29 所示，主动摆杆 1 将力传递给推杆 2 时，推杆 2 受到横向推力的作用，不利于推杆的运动，甚至造成推杆运动卡死，若将接触球面的结构形状设计在摆杆 1 上，则接触面的法线方向平行于推杆 2 的轴线方向，使推杆避免受横向推力，从而得到较好的传力效果。

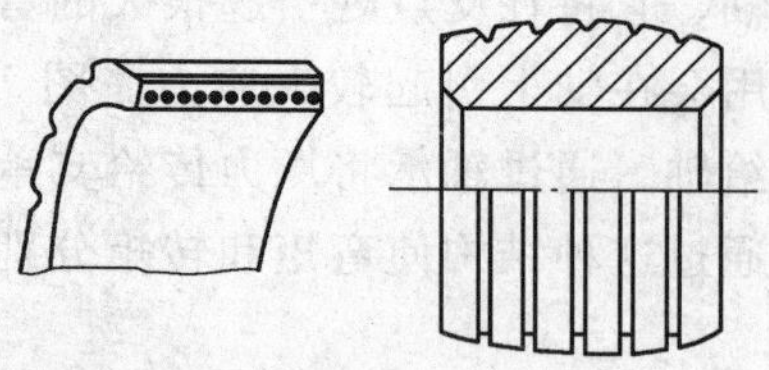

图 7-28　高速带与带轮的结构

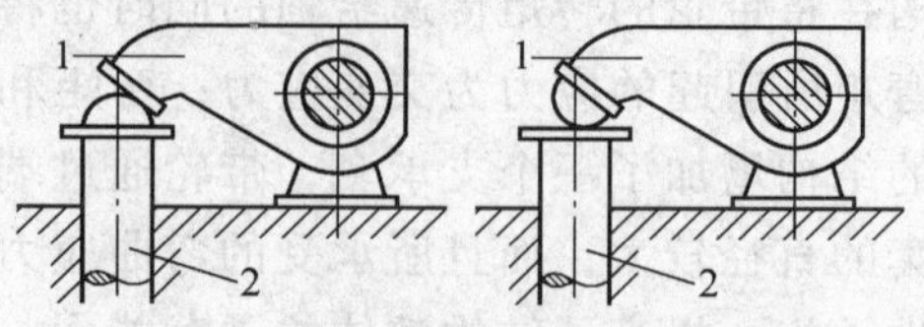

图 7-29　摆杆与推杆的球面位置变换
1—摆杆　2—推杆

在轴承座孔不同心或在受载后轴线发生挠曲变形的工作条件下，会出现轴承端部的轴瓦与轴颈的边缘接触，从而产生边缘压力，造成轴或轴承过早失效。为改变这种状况，可将轴瓦外表面设计成球形，或将轴瓦外支撑表面设计成突起窄环，也可设计成柔性模板式轴承壳体，如图 7-30 所示，它们均可降低轴承边缘压力。

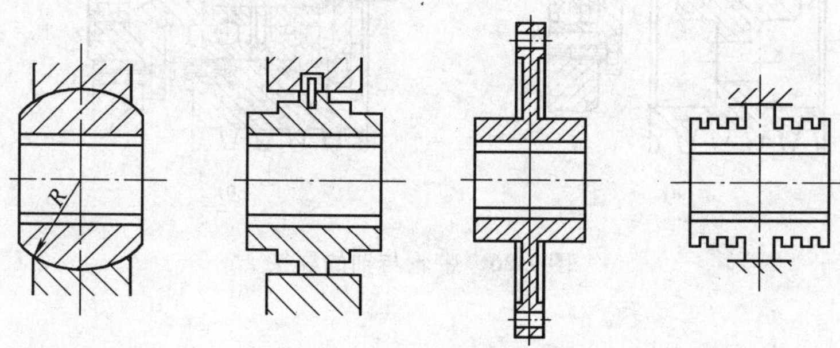

图 7-30　调心滑动轴承

在图 7-31a 所示的 V 形导轨结构中，上方零件为凹形，下方零件为凸形，这类导轨表面不易积尘，但在重力的作用下摩擦表面上的润滑剂会自然流失，如果改变凸凹零件的位置，使上方零件为凸形，下方零件为凹形，如图 7-31b 所示，则可以有效地改善导轨的润滑状况。

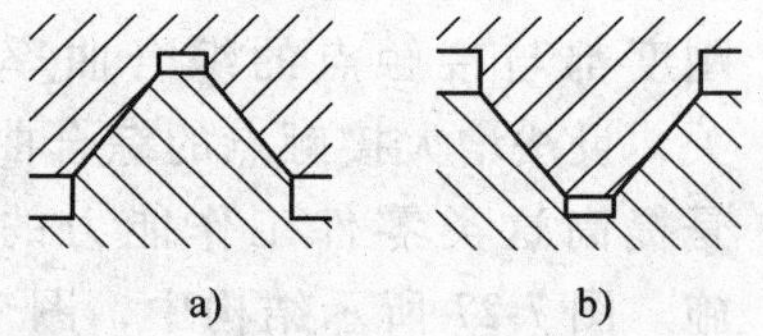

图 7-31　滑动导轨上下位置变换

第四节　便于制造和操作的结构设计与创新

在满足使用功能的前提下，设计者应力求使所设计产品的结构工艺简单、消耗少、成本低、使用方便、操作容易、寿命长。

一、便于进行加工的结构设计

对于机械加工的零件，在结构设计时要考虑到使装卡、加工与测量时间比较短，设备费用低等因素。这主要体现在加工面的形状力求简单，尺寸力求小，位置应方便装卡与刀具的退出，避免在斜面上钻孔，避免在内表面上进行复杂的加工等。

例如，图 7-32 所示的键槽结构，将内部加工的键槽改为在外部加工就是合理的结构设计。

对于复杂的零件，加工工序增加，材料浪费，成本将会增高，为了改变这样的结构可采用组合件来实现同样的功能。图 7-33 所示为带有两个偏心小轴的凸缘，加工难度较大，但若将小轴改为用组合方式装配上去，则既能改善工艺性，又不失去原有功能。

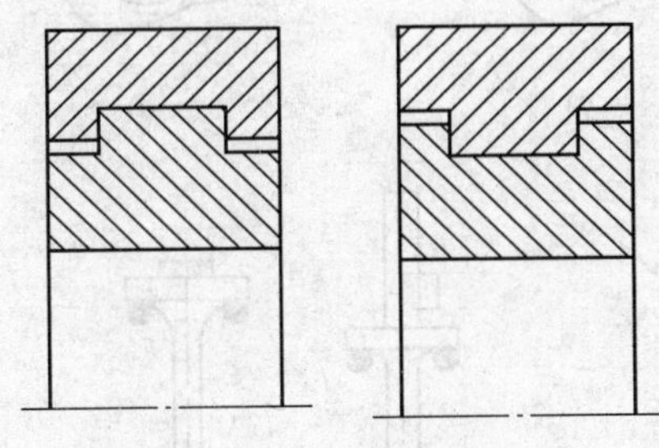

图 7-32　键槽结构

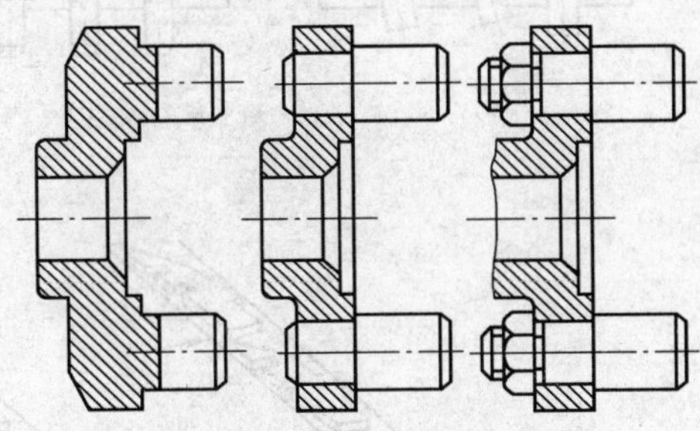

图 7-33　组合结构

二、便于装配、输送的结构设计

人工装配时，希望装配方便、省力、可靠。同时随着装配自动化程度的提高，装配自动生产线和装配机器人对结构形状的识别也提出了结构设计的要求。

图 7-34 所示为一种易拆装的 V 带轮，带轮由带锥孔的轮毂和带外锥的轴套组成。这种带轮对轴的加工要求较低，联接可靠，装拆方便，不需要笨重的拆卸工具，不同的轴径只需要更换不同的轴套，因而也扩大了带轮的通用性。

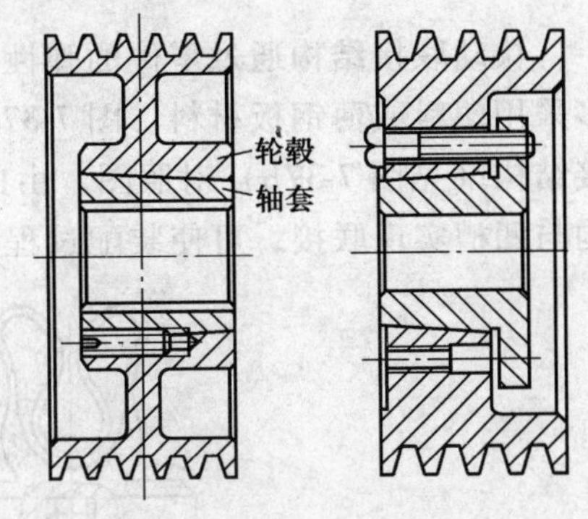

图 7-34　易拆装的 V 带轮

在自动化制造系统中，应尽量提高机器人的方位识别能力，方法之一就是在设计零部件结构时，留有识别特征，使其造型既不影响结构功能，又使结构形状容易识别。如图 7-35a 所示的左、右旋螺栓，从外形上很难识别，在结构设计时可以将左旋螺栓头设计成方形。如

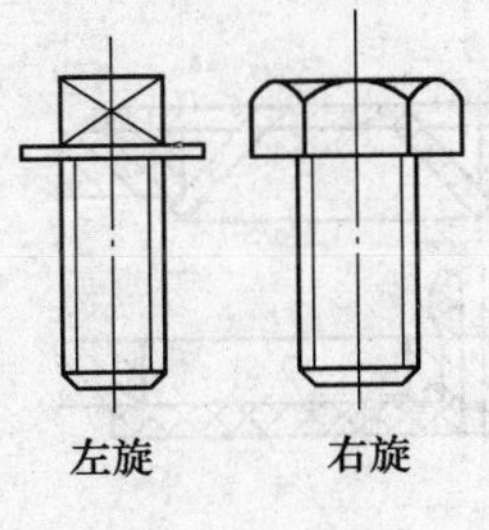

a)

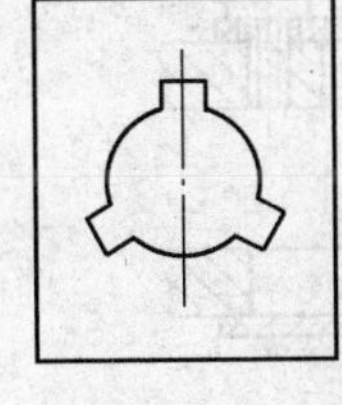

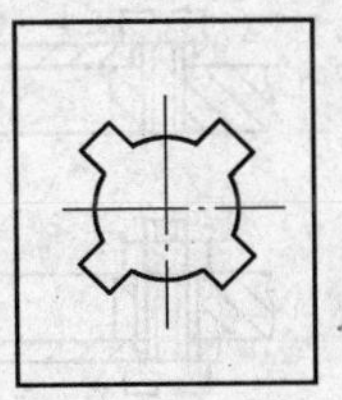

b)

图 7-35　便于方位识别的结构

果结构是对称结构，因彼此无差别，故不用识别，如图 7-35b 所示，将单数结构改为双数结构，则可达到不用识别的目的，这给自动化装配带来了方便，可以省去判别方向的过程。

零件在输送时，形状应简单、稳定，不易相互干扰或倾倒，如图 7-36 所示。其中，图 7-36a、c、e、g 所示的结构不利于输送，而图 7-36b、d、f、h 所示均为比较合理的结构形状。

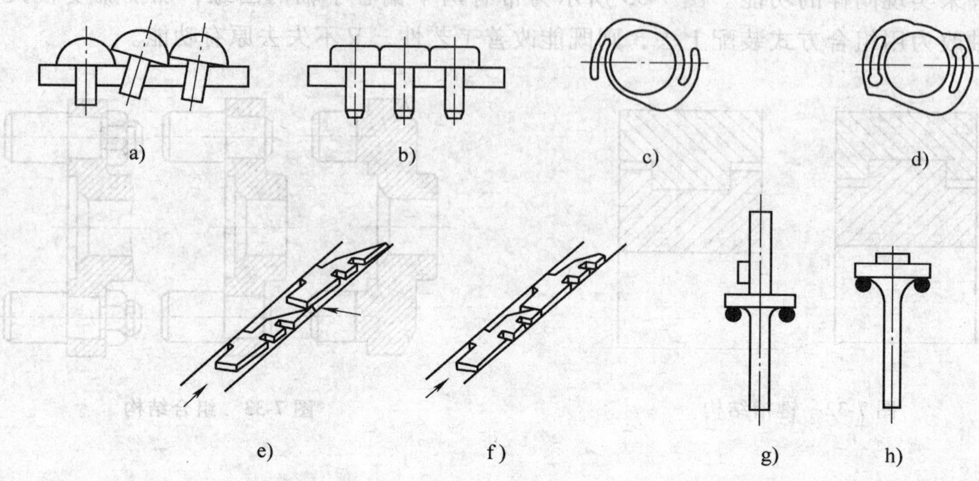

图 7-36　易于输送的结构形状比较

三、快动联接结构

快动联接结构通过零件的弹性变形达到联接的目的，因此要求联接件具有较好的弹性，多采用塑料或薄钢板材料。图 7-37 所示为螺纹联接结构（见图 7-37a）和经过改进的快动联接结构（见图 7-37b）对照图。由此可见，充分利用塑料零件弹性变形量大的特点，利用搭钩与凹槽实现联接，可使装配过程简单、准确、操作方便。

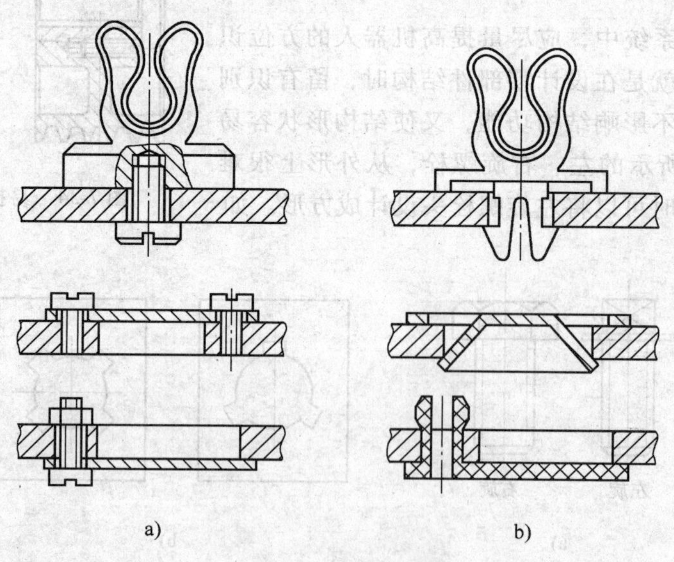

图 7-37　快动联接结构

图 7-38 所示为一组简单、容易装拆的吊钩结构。

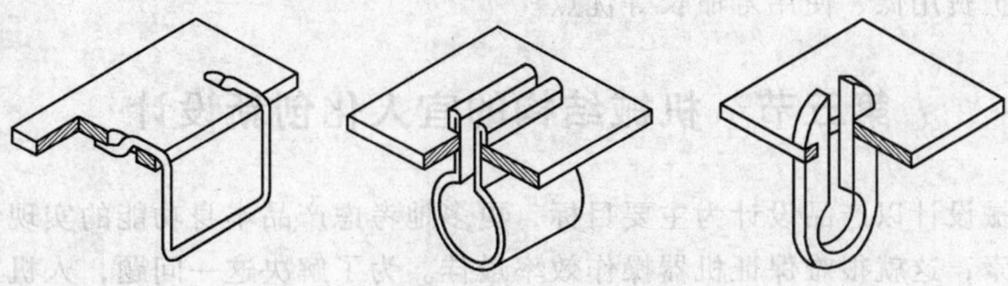

图 7-38　容易装拆的吊钩结构

四、弹性铰链结构

弹性铰链结构不是用运动副构成零部件之间的相对运动，而是通过某个零件的弹性变形构成两个零部件或一个零部件的不同部分之间的相对运动。由于省去了运动副，使得机械结构更简单，体积减小，使机器的制造、安装、调整及维护都很方便。现在使用这种方法设计的结构已经很多，例如，在计算机的软盘驱动器上有多处铰链，原设计中普遍采用传统的铰链设计方法（见图 7-39a），用销轴构造铰链，结构复杂，占用空间大。现在的软盘驱动器设计中将这多处铰链均改为弹性铰链结构，原来的销轴和轴承被一片焊接在两个部件之间的弹性金属片取代（见图 7-39b），靠金属片的弹性变形实现两个部件之间的相对转动，使结构简化。

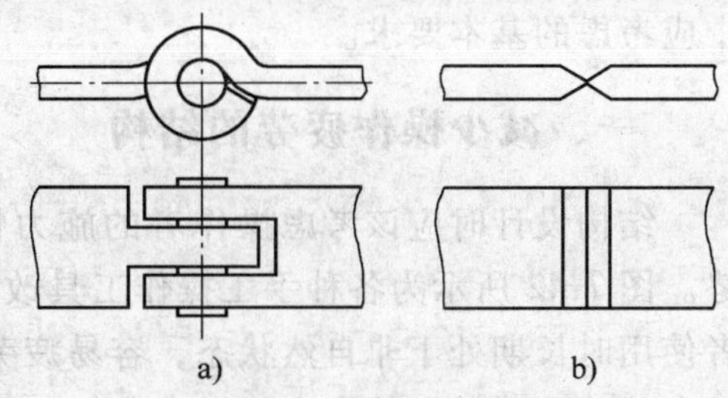

图 7-39　弹性铰链结构

图 7-40 所示的柔顺机构，它巧妙地将结构进行改造，由 A、B、C、D 四处薄而短的弹性元件构成的柔性关节即为弹性铰链结构，相当于分别具有扭转刚度 K_a、K_b、K_c、K_d 的弹簧，构件 1、2、3、4 是刚性构件。当原动件 1 上有驱动转矩 M_d 作用时，该机构由于各关节产生弹性变形运动，使构件 3 输出较小范围的角位移 φ，并承受阻力矩 M_r。可见该机构的 A、B、C、D 四个柔性关节，相当于铰链四杆机构的四个刚性回转副。图 7-41 所示为一手动夹钳，该工具是由一块实体材料制成的，柔顺机构在 A、B、C、D 四处制成柔性关节，当在 G 处施加外力 P 时，在 H 处的两爪能产生相对弹性位移，并产生夹紧力。也可根据工作需要，设计制造出带有部分刚性运动副、部分柔性关节、部分刚性构件、部分柔顺构件的机构。由以上例子可知，柔顺机构是通过结构创新后，由本身的预期弹性变形来实现运动和力

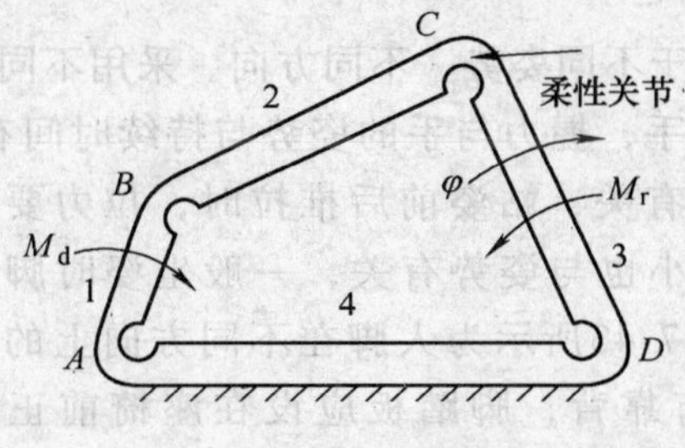

图 7-40　柔顺机构

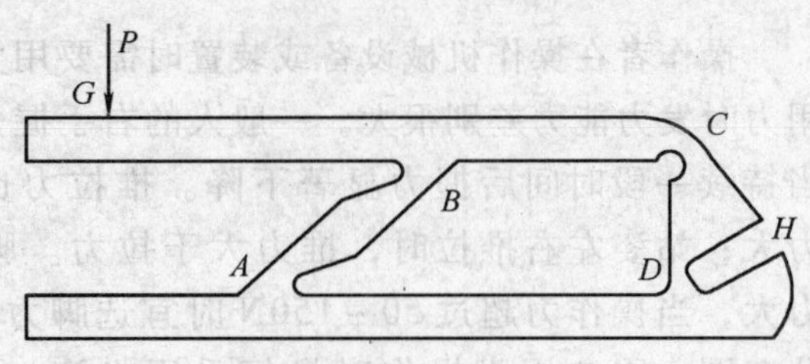

图 7-41　手动夹钳

的传递。它是一类没有刚性运动副、不需装配的新类型机构，具有体积小、重量轻、不需润滑、制造和维护费用低、使用寿命长等优点。

第五节 机械结构的宜人化创新设计

传统的机械设计以产品设计为主要目标，更多地考虑产品本身功能的实现，很少规范化地考虑人的因素，这就很难保证机器操作效率最佳。为了解决这一问题，人机工程学逐渐发展形成，它强调将人和机器作为相互联系的两个基本部分构成一个整体，形成人机系统。人机工程学是研究人的特性及工作条件与机器相匹配的科学，指出机器应具有什么样的条件才能使人付出适宜的代价后可获得整个系统的最佳效益，是以人为本的设计方法的一种创新。人机系统是在特定的环境中进行工作的，环境对人机系统的工作效能有很大影响。为了保持系统的高效率、可靠性和持久性，机械结构所创设的环境首先要保证对人体不造成伤害，其次还必须考虑操作者工作的舒适性，因此，对现有机械设备及工具的宜人化改进设计是机械结构创新设计的一种有效方法。下面基于操作者的生理和心里特点，分析机械结构创新设计中应考虑的基本要求。

一、减少操作疲劳的结构

结构设计时应该考虑操作者的施力情况，避免操作者长期处于一种非自然状态下的姿势。图 7-42 所示为各种手工操作工具改进前后的结构形状，改进前，结构形状呆板，操作者使用时长期处于非自然状态，容易疲劳；改进后，结构形状柔和，操作者在使用时基本处于自然状态，长期使用也不觉疲劳。

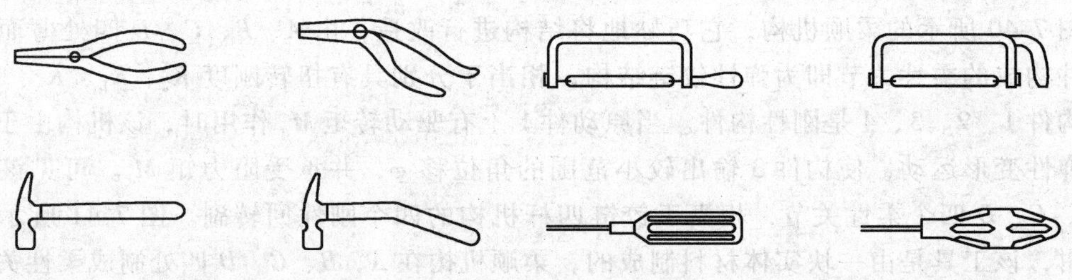

图 7-42 操作工具的结构改进

二、提高操作能力的结构

操作者在操作机械设备或装置时需要用力，人处于不同姿势、不同方向、采用不同手段用力时发力能力差别很大。一般人的右手握力大于左手，握力与手的姿势与持续时间有关，当持续一段时间后握力显著下降。推拉力也与姿势有关，站姿前后推拉时，拉力要比推力大；站姿左右推拉时，推力大于拉力。脚力的大小也与姿势有关，一般坐姿时脚的推力大，当操作力超过 50~150N 时宜选脚力控制。图7-43所示为人脚在不同方向上的力量分布图，因此用脚操作时最好采用坐姿，座椅要有靠背，脚踏板应设在座椅前正中位置。

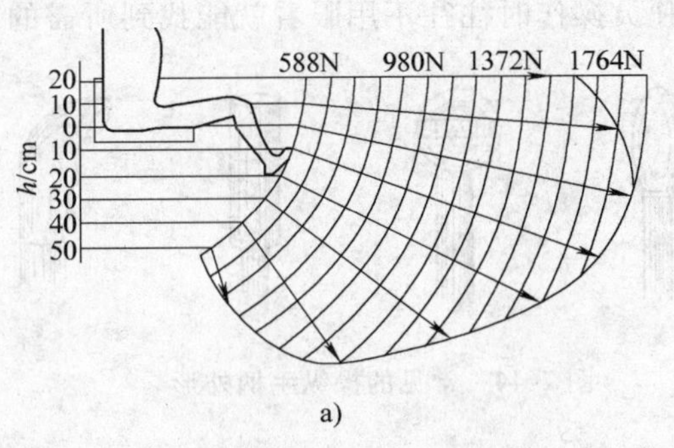

a)

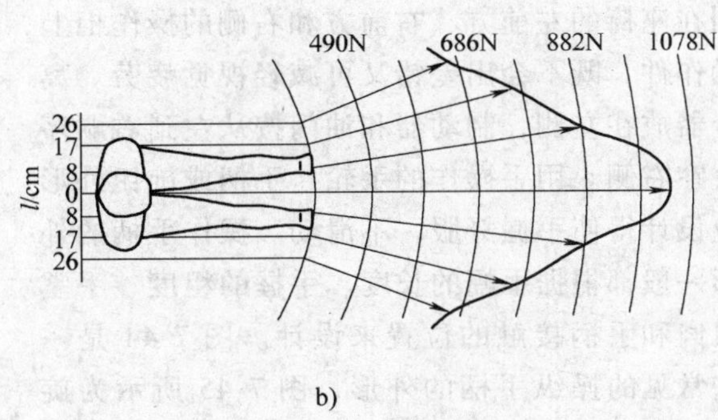

b)

图 7-43　脚的力量分布

三、减少观察错误的结构

操作者了解机器的工作情况主要是通过机器上设置的各种显示装置来获得，其中显示仪表应用最多。视觉疲劳而使精神紧张最容易发生操作失误，因此仪表的造型与排列在结构设计中占有很重要的位置。

仪表的造型设计和排列应依据显示器的功能特点和人的视觉特性来确定。人的正常视距为 46 ~ 71cm，视角为 39° ~ 41°，因此，在仪表显示结构设计中，仪表应设置在操作者正面视野内，最佳视距为 50 ~ 55cm；重要仪表不得超出 40°视角范围，常用仪表必须在 30°视角内。仪表高度最好与眼睛平齐，上下视线在 10° ~ 45°范围内。指针刻度间距摆角不得小于 10°，指针的宽度为 1.0 ~ 2.5mm，并应贴近刻度盘表面，以减少误差。当有多个仪表并列时，其正常位置变化所对应的指针方向应该相同，相关的仪表应分组集中摆放，有固定使用顺序的仪表应按使用顺序摆放。

试验表明：人在认读不同形式的显示器时正确认读的概率差别较大，试验结果见表 7-1。

表 7-1　不同形式刻度盘的误读率比较

	开　窗　式	圆　　形	半　圆　形	水 平 直 线	垂 直 直 线
刻度盘形式					
误读率	0.5%	10.9%	16.6%	27.5%	35.5%

四、减少操作错误的结构

操作器的设计应使操作者在较少视觉帮助或无视觉帮助下能够迅速准确地分辨出所需的操作器，并在正确了解机器工作情况的基础上对机器作出适当的调整，要实现这个基本要求，关键在于操作件的造型设计。操作件的造型包括几何尺寸、排列位置和外形设计。在确定几何尺寸时应使不同的操作件之间的尺寸差别足够明显；在排列位置上应符合人的生理特点，比如在拖拉机上操作件的排列位置一般将主变速杆、副变速杆、液压系统操纵杆分别排列在座椅的左前方、右前方和右侧的操作柜上，驾驶员操作时往往不用眼看就能找到所需的操作件，既不会出差错又可减轻视觉疲劳。离合器放在左侧，制动器和油门按从左到右顺序放在右侧。用手操作的手轮、手柄或旋钮外形应设计得使手握舒服，不滑动。操作手柄的外形一般都根据手幅的长度、手握的粗度、手掌肌肉和手柄接触的位置来设计。图 7-44 是一些常见的操纵手柄的外形，图 7-45 所示为旋钮的结构形状与尺寸建议。

图 7-44 常见的操纵手柄外形

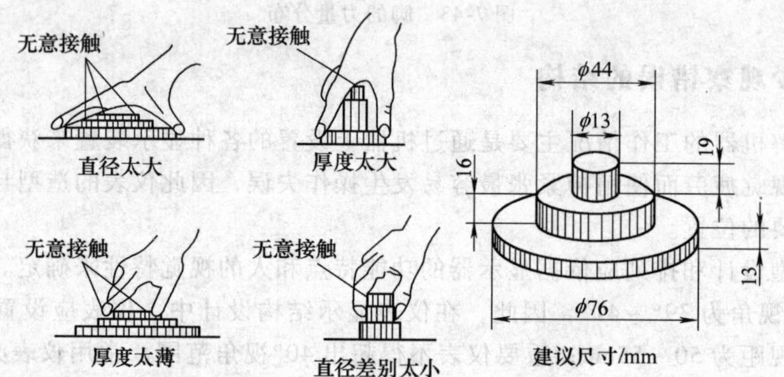

图 7-45 旋钮的结构形状与尺寸建议

第八章　机械产品的反求设计与创新

第一节　反求设计技术概述

一、反求设计在科技进步中的重要作用

当今世界科学技术的发展日新月异，产品的科技含量越来越高，世界已经进入了知识经济时代。由于各国科学技术发展的不平衡，经济发展速度的差距很大。一些发达国家在计算机技术、微电子技术、人工智能技术、生命科学技术、信息工程技术、材料科学技术、空间科学技术、制造工程技术等领域处于领先地位。把发达国家的先进科技成果加以引进、消化吸收、改进提高，再进行创新设计，进而发展自己的新技术，是发展本国经济的捷径，这一过程称为反求工程。据统计，各国 70% 以上的技术都来自外国，通过反求工程掌握这些先进技术是十分必要的，而在反求的基础上进行工程设计，起点高，更容易得到创新的产品。

第二次世界大战后的日本经济复兴就得益于开展反求工程。二战结束后，日本的国民经济处于瘫痪状态，1950 年的国民总产值仅为英国的 1/29，经济落后美国 30 年。日本把引进国外先进科学技术这一战略作为坚定不移的国策，其经济复苏很快。在引入技术的同时，日本十分注意对反求技术的研究，即对先进技术进行消化、吸收和国产化。他们的口号是：一代引进，二代国产化，三代改进出口，四代占领国际市场，其中在汽车、电子、光学设备和家电等行业上更为突出，通过成功运用反求技术，使日本政府节约了 65% 的研究时间和 90% 的研究经费。20 世纪 70 年代初，日本的工业已经达到欧美发达国家的水平。例如，日本本田公司对世界各国 500 多种型号的摩托车进行反求研究，对不同技术条件下的技术特点加以分析解剖，综合其优点，研制出耗油少、噪声小、成本低、造型美的新型本田摩托车，风靡世界；1957 年日本从奥地利引进顶吹氧气转炉，通过使用进行了多项技术改造，并在此基础上研制出新型转炉，作为专利向英、美、意等发达国家出口，6 年后日本转炉炼钢率竟位居世界之首。

因为研究和应用反求工程可以有效回避研究开发探索的风险，实现在高起点去创新产品，因此重视和研究反求工程的国家很多。我国是一个发展中国家，科学技术相对落后，投入大量资金去研究发达国家已推向市场的产品或技术是完全没有必要的，这不仅浪费资金，也拖延经济发展时间，而且涉及到发展经济的科技领域非常广泛，我国也缺少巨额资金去进行大面积的科技研究，因此，引入发达国家先进的科学技术或先进的产品，然后进行反求设计，创新设计出更新的产品，是我国发展科学技术、振兴国民经济的必由之路。

二、反求设计是创新设计的重要方法

反求设计是对先进的产品或技术进行分析研究，掌握其功能原理、零部件的设计参数、材料、结构、尺寸、关键技术等指标，再根据现代设计理论与方法，对原产品进行仿造设计、改进设计或创新设计。因为一个先进成熟的产品凝聚着原创者长期的研究、探索和实

践，要理解和吃透原创者的技术和思想，在某种程度上比自己创造难度还要大，因此，反求设计绝不是简单的仿造。反求设计强调在剖析先进产品时，要吃透原设计，找出原设计中的“绝招”、“诀窍”和关键技术，尤其是要找出原设计中的缺陷，然后进行再设计时突破原设计的局限，在较高的起点上，以较短的时间设计出竞争力更强的新产品，因此，反求设计已成为世界各国发展科学技术、开发新产品的重要设计方法之一。

一般情况下，有两种创新方式：第一种从无到有，完全凭借基本知识、思维、灵感与丰富的经验；第二种是从有到新，借助已有的产品、图样、音像等已存在的可感观的实物，创新出更先进、更完美的产品，反求设计就属于第二种创新方式。由于已存在真实的东西，人的设计方式是从形象思维开始的，用抽象思维去思考，这种思维方式符合大部分人所习惯的形象—抽象—形象的思维方式。由于对实物有了进一步的了解，并以此为参考，扬长避短，再凭借基本知识、思维、洞察力、灵感与丰富的经验，为创新设计提供了良好的环境，因此，反求设计是创新的重要方法之一。

反求设计具有生命力，这是因为：任何产品的设计、开发，总要借鉴、继承已有的知识和技术，市场上的产品总要被别人借鉴，青出于蓝而胜于蓝是发展规律，但是，新产品、新技术受有关法律的保护，这是国际性的共同行为规范。反求设计也应遵循这些行为规范，不能侵害别人的知识产权，所以反求设计绝对不是照抄照搬，创造性是反求设计的精髓所在。

从工程技术角度来看，反求设计对象类别综合起来可分为两类：一是已知实物的反求，又称硬件反求；二是已知技术资料的反求，又称软件反求。

三、反求设计的基本过程

基于引进技术的反求设计一般要经历以下过程：

（1）应用过程　在生产实践中逐步熟悉产品或设备的操作、使用与维修，使其在生产技术中发挥作用；然后，再结合软件资料，进一步了解它的结构、生产工艺、技术性能，尤其是要发现产品、设备的不足之处，做到“知其然”。

（2）消化过程　对引进产品、设备的设计原理、结构、材料、制造工艺、生产管理方法等进行深入研究，用现代设计理论、设计方法及测试手段对其性能进行计算测定，了解其材料配方、工艺流程、技术标准、质量控制、安全保护等技术条件，特别要找出它的关键技术及不足之处产生的根源，做到“知其所以然”。

（3）创新设计过程　在第二个过程的基础，再进行原理方案设计、技术设计等，但关键是要结合本国国情，博采众家之长，有所创新，开发设计出具有本国特色的新产品，并力争达到国际先进水平，实现技术从输入到输出的转化，创造出更大的经济效益。

反求设计方法在现阶段的基本设计思想是；分析已有的产品或设计方案，明确产品的各个组成部分并作适当的分解，明确产品不同部件之间的内在联系，包括功能联系、组装联系等；然后在更高的、更加抽象的设计层次上获取产品模型的表示方法；最后从功能、原理、布局等不同的需求角度对产品模型进行修改和再设计。

第二节　已知实物的反求设计与创新

实物反求设计是以已存在的产品实物为依据，对产品的功能原理、设计参数、尺寸、材料、结构、工艺装配、包装使用等进行分析研究，研制开发出与原型产品相同或相似的新产品，这是一个从认识产品到再现产品或创造性开发产品的过程。实物反求设计需要全面分析大量同类产品，以便取长补短，进行综合。

一、实物反求设计的种类及特点

1. 实物反求设计的种类

根据反求对象的不同，实物反求设计可分为三种：

1）整机的反求。反求对象是整台机器或设备，例如，发动机、机床、汽车；成套设备中的某一设备等。一些不发达国家在经济起步阶段常采用这种方法，以加快工业发展的速度。

2）部件的反求。反求对象是机械装置中的某一部件，例如，机床的主轴箱；汽车中的后桥；飞机的起落架等组件。反求部件一般是机械设备中的关键部件，也是先进产品中的技术控制部件，例如，空调、冰箱中的压缩机；数控机床中的虚拟系统。

3）零件的反求。反求对象是机械中的某些关键零件，例如，汽车后桥中的圆锥齿轮；发动机中的凸轮轴等。采用哪种反求技术完全取决于技术引入国家的引入目的、需求、科技水平和经济能力。

2. 实物反求设计的特点

实物反求设计具有以下几个特点：

1）具有直观形象的实物存在，有利于进行形象思维。

2）可对产品的功能、性能、材料、尺寸等直接进行测试与分析，以获得反求产品详细的设计资料。

3）仿制产品与引进产品具有可比性，有利于提高产品质量。

4）在仿制的基础上加以改进和创新，为开发新产品提供了有利条件。

实物反求虽形象、直观，但引进产品时费用较大，因此，要充分调研，确保引进项目的先进性与合理性。

二、实物反求设计的一般过程

图 8-1 所示为实物反求设计的一般流程图。

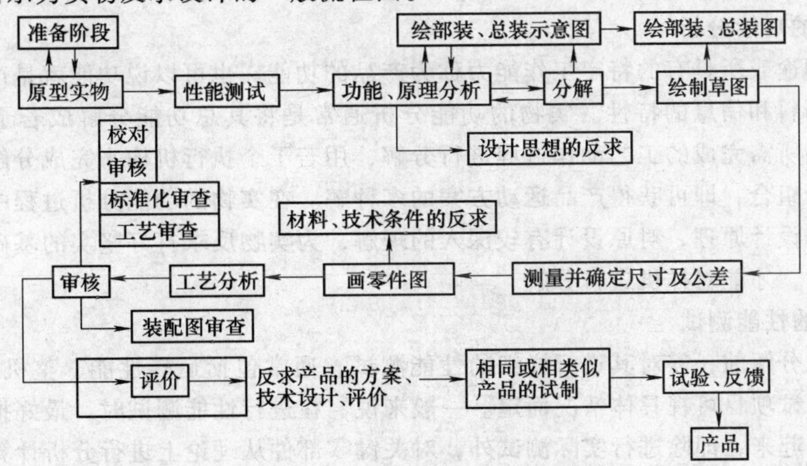

图 8-1　实物反求设计一般流程图

三、实物反求的准备过程

1. 决策准备

1）广泛收集国内外同类产品的设计、使用、实验、研究和生产技术等方面的资料，通过分析比较，了解同类产品及其主要部件的结构、性能参数、技术水平、生产水平和发展趋势。同时还应对国内企业进行调查，了解生产条件、生产设备、技术水平、工艺水平、管理水平及原有产品等方面的情况，以确定是否具备引进及进行技术反求设计的条件。

2）进行可行性分析研究，写出可行性研究报告。

3）在可行性分析的基础上进行项目评价工作，其主要内容包括：反求工程设计的项目分析；产品水平；市场预测；技术发展的可能性；经济效益。

2. 思想和组织准备

由于反求工程是复杂、细致、多学科且工作量很大的一项工作，因此需要各方面的人才，并且一定要有周密、全面的安排和部署。

3. 技术准备

主要是收集有关反求对象的资料并加以消化，通常需要收集以下两方面的资料：

1）收集反求对象的原始资料，主要包括产品说明书、维修维护手册、各类产品样本、维修配件目录、产品年鉴、广告、产品性能标签、产品证明书。

对于从国外进口的样机、样件，若能得到维修手册，将给测绘带来很大帮助。

2）收集有关分解、测量、制图等方面的方法、资料和标准，主要包括：机器的分解与装配方法；零件尺寸及公差的测量方法；制图及校核方法；标准资料；典型零件的测绘方法；标准件和外购件的说明书及有关资料；与样机相近的同类产品的有关资料。

其中，标准资料在测绘过程中是一种十分重要的参考资料，通过它可对各国产品的品种、规格、质量和技术水平有较深入的了解。

四、实物的功能分析和性能分析

1. 实物的功能分析

产品的用途或所具有的特定工作能力称为产品的功能。也可以说功能就是产品所具有的转化能量、物料和信息的特性。实物的功能分析通常是将其总功能分解成若干简单的功能元，即将产品所需完成的工艺动作过程进行分解，用若干个执行机构来完成分解所得的执行动作，再进行组合，即可获得产品运动方案的多种解。在实物的功能分析过程中，可明确各部分的作用和设计原理，对原设计有较深入的理解，为实物反求打好坚实的基础。明确各零部件的功能后，才能对样机进行分解。

2. 实物的性能测试

在对样机分解前，需对其进行详细的性能测试，通常包括运转性能、整机性能、寿命、可靠性等，测试项目可视具体情况而定。一般来说，在进行性能测试时，最好把实际测试与理论计算结合起来，即除进行实际测试外，对关键零部件从理论上进行分析计算，为自行设计积累资料。

五、零部件的测绘与分析

1. 实物的分解

在实物反求过程中，必须对样机进行分解，以便准确而方便地进行零件尺寸的测量、表面状况的分析及制定技术要求。实物分解时一般要遵循以下基本原则：

1）遵循能恢复原机的原则，即拆完后能按原样装配起来。

2）分解的零部件按机器的组成进行编号，并有专人保管。

3）拆后不易调整复位的零件、过盈配合的零件和一些不可拆连接，一般不进行分解。

4）分解过程中要做好分解记录，特别要注意记录难拆的零件和有装拆技巧的零件的分解过程，以减少恢复原机的困难。

实物分解的一般步骤如下：

1）拍照并绘制外轮廓图，并在其上标注相应的尺寸。主要有总体尺寸、安装尺寸、运动零件极限尺寸等。

2）将机器分解成各部件。为了记录整个实物及各部件的组成、零件的相应位置和传动关系，在拆卸前，应先画出装配结构示意图，且在拆卸过程中应不断改正和补充，特别要注意零件的作用和装配关系。

3）将各部件分解成零件。分解时要将分解的零件归类、记数、编号并保管好。

2. 测绘的一般方法

虽然被测绘零件的结构形状千差万别，在产品中所起的作用也各不相同，但通常将其分为一般零件、传动零件、标准件和标准部件等。测绘时要基本按比例画出零件草图，然后标注尺寸。测量尺寸时要注意以下问题：

1）必须正确使用测量仪器、工具。

2）测量零件上的一般尺寸时，应将所测尺寸数值按标准化数列进行圆整。在测量零件的重要相对位置尺寸时，应使用精密量具，并对所测尺寸进行必要的计算、核对，不应随意圆整。

3）对于零件标准化的结构，应将测得的数值按标准取为标准值。

4）对具有配合关系的零件，其配合表面的基本尺寸应取得一致，并按公差配合标准查出偏差值予以标注。

5）测量具有复杂形面的零件时，要边测量边画放大图，以检查测量中出现的问题，及时修正测量结果。

6）对于零件上磨损或损坏部分的结构形状和尺寸，应参考与其相邻的零件形状和相应尺寸或有关技术资料给予确定。

7）有些不能直接测量得到的尺寸，要根据产品性能、技术要求、工作范围等条件，通过分析计算求出来。

3. 实测尺寸数据的处理

实测尺寸不等于原设计尺寸，需要从实测尺寸推论出原设计尺寸。假设所测得零件尺寸均为合格尺寸，则实测值一定是图样上规定的公差范围内的某一数值，即零件的制造误差与测量误差之和必定小于或等于给定的公差，故实测值应在最大极限尺寸和最小极限尺寸之间。根据概率统计原理，零件尺寸的制造误差与测量误差的概率分布服从正态分布规律，尺寸误差位于公差中值的概率最大，这是处理实测数据的基础。

六、零件技术条件的反求

零件技术条件的确定，直接影响零件的制造、部件的装配和整机的工作性能。

1. 尺寸公差的确定

在反求设计中，零件的公差是不能测量的，故尺寸公差只能通过反求设计来解决。由于实测值是已知的，基本尺寸可以计算出来，因此二者的差值是可求的，再由二者的差值查阅公差表，并根据基本尺寸选择精度，按二者差值小于或等于所对应的公差的一半的原则，最后确定出公差的精度等级和对应的公差值。

2. 形位公差的确定

零件的几何形状及位置精度对机械产品的性能有很大影响，一般零件都要求在零件图上标注出形位公差，形位公差的选用和确定可参考 GB/T 1184—1996，它规定了标准的公差值和系数，为形位公差值的选用和确定提供了条件。具体选用时应考虑以下原则：

1）确定同一要素上的形位公差值时，形状公差值应小于位置公差值。要求平行的两个表面，其平面度公差值应小于平行度公差值。

2）圆柱类零件的形状公差值，一般情况下应小于其尺寸公差值。

3）形位公差值与尺寸公差值相适应。

4）形位公差值与表面粗糙度值相适应。

5）选择形位公差时，应对各种加工方法出现的误差范围有一个大致的了解，以便根据零件加工及装夹情况提出不同的形位公差要求。

6）参照验证过的实例，采用与现场生产的同类型产品图样或测绘样图进行对比的方法来选择形位公差。

3. 表面粗糙度值的确定

通常机械零件的表面粗糙度值可用粗糙度仪较准确地测量出来，再根据零件的功能、实测值、加工方法，参照国家标准，选择出合理的表面粗糙度。

4. 零件材料的确定

零件材料的选择直接影响到零件的强度、刚度、寿命、可靠性等指标，故材料的选择是机械创新设计中的重要问题。

1）材料的成分分析：材料的成分分析是指确定材料中的化学成分，可通过一些相应手段对材料的整体、局部、表面进行定性或定量分析。

2）材料的组织结构分析：材料的组织结构是指材料的宏观组织结构和微观组织结构。进行材料的宏观组织结构分析时，可用放大镜观察材料的晶粒大小、淬火硬层的分布、缩孔缺陷等情况。利用显微镜可观察材料的微观组织结构。

3）材料的工艺分析：材料的工艺分析是指材料的成形方法，最常见的工艺有铸造、锻压、挤压、烧结、焊接、机加工以及热处理等。

5. 材料的硬度分析

可通过硬度计测定材料的表面硬度，并根据硬度或表面处理的厚度判别材料的表面处理方法。一般情况下，利用喷丸、滚压等表面形变硬化手段形成的硬化层约为0.15～0.3mm；利用高频淬火形成的硬化层约为0.2～1.5mm；利用渗碳淬火形成的硬化层约为0.8～1.5mm；利用碳氮共渗形成的硬化层约为0.5～0.8mm，详细情况可查阅有关手册。通过对材料的分析，结合我国生产的材料的具体性能，选择合适的代用品。

七、关键零件的反求设计

实物易于仿造，但其中必有一些关键零件，也就是生产商要控制的技术，这些关键零件是反求的重点和难点。在进行实物反求设计时，要根据具体情况找出这些关键零件，如发动机中的活塞和凸轮轴、汽车主减速器中的锥齿轮等都是反求设计中的关键零件。对机械中的关键零件的反求成功，技术上就会有突破、就会有创新。一般情况下，关键零件的反求都需要较深的专业知识和技术。

八、机构系统的反求设计

机构系统的反求设计通常是根据已有的设备，画出机构系统的运动简图，对其进行运动分析、动力分析及性能分析，再根据分析结果改进机构系统的运动简图，它是反求设计中的重要创新手段。进行机构系统的反求设计时，要注意产品的设计策略反求。

第三节　已知技术资料的反求设计与创新

在技术引进过程中，把引进与产品生产有关的技术图样、产品样本、设计说明书、使用说明书、专利文献、操作说明、维修手册，以及有关管理、标准规范、影视图片、产品照片等技术文件称为软件引进。软件引进模式是以增强本国的设计、制造、研制能力为主要目的，它能促使技术进步和生产力发展。软件引进模式要比硬件引进模式经济，但却要求具备现代化的技术条件和高水平的科技人员。

一、技术资料反求设计的特点

（1）抽象性　由于引进的技术资料不是产品实物，可见性差，不如实物形象直观，因此，已知技术资料反求的过程是一个处理抽象信息的过程。

（2）智力性　已知技术资料反求的过程是利用逻辑思维分析技术资料到设计出新产品的形象思维过程，全靠人的脑力劳动，具有高度的智力性。

（3）科学性　从引进的技术资料中提取信息，经过科学的分析和反求，去伪存真，从低级到高级，逐步破译出反求对象的技术奥秘，从而获取接近客观的真值，具有高度的科学性。

（4）综合性　技术资料的反求设计要综合运用多学科知识，要集中多种专业人才协同工作，才能完成任务。

（5）创造性　各种技术资料都是为宣传、介绍、推广、使用技术成果服务的。发明人或企业推出自己的技术成果时，总是要对关键技术进行保密，所以各种技术资料都要经过保密处理，例如，产品照片总是把关键部位挡住，其保密部分总要加一些模糊性的定语。要想揭开关键技术的秘密，就要求反求设计人员具有创造性。

二、技术资料反求设计的方法

1. 图片资料的反求设计

图片反求资料容易获得，通过广告、照片、录像带可以获得有关产品的外形资料。20世纪70年代，我国代表团访问前苏联，在考察牙轮钻机时，对方不允许靠近钻机，只允许在100米外拍照，我国技术人员根据当时拍的照片，反求出我国第一台牙轮钻机，从而取代了落后的冲击式钻机，填补了我国钻机领域的空白。国外某杂志介绍一种结构小巧的“省力扳手”可以增力十几倍，用这种扳手给汽车换胎拧螺母，妇女、少年都能操作。根据其照片输入/输出轴及圆盘外廓，分析它采用了行星轮系，以大传动比减速增距，在此基础上设计的省力扳手，效果很好。

我国的国防工业在国外封锁、禁运的情况下，也是靠一些简单的图片资料，设计出我们自己的导弹和火箭。20世纪50年代的日本，靠收集到的几张数控机床的照片，研制开发出更为先进的数控机床，并返销美国，使美国人大吃一惊。因为廉价的图片易得，通过照片等图像资料进行反求设计逐步被采用，并引起世界各国的高度重视。

进行图片资料的反求设计时，可参考以下步骤：

1）收集影像资料。

2）根据影像资料进行原理方案分析，结构分析。

3）原理方案和技术设计的反求设计。

4）技术性能与经济性的评估。

2. 专利文献的反求设计

由于专利产品具有新颖性和实用性，因而专利技术越来越受到人们的重视，因此，对专利技术进行深入的分析研究，实行反求设计，已经成为人们开发新产品的一条途径。

专利文献资料包括：国家专利局公布的中国发明专利说明书，实用新型专利说明书等；世界各国公布的专利说明书；技术杂志、报刊对发明家和技术发明的专题介绍以及科技成果交易市场科技投资服务网和专利技术展销会公布的专利信息等。专利说明书是最主要的专利文献资料。

专利说明书的主要内容包括：说明书摘要（简介技术成果的组成结构、传动原理、技术特性、经济性及应用场合等）；权利要求书（说明专利技术要求保护的具体内容）；说明书（通过实例说明说明专利技术的具体构成、运动转换、性能分析及技术产品的优缺点等）和附图。专利说明书的这四个方面内容是专利文献反求的主要依据。

根据专利说明书进行反求设计的主要步骤是：

1）根据说明书摘要，判断专利技术的新颖性、实用性。

2）对照附图阅读说明书，并根据权利要求书判断专利的关键技术。

3）结合国情，分析专利技术产品化的可能性。

4）研究专利技术持有者的思维方法，以此为基础进行原理方案的反求设计。

5）在原理方案反求设计的基础上，提出改进方案，完成创新设计。

例如，我国江苏南通某大学曾借鉴1980年公布的一项美国专利文献提供的“带传动实验加载装置”专利，对其进行反求设计，成功地研制出一种新型交流电封闭加载带传动实验台。图8-2是美国专利技术提供的带传动实验台的基本组成形式，反求的关键技术是如何使主动带轮的转速保持恒定不变。

专利文献中提出在驱动电动机的电路中安装一个调压器。带轮的设计原则是使驱动电动机在低于其同步转速下进行运转，从动电动机在高于其同步转速下运转。经过对其进行分析后可知，异步电动机的最大转矩随电压的平方而变化，因而在同一负载下的转速也会发生变化。反求的结果是在从动电动机电路中也安装一个调压器，使两个调压器分别成为驱动电动机调速和从动电动机加载的控制器，实验效果良好。

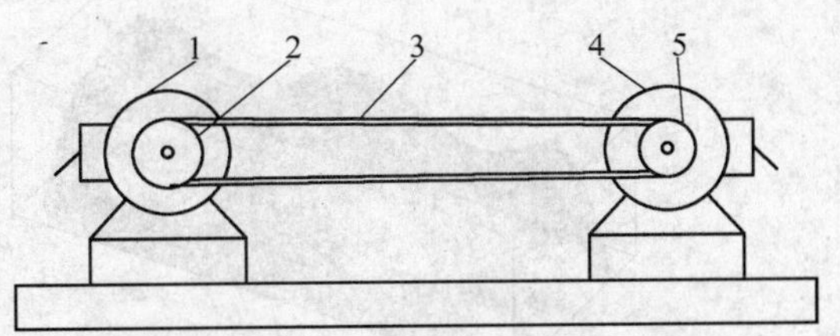

图 8-2　带传动实验台的基本组成形式
1—驱动电动机　2—主动带轮
3—传动带　4—从动电动机　5—从动带轮

第四节　计算机辅助反求设计

随着计算机技术的飞速发展，在反求设计中应用计算机辅助技术可大大缩短新产品开发周期。在实物反求设计中，尤其是象一些汽车覆盖件、叶片等自由曲面零件，计算机辅助设计已具有广泛的应用。

一、计算机辅助实物反求设计

计算机辅助实物反求首先要对实物零件进行参数、形体测量，然后根据测量数据通过计算机重构出实物的 CAD 模型。对于影像资料，则可利用摄像机将照片中的图像信息输入计算机，经过一定处理变换得到立体的图像和尺寸，从而反求出其形体和 CAD 模型。根据测量数据形成的 CAD 模型，在分析的基础上形成数控加工代码，通过数控机床加工出立体实物，或输入激光分层实体制造设备，利用堆积成形的原理，快速形成三维实体零件。

实物的计算机辅助反求设计过程简介如下：

1. 数据测量

采用三坐标测量仪、坐标高速扫描仪、激光扫描仪或 3D 数字仪等仪器，测量有关实物零件表面的形状和尺寸，将物理模型转化为测量数据点。

2. 数据处理

利用数字化数据处理系统将大量的测量数据进行编辑处理，删除噪声点，增加必要的补偿点，进行数据点加密和细化，并提出几种坐标变换（平移、旋转、缩放、镜面对称等）。

3. 数据输出

1）建立 CAD 模型：通过曲面拟合、曲面重构、三维建模建立相应的 CAD 几何模型。

2）产生 NC 轨迹：对有关数据进行刀具轨迹编辑，产生 NC 轨迹，进行机械加工。或形成 STL 文件，将信号输入有关设备进行快速原型制造。

图 8-3 所示为一健身器的反求设计，图 8-3a 为健身器扫描数据点云；图 8-3b 为重构曲面线框图，图 8-3c 为重构曲面光照图，图 8-3d 为重构曲面 NC 加工轨迹。

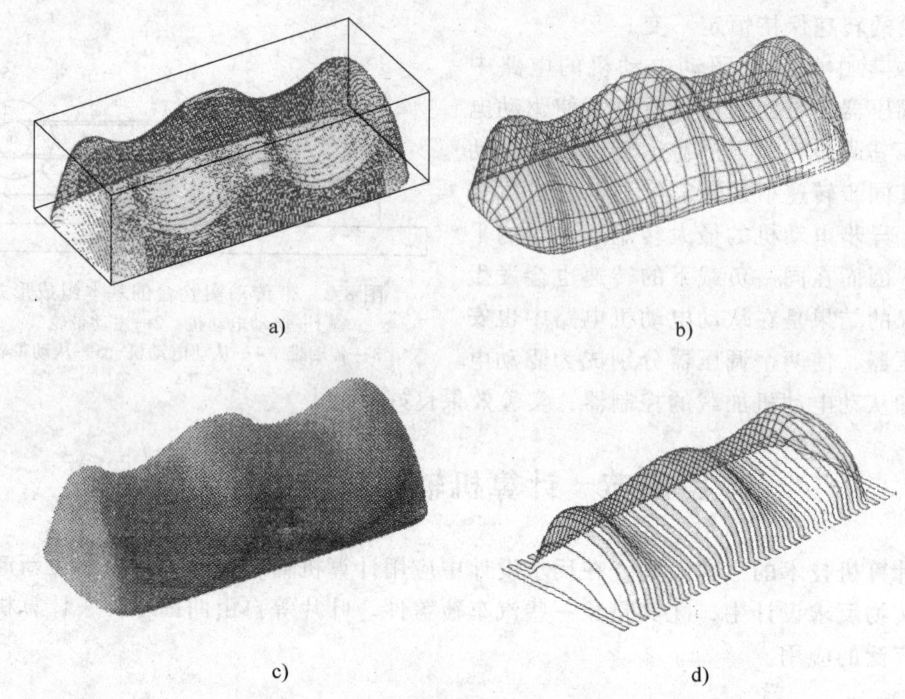

图 8-3　健身器的形体反求

a）健身器扫描数据点云　b）重构曲面线框图
c）重构曲面光照图　d）重构曲面 NC 加工轨迹

二、反求设计与快速成型技术

快速成型（Rapid Prototyping，简称为 RP）技术是一种基于离散堆积成型思想的新型成型技术，是集计算机、数控、激光和新材料等最新技术而发展起来的先进的产品研究与开发技术。

快速成型技术的基本过程如图 8-4 所示，主要有以下几个基本步骤：

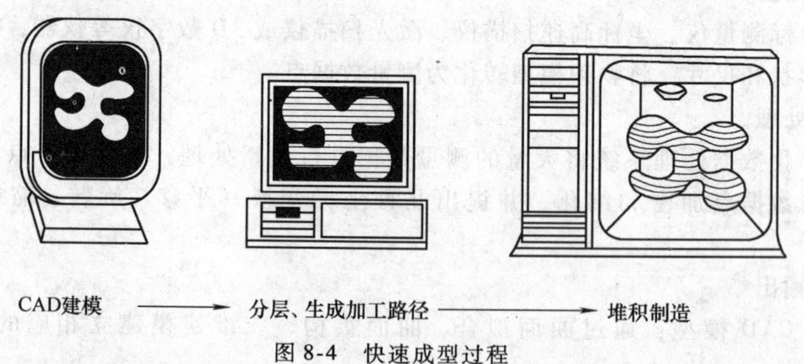

图 8-4　快速成型过程

1）由 CAD 软件设计出所需零件的计算机三维曲面或实体模型。

2）将三维模型沿一定方向（通常为 Z 方向）离散成一系列有序的二维层片即为分层。

3）根据每层轮廓信息，进行工艺规划，选择加工参数，自动生成数控代码。

4）成型机制造一系列层片并自动将它们联接起来，得到三维物理实体。

这样将一个物理实体的复杂的三维加工离散成一系列层片的加工，大大降低了加工难度，且成型过程的难度与待成型的物理实体形状和结构的复杂程度无关。

快速成型技术不受模型几何形状的限制，可以快速的将测量数据复原成实体模型，所以反求工程与RP技术的结合，实现了零件的快速三维拷贝。若经过CAD重新建模或快速成型工艺参数的调整，还可以实现零件或模型的变异复原。

反求设计与RP技术相结合的过程如图8-5所示。

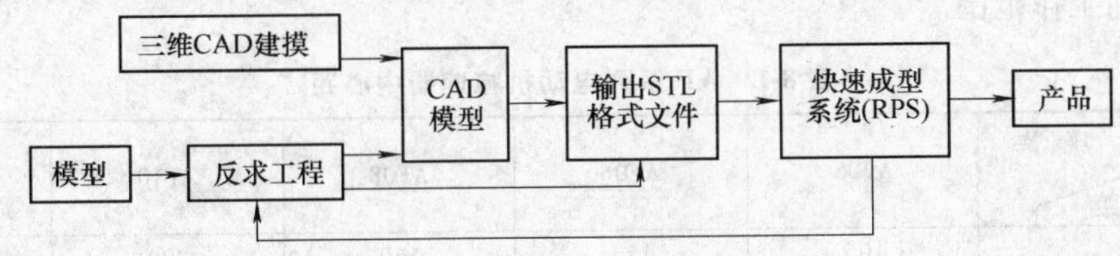

图8-5　反求设计与RP技术

为了快速实现产品开发，设计工程师常常要以已知的样件（模型）为依据或参考原形进行仿形、改造设计或工业造型设计。例如，在摩托车、汽车车身覆盖件及装饰件等的工业设计和详细设计中，形状独特而复杂的自由曲面件一般不能直接建立CAD模型，往往是以制件模型（如粘土模型、油泥模型等）或经过手工进行修改后的样件为设计原形，这时就要求根据这些模型或实物的表面测量数据，基于新的设计概念和功能描述重构CAD模型，然后进行快速成型并进行反复优化评估，直至得到满意的设计结果。

例如，高尔夫球头的设计过程往往需要一个或几个模型进行样式的创意和评估，这种模型一般都是用铜料手工制作的，并且一般是壁厚尺寸为1.5~2.5mm的中空结构。虽然制作的模型能充分体现球头的样式和形象感觉，但是由于与真实球头的重量差别很大，不能进行打击实验。反求设计与RP技术相结合可以解决这个问题：首先用激光扫描仪对原模型进行扫描测量，将测量数据直接转换成STL（Stereo-Lithography）文件，再对STL格式表达的实心模型进行镂空处理，使之成为空心的结构模型；再利用快速成型技术制作出空心球头的铸造模芯，经过精密铸造就可得到钛合金的球头样件。这时的样件已成为具有使用功能的样件，利用它可对该球头的设计进行重量、重心、击打感觉评价。

在反求设计中应用快速成型技术可以大大缩短产品的生产周期，降低产品成本。比如加拿大Calgary的一家自行车轮胎制造厂，用传统方法设计制作一套轮胎母模要花费6~8周时间。在使用了快速成型机将快速成型技术与反求设计方法相结合后，仅用了短短的8小时，便制作出了所需的模型，工效提高了40倍。

第五节　电动机减速器的反求设计

一、原产品的分析

反求对象为德国某公司AF系列电动机减速器，有装配简图一张及图上所示部分参数。

1. 设计特点分析

1）电动机通过三级斜齿轮减速，输出较低转速和较大转矩，电动机减速器装置在生产中有较广泛的应用。

2）结构紧凑

① 采用锥形转子电动机，停车时能自动制动，不必用制动器。

② 齿轮全部采用硬齿面 20CrNiMo 钢渗碳淬火，传递载荷大。

③ 齿轮与轴之间采用过盈配合，减少轴向固定元件。

3）按系列产品设计，有 5 种基座号，中心距见表 8-1，中心距公比 $\Phi_a=1.25$（$R10$ 系列）；每种中心距的传动比 $i=9\sim180$，有 23 种传动比，传动比公比 $\Phi_i=1.12$（$R20$ 系列），能适应较宽的工作范围。

表 8-1　AF 系列电动机减速器中心距

机座号 / 中心距	AF05	AF06	AF08	AF10	AF12
a	105	125	160	200	250
a_1	33	41	51	64	81.6
a_2	41	51	64	81.6	120
a_3	65	74	92	120	151

2. 存在问题

1）参数不甚合理，很多主要参数包括中心距都未采用优先数，三级齿轮强度不匹配。

2）系列产品中模块化设计特点不够突出。

3）若想使硬齿面齿轮广泛用于我国，还需探索更适合中小企业工厂水平的加工工艺。

二、反求设计

1. 优化参数

减速器为三级齿轮减速器，传动图如图 8-6 所示，进行参数优化。

（1）针对使用需要和我国标准，确定齿轮减速器的工作范围和参数。总中心距 $a=100\sim315\text{mm}$，有 6 种（$\Phi_a=1.25$）。

总中心距与分中心距皆定为优先数，且每种基座号后面两级齿轮与高一级基座号前两级齿轮中心距一致，便于齿轮模块通用，中心距分配见表 8-2。

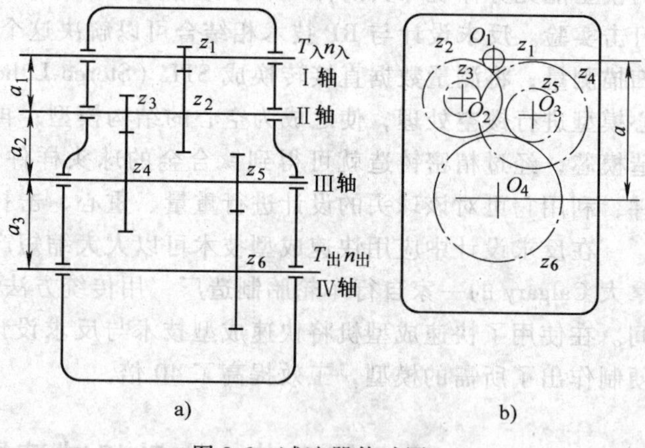

图 8-6　减速器传动图

表 8-2　新减速器系列中心距

机座号 / 中心距	01	02	03	04	05	06
a	105	125	160	200	250	315
a_1	40	50	63	80	100	125
a_2	50	63	80	100	125	160
a_3	63	80	100	125	160	200

各中心距齿轮传动比 $i=9\sim160$，有 22 种（$\Phi_i=1.12$），共组成 132 种不同规格的减速器。

（2）以三级齿轮传动接触强度等强度为目标，进行参数优化设计，承载能力比原设计提高 20%。

2. 模块化系列设计

（1）减速器的模块设计

如图 8-7 所示，对减速器进行功能分析，建立齿轮、轴、轴承、密封件等功能模块，尽量考虑全系列中模块的通用性，如，齿轮设计经优化分析，统一取螺旋角 $\beta=15°$；齿宽系数 $\Psi_a=0.4$；模数、齿数、变位系数等也尽量取成一致。设计中，齿轮、轴、箱体等主要零部件通用化率平均值为 83.56%。

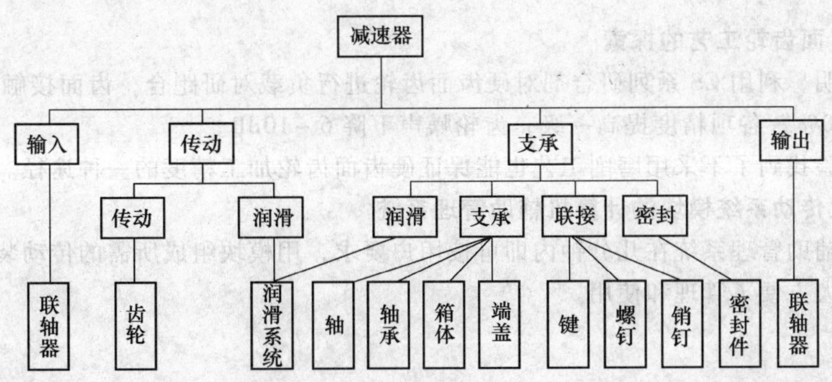

图 8-7　减速器的功能及功能模块

（2）模块化的传动装置系列

为满足用户需要，提供使用范围更广泛的传动装置系列，除保证 132 种传动比的减速装置外，进一步设计不同动力源、力流转向、输出方式和安装方式的传动装置。

传动装置功能模块的形态学矩阵见表 8-3。

表 8-3　传动装置的形态学矩阵

	功能模块				
分功能	动力源	锥形转子电动机	三相异步电动机	直流电动机	（无电动机）
	力流转向	锥齿轮箱	（无转向机构）		
	联接轴	梅花联轴器	弹性柱销联轴器		
	降速增矩	齿轮减速器（132 种）			
	输出	内花键	外花键	圆柱轴平键	双出轴
	安装方式	轴装式	固定式		

可组合出不同传动参数的减速器和电动机减速器（一般功能或有制动功能）上万种，供用户选用，传动装置的几种基本结构如图 8-8 所示。

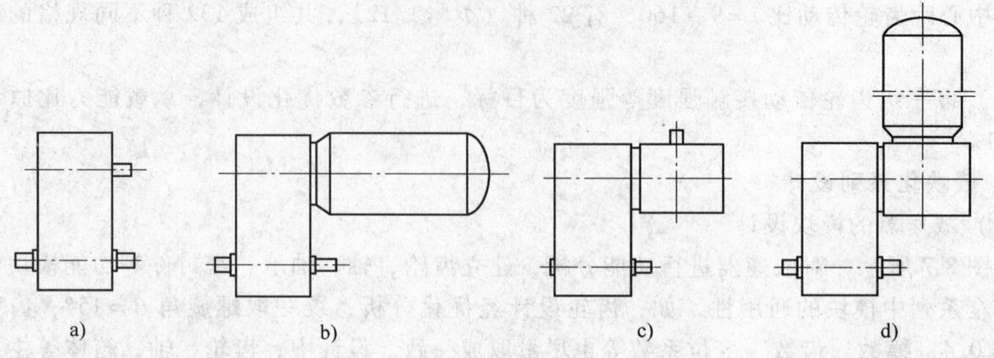

图 8-8 传动装置的几种基本结构

a）减速器 b）电动机减速器 c）带转向系统的减速器 d）带转向系统的电动机减速器

3. 硬齿面齿轮工艺的探索

试验证明，利用 CS 系列研合剂对硬齿面齿轮进行负载对研跑合，齿面接触斑点由 30% 提高至近 100%，各项精度提高一级，齿轮噪声下降 6～10dB。

通过试验找到了不采用磨削工艺也能保证硬齿面齿轮加工精度的一种途径。

4. 建立传动系统模块的计算机辅助管理系统

计算机辅助管理系统在几分钟内即可按用户要求，用模块组成所需的传动装置，并给出明细表，大大方便了管理和使用。

第九章　基于 TRIZ 理论的创新设计

第一节　TRIZ 发明问题解决理论概述

TRIZ（系俄文字母对应的拉丁字母缩写）的含义是发明问题解决理论，起源于前苏联，英译为 Theory of Inventive Problem Solving，英文缩写为 TIPS。1946 年，以前苏联海军专利部阿奇舒勒（G. S. Altshuller）为首的专家开始对数以百万计的专利文献加以研究，经过 50 多年的收集整理、归纳提炼，发现技术系统的开发创新是有规律可循的，并在此基础上建立了一整套系统化的、实用的解决创造发明问题的方法。TRIZ 理论认为：发明问题的核心是解决冲突，在设计过程中，不断地发现冲突，利用发明原理解决冲突，才能获得理想的产品。TRIZ 是基于知识的、面向人的解决发明问题的系统化方法学，其核心是技术系统进化原理，该理论的主要来源及构成如图 9-1 所示。

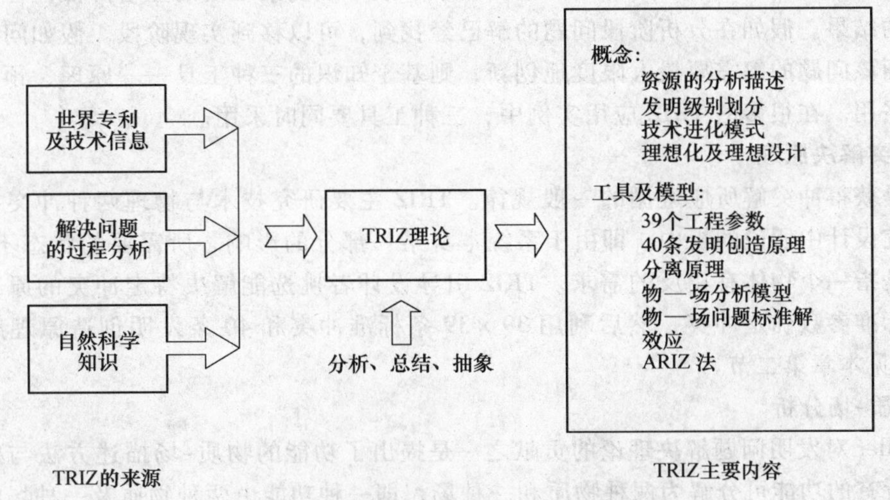

图 9-1　TRIZ 理论的主要来源及构成

利用 TRIZ 理论，设计者能够系统地分析问题，快速发现问题本质或者冲突，打破思维定势，拓宽思路，正确地发现产品设计中需要解决的问题，以新的视角分析问题，根据技术进化规律预测未来发展趋势，找到具有创新性的解决方案，从而提高发明的成功率，缩短发明的周期，也使发明问题具有可预见性。因此 TRIZ 理论可以加快人们创造发明的进程，而且能得到高质量的创新产品，是实现创新设计和概念设计的最有效方法。

由于 TRIZ 将产品创新的核心——产生新的工作原理的过程具体化了，并提出了规则、算法、与发明创造原理供设计和研究人员使用，使它成为一种较为完善的创新设计理论。

一、TRIZ 理论的主要内容

TRIZ 理论主要包括以下内容：

1. 产品进化理论

发明问题解决理论的核心是技术系统进化理论，该理论指出技术系统一直处于进化之中，解决冲突是进化的推动力。进化速度随着技术系统一般冲突的解决而降低，使其产生突变的唯一方法是解决阻碍其进化的深层次冲突。TRIZ 中的产品进化过程分为四个阶段：婴儿期、成长期、成熟期和退出期。处于前两个阶段的产品，企业应加大投入，尽快使其进入成熟期，以使企业获得最大的效益；处于成熟期的产品，企业应对其替代技术进行研究，使产品取得新的替代技术，以应对未来的市场竞争；处于退出期的产品使企业利润急剧下降，应尽快淘汰。这些可以为企业产品规划提供具体的、科学的支持。产品进化理论还研究产品进化模式、进化定律与进化路线，沿这些路线设计者可较快地取得设计中的突破。

2. 分析

分析是 TRIZ 的工具之一，是解决问题的一个重要阶段，它包括：产品的功能分析、理想解的确定、可用资源分析和冲突区域的确定。功能分析的目的是从完成功能的角度分析系统、子系统和部件。该过程包括裁减，即研究每一个功能是否必要，如果必要，系统中的其他元件是否可以完成其功能。设计中的重要突破、成本或复杂程度的显著降低往往是功能分析及裁减的结果。假如在分析阶段问题的解已经找到，可以移到实现阶段。假如问题的解没有找到，而该问题的解需要最大限度地创新，则基于知识的三种工具——原理、预测和效应等都可以采用。在很多的 TRIZ 应用实例中，三种工具要同时采用。

3. 冲突解决原理

原理是获得冲突解所应遵循的一般规律。TRIZ 主要研究技术与物理两种冲突，技术冲突是指传统设计中所说的折中，即由于系统本身某一部分的影响，所需要的状态不能达到；物理冲突是指一个物体有相反的需求。TRIZ 引导设计者挑选能解决特定冲突的原理，其前提是要按标准参数确定冲突，然后利用 39×39 条标准冲突和 40 条发明创造原理解决冲突(详细介绍见本章第二节)。

4. 物质-场分析

Altshuller 对发明问题解决理论的贡献之一是提出了功能的物质-场描述方法与模型，其原理为：所有的功能可分解为两种物质和一种场，即一种功能由两种物质及一种场的三元件组成。产品是功能的一种实现，因此可用物质-场分析产品的功能，这种分析方法是 TRIZ 的工具之一。

5. 效应

效应指应用本领域特别是其他领域的有关定律解决设计中的问题，如采用数学、化学、生物和电子等领域中的原理解决机械设计中的创新问题。

6. 发明问题解决算法 ARIZ

TRIZ 认为，一个问题解决的困难程度取决于对该问题的描述或程式化方法，描述的越清楚，问题的解就越容易找到。TRIZ 中发明问题求解的过程是对问题不断地描述、不断地程式化的过程。经过这一过程，初始问题最根本的冲突被清楚地暴露出来，能否求解已很清楚。如果已有的知识能用于该问题则有解；如果已有的知识不能解决该问题则无解，需等待自然科学或技术的进一步发展。该过程是靠 ARIZ 算法实现的。

ARIZ（Algorithm for Inventive Problem Solving）称为发明问题解决算法，是 TRIZ 的一种主要工具，是解决发明问题的完整算法。该算法主要针对问题情境复杂、冲突及其相关部件不明确的技术系统，通过对初始问题进行一系列分析及再定义等非计算性的逻辑过程，实现对问题的逐步深入分析和转化，最终解决问题。该算法特别强调冲突与理想解的程式化，一方面技术系统向理想解的方向进化，另一方面如果一个技术问题存在冲突需要克服，该问题就变成一个创新问题。

ARIZ 中，冲突的消除有强大的效应知识库的支持。效应知识库包括：物理效应、化学效应、几何效应等。作为一种规则，经过分析与效应的应用后，问题仍无解，则认为初始问题定义有误，需对问题进行更一般化的定义。

应用 ARIZ 取得成功的关键在于：没有理解问题的本质前，要不断地对问题进行细化，一直到确定了物理冲突，该过程及物理冲突的求解已有软件支持。

二、TRIZ 理论的重要发现

在技术发展的历史长河中，人类已完成了许多产品的设计，设计人员或发明家已经积累了很多发明创造的经验。G. S. Altshuller 研究发现：

1）在以往不同领域的发明中所用到的原理（方法）并不多，不同时代的发明，不同领域的发明，其应用的原理（方法）被反复利用。

2）每条发明原理（方法）并不限定应用于某一特殊领域，而是融合了物理原理、化学原理和各工程领域的原理，这些原理适用于不同领域的发明创造和创新。

3）类似的冲突或问题与该问题的解决原理在不同的工业及科学领域交替出现。

4）技术系统进化的模式（规律）在不同的工程及科学领域交替出现。

5）创新设计所依据的科学原理往往属于其他领域。

三、TRIZ 解决发明创造问题的一般方法

最早的发明问题是靠试错方法，即不断地选择各种方案来解决问题。在此过程中，人们积累了大量的发明创造经验与有关物质特性的知识，利用这些经验与知识提高了探求的方向性，使解决发明问题的过程有序化。同时发明问题本身也发生了变化，随着时间的推移越来越复杂，直至今天，要想找到一个需要的解决方案，也得做大量的无效尝试。现在需要新的方法来控制和组织创造过程，从根本上减少无效尝试的次数，以便有效地利用新方法，因此，必须有一套有科学依据的并行之有效的解决发明问题的理论。

TRIZ 解决发明创造问题的一般方法是：设计者首先应将需要解决的特殊问题加以定义和明确；其次利用物-场分析等方法，将需要解决的特殊问题转化为类似的标准问题；然后利用 TRIZ 中的解决发明问题的原理和工具，求出该标准问题的标准解决方法；最后，根据类似的标准解决方法的提示并应用各种已有的技术知识，就可以构思解决特殊问题的创新设计方法了。TRIZ 解决发明创造问题的一般方法可用图 9-2 表示，图中的 39 个工程参数和 40 个解决发明创造的原理将在后面介绍。

例 9-1　需要设计一台旋转式切削机器，该机器需要具备低转速（100r/min）、高动力以取代一般高转速（3600r/min）的交流电动机。具体的分析解决该问题的框图如图 9-3

所示。

四、发明创造的等级划分

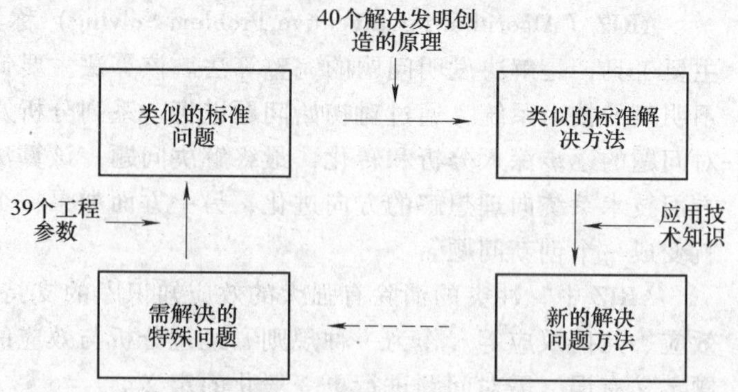

图 9-2 TRIZ 解决发明创造问题的一般方法

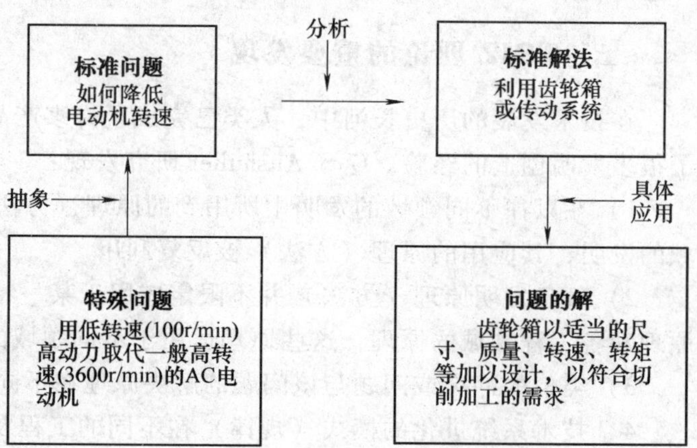

图 9-3 设计低转速高动力机器分析框图

TRIZ 通过分析专利发现，各国家不同的发明专利，内部蕴含的科学知识、技术水平都有很大的区别和差异。以往在没有分清这些发明专利的具体内容时，很难区分出不同发明专利的知识含量、技术水平、应用范围、重要性、对人类贡献的大小等问题，因此，应把发明专利依据其对科学的贡献程度、技术的应用范围及为社会带来的经济效益等情况，划分一定的等级加以区别，以便更好的推广应用。TRIZ 理论将发明专利或发明创造分为以下 5 个等级：

1）第 1 级为通常的设计问题，或对已有系统的简单改进。这一类问题的解决主要凭借设计人员自身掌握的知识和经验，不需要创新，只是知识和经验的应用。如，用厚隔热层减少建筑物墙体的热量损失，用承载量更大的重型卡车替代轻型卡车，以实现运输成本的降低。

该类的发明创造或发明专利占所有发明创造或发明专利总数的 32%。

2）第 2 级为通过解决一个技术冲突对已有系统进行少量改进。这一类问题的解决主要采用行业内已有的理论、知识和经验即可实现。解决这类问题的传统方法是折中法，如在焊接装置上增加一个灭火器、可调整的方向盘等。

该类的发明创造或发明专利占所有发明创造或发明专利总数的 45%。

3）第 3 级为对已有系统的根本性改进。这一类问题的解决主要采用本行业以外的已有方法和知识解决该问题，如，汽车上用自动传动系统代替机械传动系统；电钻上安装离合器；计算机上用的鼠标等。

该类的发明创造或发明专利占所有发明创造或发明专利总数的 18%。

4）第 4 级为采用全新的原理完成对已有系统基本功能的创新。这一类问题的解决主要从科学的角度而不是从工程的角度出发，充分挖掘和利用科学知识、科学原理实现新的发明创造，如，第一台内燃机的出现、集成电路的发明、充气轮胎的发明、记忆合金制成的锁、虚拟现实的出现等。

该类的发明创造或发明专利占所有发明创造或发明专利总数的 4%。

5）第 5 级为罕见的科学原理导致一种新系统的发明、发现。这一类问题的解决主要是依据自然规律的新发现或科学的新发现，如，计算机、形状记忆合金、蒸汽机、激光、晶体管等的首次发现。

该类的发明创造或发明专利不足所有发明创造或发明专利总数的 1%。

实际上，发明创造的级别越高，获得该发明专利时所需的知识就越多，这些知识所处的领域就越宽，搜索有用知识的时间就越长。同时，随着社会的发展、科技水平的提高，发明创造的等级随时间的变化而不断降低，原来最初的最高级别的发明创造逐渐成为人们熟悉和了解的知识。发明创造的等级划分及领域知识见表 9-1。

表 9-1　发明创造的等级划分及领域知识

发明创造级别	创新的程度	比例	知识来源	参考解的数量
1	明确的解	32%	个人的知识	10
2	少量的改进	45%	公司内的知识	100
3	根本性的改进	18%	行业内的知识	1000
4	全新的概念	4%	行业以外的知识	10000
5	发现	<1%	所有已知的知识	100000

由表 9-1 可以发现：95% 的发明专利是利用了行业内的知识，只有少于 5% 发明专利是利用了行业外的及整个社会的知识，因此，如果企业遇到技术冲突或问题，可以先在行业内寻找答案；若不可能，再向行业外拓展，寻找解决方法。若想实现创新，尤其是重大的发明创造，就要充分挖掘和利用行业外的知识，正所谓“创新设计所依据的科学原理往往属于其他领域”。

五、TRIZ 理论的应用

经过多年的发展和实践的检验，TRIZ 理论已经形成了一套解决新产品开发问题的成熟理论和方法体系，不仅在前苏联得到了广泛的应用，而且在美国的很多企业，如，波音、通用和摩托罗拉等公司的新产品开发中得到了应用，取得了重大的经济效益和社会效益。TRIZ 理论广泛应用于工程技术领域，目前已逐步向其他领域渗透和扩展，应用范围越来越广，由原来擅长的工程技术领域分别向自然科学、社会科学、管理科学、教育科学、生物科学等领域发展，用于指导各领域矛盾问题的解决。Rockwell Automotive 公司针对某型号汽车的刹车系统，应用 TRIZ 理论进行了创新设计，通过 TRIZ 理论的应用，刹车系统发生了重要的变化，系统由原来的 12 个零件缩减为 4 个，成本减少 50%，但刹车系统的功能却没有变化。Ford Motor 公司遇到了推力轴承在大负荷时出现偏移的问题，通过应用 TRIZ 理论，产生 28 个问题的解决方案，其中一个非常吸引人的是利用小热膨胀系数的材料制造这种轴承，最后很好地解决了推力轴承在大负荷时出现偏移的问题。在俄罗斯，TRIZ 理论的培训已扩展到小学生、中学生和大学生，其结果是学生们正在改变他们思考问题的方法，能用相对容易的方法处理比较困难的问题，使其创新能力迅速提高，因此，TRIZ 理论在培养青少年创造性人才的发展过程中，具有巨大的社会意义。

第二节 设计中的冲突及其解决原理

一、冲突的概念及其分类

1. 冲突的概念

任何产品都包含一个或多个功能，因此产品是功能的实现载体，为了实现这些功能，产品由具有相互关联的多个零部件组成；为了提高产品的市场竞争力，需要不断根据市场的潜在需求对产品进行改进设计。当改变某个零部件的设计，即提高产品某方面的性能时，可能会影响到与其相关联的零部件，结果可能使产品另外一些方面的性能受到影响，如果这些影响是负面影响，则设计出现了冲突。例如，为了实现轴上零件的固定，当采用螺母固定时，需要在轴上加工螺纹，虽然达到了固定的目的，但却削弱了轴的强度。

冲突普遍存在于各种产品的设计中，而创新正是在解决冲突中产生的。当产品一个技术特征参数的改进对另一个技术特征参数产生负面影响时，就产生了冲突。按传统设计中的折中法，冲突并没有得到彻底解决，只是在冲突双方取得折中方案，或称降低冲突的程度。TRIZ 理论认为，产品创新的核心是解决设计中的冲突，产生新的有竞争力的解，未克服冲突的设计不是创新设计。产品进化过程就是不断地解决产品所存在冲突的过程，一个冲突解决后，产品进化过程处于停顿状态；之后的另一个冲突解决后，产品移到一个新的状态。设计人员在设计过程中不断地发现并解决冲突，是推动产品向理想化方向进化的动力。

2. 冲突的分类

发明问题的核心就是解决冲突，而解决冲突所应遵循的规则是：改进系统中的一个零部件性能的同时，不能对系统中其他零部件的性能造成负面影响。冲突可分为物理冲突和技术冲突，对于物理冲突可以采用分离原理寻找解决方案；对于技术冲突，则利用冲突矩阵找到相应的发明原理，找出解决冲突的方法。冲突解决流程如图 9-4 所示。

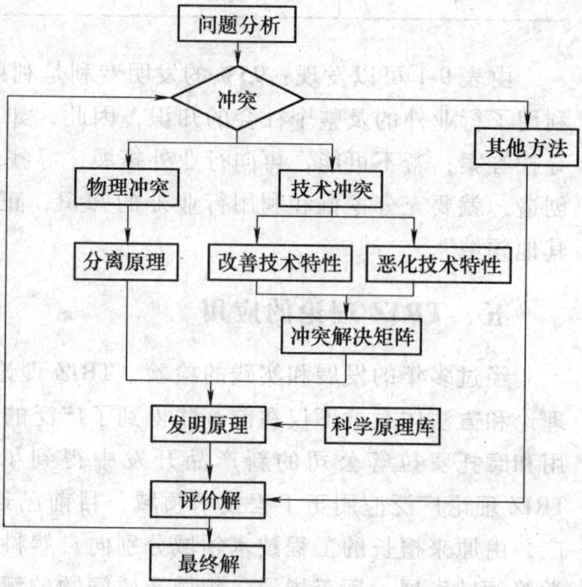

问题分析
冲突
物理冲突
技术冲突
其他方法
分离原理
改善技术特性
恶化技术特性
冲突解决矩阵
发明原理
科学原理库
评价解
最终解

图 9-4 冲突解决流程图

二、物理冲突及其解决原理

1. 物理冲突的概念及类型

物理冲突是指为了实现某种功能，一个子系统或元件应具有一种特性，但同时出现了与该特性相反的特性。当对一个子系统具有相反的要求时就出现了物理冲突，例如：为了容易起飞，飞机的机翼应有较大的面积，但为了高速飞行，机翼又应有较小的面积，这种要求机翼同时具有大的面积与小的面积的情况，对于机翼的设计就是物理冲突，解决该冲突是机翼设计的关键。

物理冲突出现的情况有以下两种：

1）一个子系统中有害功能降低的同时导致该子系统中有用功能的降低。

2）一个子系统中有用功能加强的同时导致该子系统中有害功能的加强。

物理冲突的表达方式较多，设计者可以根据特定的问题，采用容易理解的表达方法描述即可。

2. 物理冲突的解决原理

物理冲突的解决方法一直是 TRIZ 理论研究的重要内容，Altshuller 在 20 世纪 70 年代提出了 11 种解决方法；20 世纪 90 年代 Savransky 提出了 14 种解决方法；现代 TRIZ 理论在总结物理冲突的各种解决方法的基础上，提出了采用分离原理解决物理冲突。分离原理包含以下四部分，如图 9-5 所示。

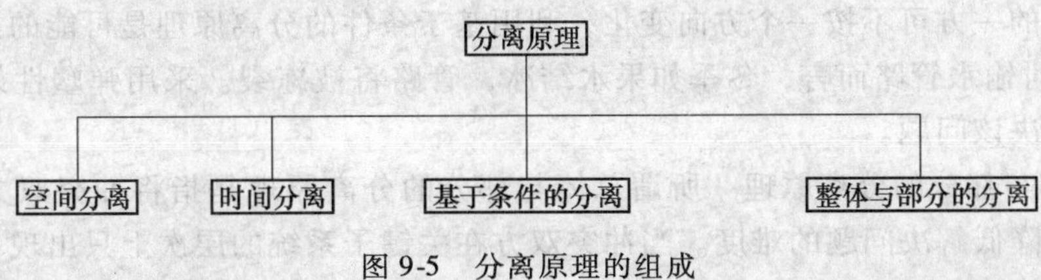

图 9-5　分离原理的组成

（1）空间分离原理　所谓空间分离原理是指将冲突双方在不同的空间上分离，以降低解决问题的难度。当关键子系统冲突双方在某一空间只出现一方时，空间分离是可能的。应用该原理时，首先应回答如下的问题：

1）是否冲突一方在整个空间中“正向”或“负向”变化。

2）在空间中的某一处，冲突的一方是否可以不按一个方向变化。

如果冲突的一方可不按一个方向变化，利用空间分离原理解决冲突是可能的。

例 9-2　自行车采用链轮与链条传动是一个采用空间分离原理的典型例子。在链轮与链条发明之前，自行车存在两个物理冲突，其一，为了高速行走需要一个直径大的车轮，而为了乘坐舒适，需要一个直径小的车轮，车轮既要大又要小形成物理冲突；其二，骑车人既要快蹬脚蹬，以提高速度，又要慢蹬以感觉舒适。链条、链轮及飞轮的发明解决了这两组物理冲突，首先，链条在空间上将链轮的运动传给飞轮，飞轮驱动自行车后轮旋转；其次，链轮直径大于飞轮直径，链轮以较慢的速度旋转将导致飞轮以较快的速度旋转，因此，骑车人可以较慢的速度蹬踏脚蹬，自行车后轮将以较快的速度旋转，自行车车轮直径也可以较小，使乘坐舒适。

又如，为了使煎锅很好的加热食品，要求煎锅是热的良导体，而为了避免从火上取下煎锅时烫手，又要求煎锅是热的不良导体。为了解决这一矛盾，设计了带手柄的煎锅，把对导热的不同要求分隔在锅的不同空间。

（2）时间分离原理　所谓时间分离原理是指将冲突双方在不同的时间段上分离，以降低解决问题的难度。当关键子系统冲突双方在某一时间段上只出现一方时，时间分离是可能的。应用该原理时，首先应回答如下问题：

1）是否冲突一方在整个时间段中“正向”或“负向”变化。

2）在时间段中冲突的一方是否可不按一个方向变化。

如果冲突的一方可不按一个方向变化，利用时间分离原理是可能的。

例 9-3 一加工中心用快速夹紧机构，在机床上加工一批零件时，夹紧机构首先在一个较大的行程内作适应性调整，加工每一个零件时要在短行程内快速夹紧与松开以提高工作效率。同一子系统既要求快速又要求慢速，出现了物理冲突，因为在较大的行程内适应性调整与在之后的短行程快速夹紧与松开发生在不同的时间段，可直接应用时间分离原理来解决冲突。

（3）基于条件的分离原理 所谓基于条件的分离原理是指将冲突双方在不同的条件下分离，以降低解决问题的难度。当关键子系统的冲突双方在某一条件下只出现一方时，基于条件分离是可能的。应用该原理时，首先应回答如下问题：

1）是否冲突一方在所有的条件下都要求“正向”或“负向”变化。

2）在某些条件下，冲突的一方是否可不按一个方向变化。

如果冲突的一方可不按一个方向变化，利用基于条件的分离原理是可能的。

例 9-4 对输水管路而言，冬季如果水结冰，管路将被冻裂。采用弹塑性好的材料制成的管路可以解决该问题。

（4）总体与部分的分离原理 所谓总体与部分的分离原理是指将冲突双方在不同的层次上分离，以降低解决问题的难度。当冲突双方在关键子系统的层次上只出现一方，而该方在子系统、系统或超系统层次上不出现时，总体与部分的分离是可能的。

例 9-5 自行车链条微观层面上是刚性的，宏观层面上是柔性的。

三、技术冲突及其解决原理

1. 技术冲突的概念

技术冲突是指一个作用导致同时有用及有害两种结果，也可指有用作用的引入或有害效应的消除导致一个或几个子系统或系统变坏。技术冲突常表现为一个系统中两个子系统之间的冲突。技术冲突出现的几种情况如下：

1）一个子系统中引入一种有用功能后，导致另一个子系统产生一种有害功能或加强了已存在的一种有害功能。

2）消除一种有害功能导致另一个子系统有用功能变坏。

3）有用功能的加强或有害功能的减少使另一个子系统或系统变得更加复杂。

当改善系统某部分或参数时，不可避免地出现系统其他部分或参数恶化的情况。例如，要想提高轴的强度，就会增加其截面积，从而导致轴的质量增加。

例 9-6 波音公司在改进 737 飞机的设计时，需要将使用中的发动机改为功率更大的发动机。发动机功率越大，工作时需要的空气就越多，发动机机罩的直径就必须增大，而发动机机罩直径的增大，机罩离地面的距离就会减少，但该距离的减少是设计所不允许的。

上述的改进设计中出现了一个技术冲突，既希望发动机吸入更多的空气，但是又不希望发动机机罩离地面的距离减少。不同领域中，人们所面临的创新问题不同，其中所包含的冲突也千差万别，要想解决这些冲突，首先要对他们进行统一的描述。

2. 技术冲突的一般化处理

通过对不同领域中各种冲突的分析与研究，TRIZ 理论提出了用 39 个通用工程参数来描述冲突。实际应用中，首先要把组成冲突的双方内部性能用该 39 个工程参数中的某两个来表示，目的是把实际工程设计中的冲突转化为一般的或标准的技术冲突。

（1）通用工程参数　39 个通用工程参数中常用到运动物体与静止物体两个术语，运动物体是指自身或借助于外力可在一定的空间内运动的物体；静止物体是指自身或借助于外力都不能使其在空间内运动的物体。表 9-2 是 39 个通用工程参数名称的汇总。

表 9-2　39 个通用工程参数名称的汇总

序　号	名　　称	序　号	名　　称
1	运动物体的质量	21	功率
2	静止物体的质量	22	能量损失
3	运动物体的长度	23	物质损失
4	静止物体的长度	24	信息损失
5	运动物体的面积	25	时间损失
6	静止物体的面积	26	物质或事物的数量
7	运动物体的体积	27	可靠性
8	静止物体的体积	28	测试精度
9	速度	29	制造精度
10	力	30	物体外部有害因素作用的敏感性
11	应力或压力	31	物体产生的有害因素
12	形状	32	可制造性
13	结构的稳定性	33	可操作性
14	强度	34	可维修性
15	运动物体作用时间	35	适应性及多用性
16	静止物体作用时间	36	装置的复杂性
17	温度	37	监控与测试的困难程度
18	光照度	38	自动化程度
19	运动物体的能量	39	生产率
20	静止物体的能量		

为了应用方便，上述 39 个通用工程参数可分为如下三类：

1）通用物理及几何参数：No. 1 ~ 12，No. 17 ~ 18，No. 21。

2）通用技术负向参数：No. 15 ~ 16，No. 19 ~ 20，No. 22 ~ 26，No. 30 ~ 31。

3）通用技术正向参数：No. 13 ~ 14，No. 27 ~ 29，No. 32 ~ 39。

负向参数是指这些参数变大时，使系统或子系统的性能变差，如，子系统为了完成特定的功能所消耗的能量（No. 19 ~ 20）越大，则设计越不合理。

正向参数指这些参数变大时，使系统或子系统的性能变好，如，子系统可制造性（No. 32）指标越高，子系统制造成本就越低。

（2）应用实例

例 9-7　很多铸件或管状结构是通过法兰联接的，为了进行设备维护，法兰联接处常常还要被拆开。有些联接处还要承受高温、高压，并要求密封良好。有的重要法兰需要很多个螺栓联接，如一些汽轮涡轮机的法兰需要100多个螺栓联接。但为了减轻质量、减少安装时间或维护时间、减少拆卸的时间，则螺栓越少越好。传统的设计方法是在螺栓数目与密封性之间取得折中方案。

分析后可发现本例中存在的技术冲突有：

1）如果密封性良好，则操作时间变长且结构的质量增加。

2）如果质量轻，则密封性变差。

3）如果操作时间短，则密封性变差。

用39个通用工程参数描述，希望改进的特性有：

1）静止物体的质量。

2）可操作性。

3）装置的复杂性。

以上三种特性改善将导致如下特性的降低：

1）结构的稳定性。

2）可靠性。

（3）技术冲突与物理冲突　技术冲突总是涉及到两个基本参数A与B，当A得到改善时，B变得更差。物理冲突仅涉及系统中的一个子系统或部件，而对该子系统或部件提出了相反的要求。技术冲突的存在往往隐含着物理冲突的存在，有时物理冲突的解比技术冲突的解更容易获得。

例9-8　用化学的方法为金属表面镀层的过程如下：金属制品放置于充满金属盐溶液的池子中，溶液中含有镍、钴等金属元素。在化学反应过程中，溶液中的金属元素凝结到金属制品表面形成镀层。温度越高，镀层形成的速度越快，但温度高，使有用的元素沉淀到池子底部与池壁的速度也越快；而温度低又大大降低生产率。

该问题的技术冲突可描述为：两个通用工程参数即生产率（A）与材料浪费（B）之间的冲突。如加热溶液使生产率（A）提高，同时材料浪费（B）增加。

为了将该问题转化为物理冲突，选温度作为另一参数（C）。物理冲突可描述为：溶液温度（C）增加，生产率（A）提高，材料浪费（B）增加；反之，生产率（A）降低，材料浪费（B）减少；溶液温度既应该高，以提高生产率，又应该低，以减少材料消耗。

3. 技术冲突的解决原理

（1）概述　在技术创新的历史中，人类已完成了很多产品的设计，一些设计人员或发明家已经积累了很多发明创造的经验。进入21世纪，技术创新已逐渐成为企业市场竞争的焦点，为了指导技术创新，一些研究人员开始总结前人发明创造的经验。这种经验的总结分为以下两类：适于本领域的经验与适用于不同领域的通用经验。

第一类经验主要由本领域的专家、研究人员本身总结，或是与这些人员讨论并整理总结出来的。这些经验对指导本领域的产品创新有一定的参考意义，但对其他领域的创新意义不大。

第二类经验由研究人员对不同领域的已有创新成果进行分析、总结，得到具有普遍意义的规律，这些规律对指导不同领域的产品创新具有重要的参考价值。

TRIZ的技术冲突解决原理属于第二类经验，这些原理是在分析全世界大量专利的基础上提出的。通过对专利的分析，TRIZ研究人员发现，在以往不同领域的发明中所用到的规则并不多，不同时代的发明，不同领域的发明，这些规则被反复采用，每条规则并不限定于某一领域，它融合了物理的、化学的、几何学的和各工程领域的原理，适用于不同领域的发明创造。

（2）40 条发明创造原理　在对全世界专利进行分析研究的基础上，TRIZ 理论提出了 40 条发明创造原理，见表 9-3。实践证明，这些原理对于指导设计人员的发明创造具有非常重要的作用。下面结合工程实例对各条发明创造原理进行详细地介绍。

表 9-3　40 条发明创造原理

序号	原理名称	序号	原理名称	序号	原理名称	序号	原理名称
1	分割	11	预补偿	21	紧急行动	31	多孔材料
2	分离	12	等势性	22	变有害为有益	32	改变颜色
3	局部质量	13	反向	23	反馈	33	同质性
4	不对称	14	曲面化	24	中介物	34	抛弃与修复
5	合并	15	动态化	25	自服务	35	参数变化
6	多用性	16	未达到或超过的作用	26	复制	36	状态变化
7	嵌套	17	维数变化	27	低成本、不耐用的物体替代贵重、耐用物体	37	热膨胀
8	质量补偿	18	振动	28	机械系统的替代	38	加速氧化
9	预加反作用	19	周期性作用	29	气动与液压结构	39	惰性环境
10	预操作	20	有效作用的连续性	30	柔性壳体或薄膜	40	复合材料

No. 1　分割原理

1）把一个物体分成相互独立的部分。

2）把物体分成容易组装和拆卸的部分。

3）增加物体相互独立部分的程度。

例 9-9　可拆卸铲斗唇缘设计（见图 9-6）

挖掘机铲斗的唇缘是由钢板制成的，只要它的一部分磨损或损坏，就必须更换整个唇缘，这是一项既费力又费时的工作，而且挖掘机也不得不停止工作。可使用分割原理来解决这一问题，将唇缘分割成单独可分离的几部分，这样可以快速方便地将毁坏或磨损的部分更换。

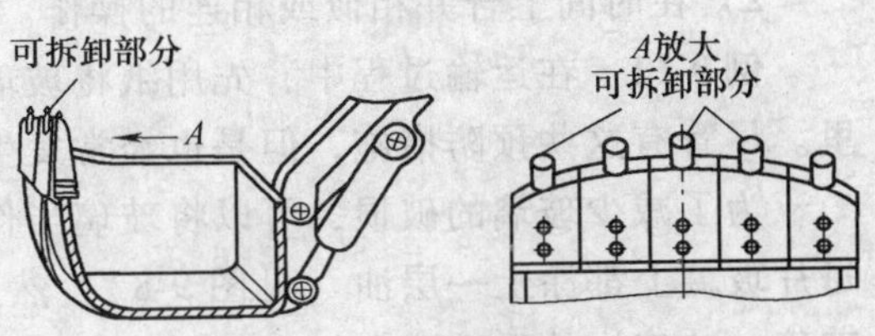

图 9-6　可拆卸铲斗

No. 2　分离原理

1）将一个物体中的“干扰”部分分离出去。

2）将物体中的关键部分挑选或分离出来。

如，在飞机场环境中，为了驱赶各种鸟类，采用播放刺激鸟类的声音是一种方便的方法，这种特殊的声音使鸟与机场分离；将产生噪声的空气压缩机放于室外。

No. 3　局部质量原理

1）将物体或环境的均匀结构变成不均匀结构。

2）使组成物体的不同部分完成不同的功能。

3）使组成物体的每一部分都最大限度地发挥作用。

如，带有橡皮的铅笔；带有起钉器的榔头。瑞士军刀带有多种常用工具，如，螺钉旋具、尖刀、剪刀等；电缆电视集电话、上网和电视功能于一体。

该原理在机械产品进化的过程中表现得非常明显，如，机器由零部件组成，每个零部件在机器中都应占据一个最能发挥作用的位置。如果某零件未能最大限度地发挥作用，则应对其改进设计。

No. 4　不对称原理

1）将物体形状由对称变为不对称。

2）如果物体是不对称的，增加其不对称的程度。

例 9-10　考虑到外型美观，电动机和发电机的底座一般都设计成对称的形状，但是，因为他们需要旋转，左右底座所承受的载荷是不对称的。为了减少机器的质量，节约材料，不旋转部件所对应的底座可以设计的小一些，能支持他们实际上所必须承受的载荷就可以了，如图 9-7 所示。

图 9-7　具有不对称结构的电动机

No. 5　合并原理

1）在空间上将相似的物体连接在一起，使其完成并行的操作。

2）在时间上合并相似或相连的操作。

例 9-11　在运输过程中，先用纸将玻璃片隔开，然后用纸板将其保护好放到一个木箱子里。尽管有这些预防措施，但是也经常发生玻璃的破损事件。

为了减少玻璃的破损，可以将玻璃当作一个固体块运输，而不是让他们处于分离状态。每片玻璃上都涂上一层油（见图 9-8），然后将玻璃片粘在一起形成一个玻璃块，比起每片玻璃，玻璃块的强度要大很多。测试表明，即便将玻璃块从 2 米高的地方丢下，造成的损失也很小；相反的，一般的运输方法将会有一半多的玻璃受到不同程度的损伤。

图 9-8　易于运输的“玻璃块”

No. 6　多用性原理

使一个物体能完成多项功能，可以减少原设计中完成这些功能多个物体的数量。如，装有牙膏的牙刷柄；能用作婴儿车的儿童安全座椅；小型货车的座位通过调节可以实现多种功能：坐，躺，支撑货物。

No. 7　嵌套原理

1）将一个物体放在第二个物体中，将第二个物体放在第三个物体中，可以这样再进行下去。

2）使一个物体穿过另一个物体的空腔。

如，收音机伸缩式天线；伸缩式钓鱼竿；伸缩教鞭；笔筒里放有铅芯的自动铅笔。

No. 8　质量补偿原理

1）用另一个能产生提升力的物体补偿第一个物体的质量。

2）通过与环境相互作用产生空气动力或液体动力的方法补偿第一个物体的质量。

如，在圆木中注入发泡剂，使其更好的漂浮；用气球携带广告条幅。

例 9-12　具有球形重物的速度调节器常被用来调节回转速度（见图 9-9）

通过减少零件的尺寸大小（或零件质量）来改进传统设计，比如，速度调节器上的球形重物可以改作成机翼形，这样就会增加调节器的提升力。

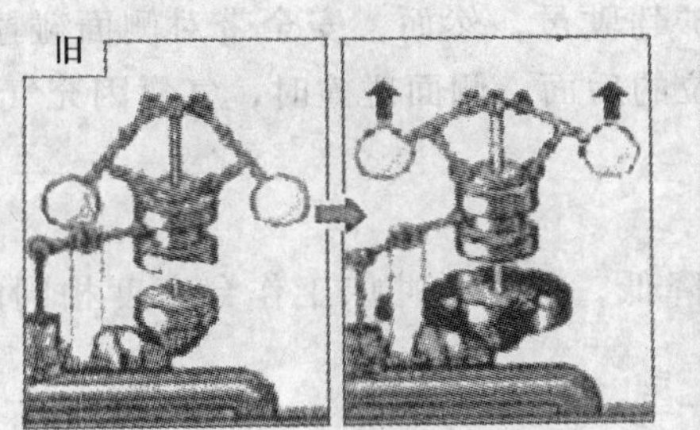

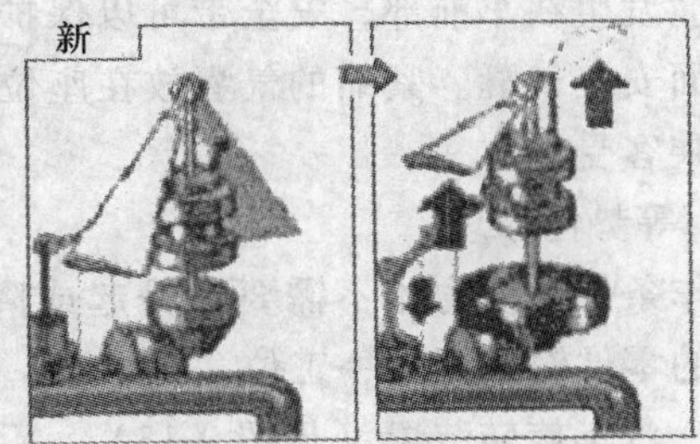

图 9-9　具有机翼状重物的速度调节器

No. 9　预加反作用原理

1）预先施加反作用，用来消除不利影响。

2）如果一个物体处于或将处于受拉伸状态，预先增加压力。

例 9-13　用割草机修剪的草坪不是很平整，因为草有一定的硬度，而且割草机工作时其刀片接触到了即将要割的草，使草向前倾斜，这样就会使草在不同的高度上被修剪，当然修剪的草坪就会参差不齐（见图 9-10）。

图 9-10　改进后的割草机可以修剪出平整的草坪

为了得到平整的草坪，新设计的割草机有一个专用部件，可以在即将修剪的草上预加反作用力，使其向前倾斜。由于草具有一定的硬度，所以被释放后能产生足够的内部惯性力，使其反弹回来。这样割草机的刀片接触到的草就是直立的草，所有的草都是在同一垂直高度上被修剪，所以修剪的草坪就会很平整。

No. 10 预操作原理

1）在操作开始前，使物体局部或全部产生所需的变化。

2）预先对物体进行特殊安排，使其在时间上有准备，或已处于易操作的位置。

例 9-14 预着色（见图 9-11）。代替手工用刷子对塑料件进行着色，其中一种方法是机械着色。

建议应用预操作原理与合并原理来改善着色过程。在分开的铸模的孔洞中预先加染料套（甚至预先将染料注入塑料中）。普通的印刷油墨（具有成型胶片样的流动性）就可以这样应用。合模后注入塑料。零件的颜料具有较好的粘附性，因为颜料扩散到了表面内部。

No. 11 预补偿原理

采用预先准备好的应急措施补偿物体相对较低的可靠性，如，飞机上的降落伞，航天飞机的备用输氧装置。

例 9-15 汽车安全气囊（见图 9-12）

如果碰撞发生在车前部，安全带可以保护驾驶员，然而，安全带对侧面碰撞不起作用，建议使用侧面安全气囊。紧缩的气囊放在座位的后面，侧面碰撞时，气囊因充气而膨胀，这样可以避免乘客受伤。

No. 12 等势性原理

改变工作条件，使物体不需要被升起或降低，如，与冲床工作台高度相同的工件输送带，将冲好的零件输送到另一工位。

例 9-16 汽车旋转装置（见图 9-13）

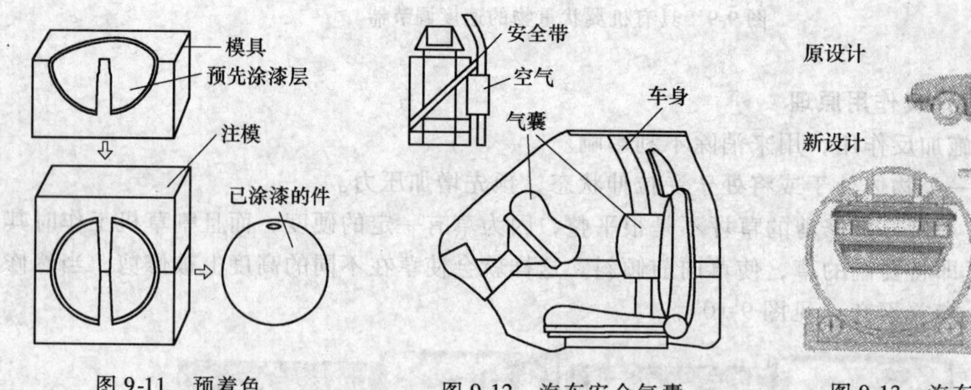

图 9-11 预着色　　图 9-12 汽车安全气囊　　图 9-13 汽车旋转装置

要到汽车下面修理汽车，汽车必须停放在敞开的隧道上或固定到液压平台上，而且进行修理时，机修工必须在头顶上操作，这很不方便也很不安全。建议使用等势原理，将汽车固定在一个环形的旋转装置上，这样汽车就能够随意旋转甚至可以倒置，从而很好的改善了修理条件。

No. 13 反向原理

1）将一个问题中所规定的操作改为相反的操作。

2）使物体中的运动部分静止，静止部分运动。

3）使一个物体的位置倒置。

如，为了拆卸处于紧配合的两个零件，采用冷却内部零件的方法，而不采用加热外部零件的方法；机械加工中使工件旋转，而使刀具固定；为了有效的训练运动员，可以使用健身器材中的跑步机；通过将一个部件或机器总成翻转，以便于安装紧固件。

No. 14　曲面化原理

1）将直线或平面部分用曲线或曲面代替，立方体用球体代替。

2）采用辊、球和螺旋。

3）用旋转运动代替直线运动，采用离心力。

例 9-17　当土豆收割机的滚筒运动时，它的形状会和变化的地面始终保持相应的一致（见图 9-14）。

图 9-14　与地形保持一致的滚筒

滚筒可以成为一个旋转的双曲面体，这个双曲面由两个直立的盘子组成，用木棍通过圆周上的点互相联接起来。两个盘子可以相对旋转，通过机械轴可以将这两个盘子和收割机联接起来。当盘子相对旋转时，滚筒外部的轮廓就会随着地形的改变而改变。

No. 15　动态化原理

1）使一个物体或其环境在操作的每一阶段自动调整，以达到优化的性能。

2）把一个物体划分成具有相互关系的元件，元件之间可以改变相对位置。

3）如果一个物体是静止的，使之变为运动的或可变的。

例 9-18　螺旋角可变的螺杆输送机（见图 9-15）

传送矿物或化学药品之类的松散材料，传统的装置是螺杆输送机。为了更好地控制材料的输送速度和相对于不同密度的材料进行速度调节，希望输送机螺杆的螺旋角是可调的。建议使用变参数原理和动态原理设计输送机，螺杆的表面使用如橡胶之类的弹性材料制成，两个螺旋弹簧控制螺旋的形状。弹簧沿着旋转轴的伸长/压缩可控制螺杆的螺旋角，从而控制松散材料的传送速度。

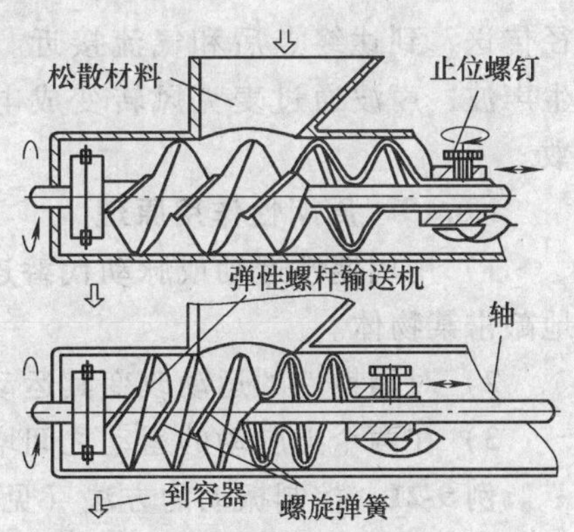

图 9-15　螺杆输送机

No. 16　未到达或超过的作用原理

要想 100% 达到所希望的效果是困难的，而稍微未达到或稍微超过预期的效果将大大简化问题。

如，缸筒外壁需要刷涂料时，可将缸筒浸泡在盛涂料的容器中完成，但取出缸筒后，其外壁粘涂料太多，通过快速旋转可以甩掉多余的涂料。

No. 17 维数变化原理

1）将一维空间中运动或静止的物体变成二维空间中运动或静止的物体，将二维空间中的物体变成三维空间中的物体。

2）将物体用多层排列代替单层排列。

3）使物体倾斜或改变方向，如自卸车。

4）利用给定表面的反面，如叠层集成电路。

例 9-19 矿车进入垂直面（见图 9-16）

当空矿车和负载矿车在矿井中需要对调时，通过增加隧道宽度来解决是不理想的，因为隧道宽度的增大会使隧道顶部安全性降低。建议应用维数变化原理、动态原理和分离原理来解决。可以通过垂直面来重新排列矿车，如图 9-16 所示将空车抓到负载车的上面，负载车向前行，在合适位置将空车放下，这样矿车队列变得更为动态化，此过程中所有矿车就像一堆纸牌一样易操作。通过这种方法，可以大大改善矿井工人的安全。

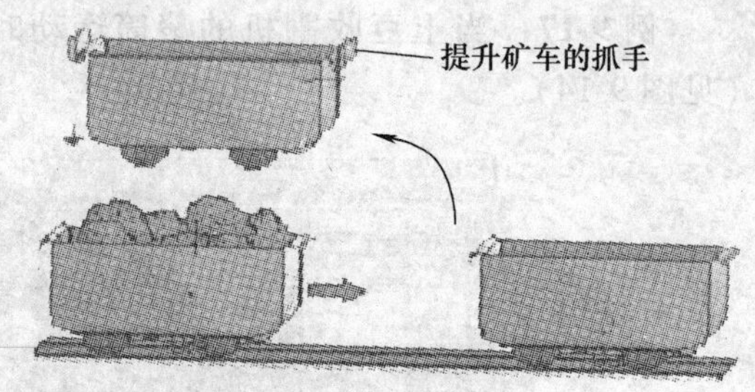

图 9-16 进入垂直面的矿车

No. 18 振动原理

1）使物体处于振动状态，如，电动雕刻刀具具有振动刀片、电动剃须刀。

2）如果振动存在，增加其频率，甚至可以增加到超声。

3）使用共振频率，如利用超声共振消除胆结石或肾结石。

4）使用电振动代替机械振动，如石英晶体振动驱动高精度表。

5）使用超声波与电磁场耦合，如在高频炉中混合合金。

例 9-20 产品计数装置（见图 9-17）

流水线上的机械计数系统长时间使用就会磨损，同时由于灰尘的积累，光学装置的可靠性将降低。建议用气流和产品间相互作用产生的声波来计数，让产品沿着一个路径传送，到达终点后和气流接近。产品和气流相互作用产生声波，声波通过麦克风转变成电信号，电信号可用来计数。

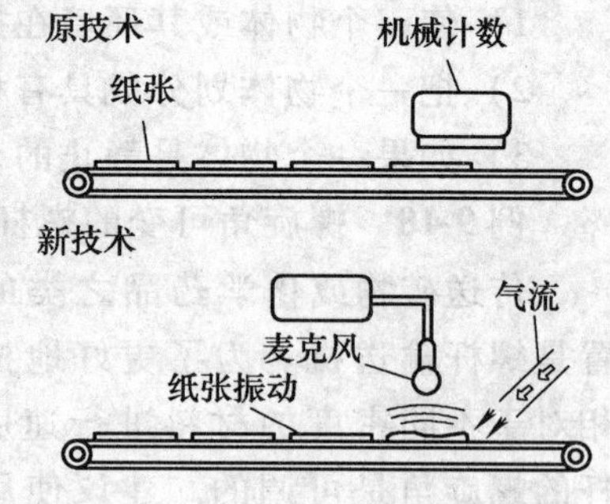

图 9-17 产品计数装置

No. 19 周期性作用原理

1）用周期性运动或脉动代替连续运动，如用鼓锤反复地敲击某物体。

2）对周期性的运动改变其运动频率，如通过调频传递信息。

3）在两个无脉动的运动之间增加脉动。

例 9-21 控制振动的方法（见图 9-18）

如何控制车床进行金属切削时的振动呢？建议用机械振动原理和周期作用原理。按预先确定的频率，短时间周期性地停止切削操作，切削数圈后，撤回刀具。切削圈数与车床的振动阻尼（刚度、转速和固有阻尼）及工件的材料有关。这种方法也可以防止切屑堆积在刀具边缘。

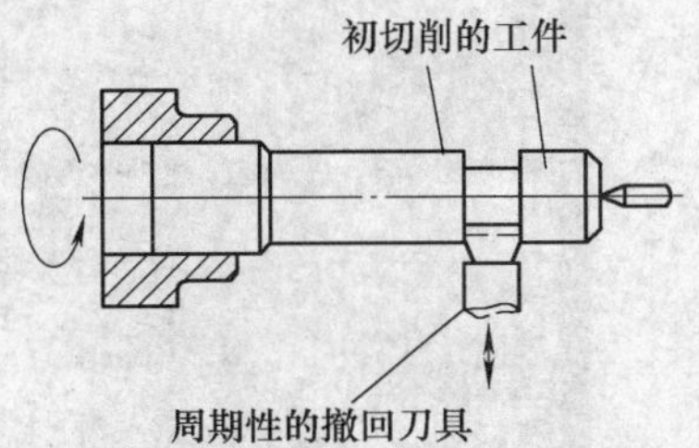

图 9-18　控制切削振动

No. 20　有效作用的连续性原理

1）不停顿地工作，物体的所有部件都应满负荷地工作。

2）消除运动过程中的中间间歇，如针式打印机的双向打印。

3）用旋转运动代替往复运动。

例 9-22　连续工作（见图 9-19）

由于机器需要等待新毛坯进入工作面，所以流水线的生产效率受到限制。建议加工毛坯时，让毛坯与工装一同运动。这项技术可用于回转机械中。由于减少了空转时间，使得旋转流水线的生产效率得到提高。

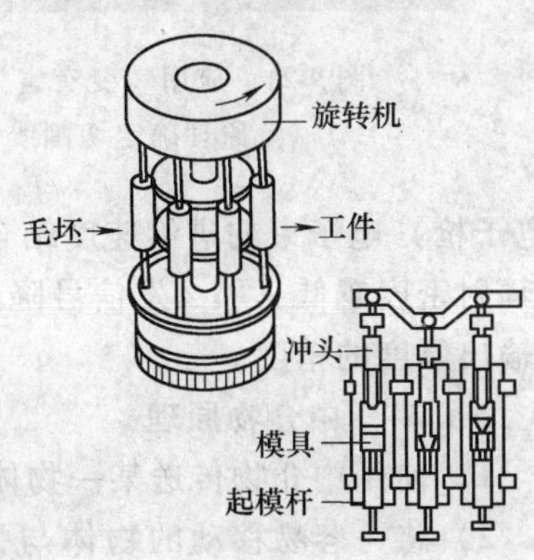

图 9-19　连续工作

No. 21　紧急行动原理

以最快的速度完成有害的操作。如修理牙齿的钻头高速旋转，以防止牙组织升温。

例 9-23　高速切断管路（见图 9-20）

传统方法截断大直径薄壁管路时，管路变形与过渡挤压是个大缺陷。建议使用加速原理，刀具以极快的速度切削使管路没有时间变形。

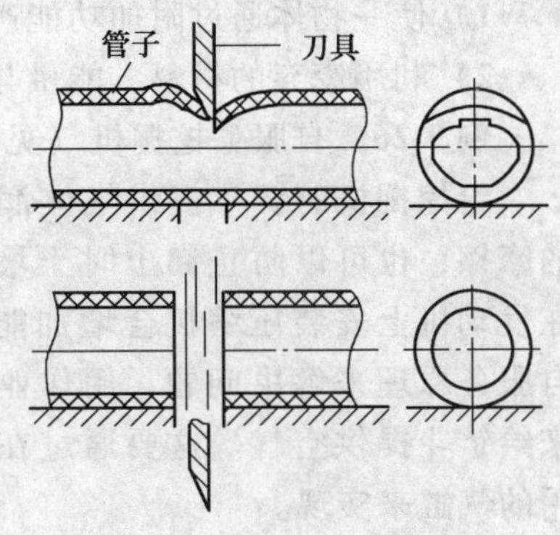

图 9-20　切断管路的方法

No. 22　变有害为有益原理

1）利用有害因素，特别是对环境有害的因素，获得有益的结果。

2）通过与另一种有害因素结合消除一种有害因素。

3）加大一种有害因素的程度使其不再有害，如森林灭火时用逆火灭火，“以毒攻毒”。

例 9-24　不平坦的地基容易造成建筑物倾斜，墙壁上产生危险的压力，在这种情况下，通常需要拆掉建筑物重建，这是一种很不经济的解决方案。

建议方法是沿最大压力线将建筑物分成两部分，每一部分根据实际压力进行加固，这样，有害因素的影响就提供了如下的有益因素：受压区域可以很容易地根据墙壁的裂纹判断出来，进而确定切割线（见图 9-21）。

No. 23　反馈原理

1）引入反馈以改善过程或动作，如加工中心的自动检测装置、自动导航系统。

2）如果反馈已经存在，改变反馈控制信号的大小或灵敏度。

例 9-25　轧钢机钢板厚度控制（见图 9-22）

控制被轧钢板的厚度，重要的是控制钢板温度。最终的厚度是温度和接近辊子的板的厚度共同作用的结果。建议使用反馈控制输出厚度，可以将接近辊子的钢板的厚度与加热器

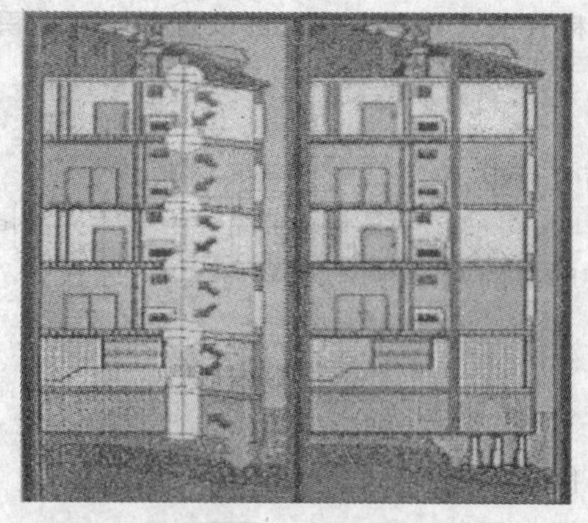

图 9-21 应用“变有害为有益”原理确定切割线

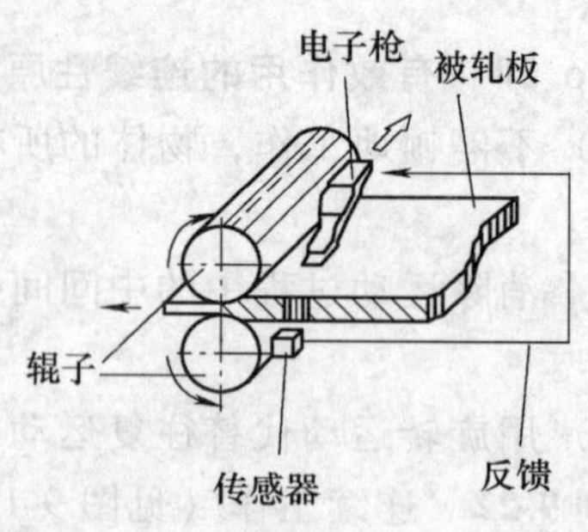

图 9-22 轧钢机钢板厚度控制

（电子枪）电子束的进给速度结合起来，电子束通过钢板被传感器监控，钢板越厚，接受到的辐射密度越低，那么发信号降低电子束的进给速度以增加钢板的温度。这种反馈控制改善了输出厚度的精度。

No. 24 中介物原理

1）使用中介物传送某一物体或某一种中间过程，如机械传动中的惰轮。

2）将一容易移动的物体与另一物体暂时结合，如机械手抓取重物并将其移动到另一处，用钳子、镊子帮助或代替人手抓取物体。

No. 25 自服务原理

1）使一物体通过附加功能产生自己服务于自己的功能。

2）利用废弃的材料、能量与物质，如钢厂余热发电装置。

例 9-26 自服务挖掘机（见图 9-23）

给挖掘机的铲斗提供气体润滑以减少土壤和铲斗的摩擦，也可以防止卸土时土壤附着在铲斗上，然而在发动机上安装压缩机会增加能量的消耗。建议使用自服务原理来解决问题，用作业时挖掘机悬臂的运动来给铲斗提供空气。这要通过在悬臂上安装一个双作用的气缸来实现。

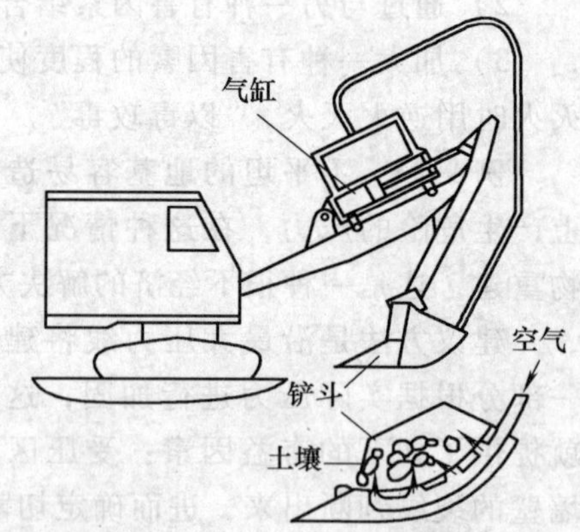

图 9-23 自服务挖掘机

No. 26 复制原理

1）用简单、低廉的复制品代替复杂的、昂贵的、易碎的或不易操作的物体。

2）用光学复制或图像代替物体本身，可以放大或缩小图像。

3）如果已使用了可见光复制，那么可用红外线或紫外线代替。

如，通过虚拟现实技术可以对未来的复杂系统进行研究；通过对模型的试验来代替对真实系统的试验；通过看一名教授的讲座录像可代替亲自参加他的讲座；利用红外线成像探测热源。

No. 27 低成本、不耐用的物体代替贵重、耐用的物体原理

用一些低成本物体代替昂贵物体，用一些不耐用物体代替耐用物体，如一次性纸杯子，一次性餐具，一次性尿布，一次性拖鞋等。

No. 28 机械系统的替代原理

1）用视觉、听觉、嗅觉系统代替部分机械系统。

2）用电场、磁场及电磁场完成物体间的相互作用。

3）将固定场变为移动场，将静态场变为动态场，将随机场变为确定场。

4）将铁磁粒子用于场的作用之中。

例 9-27 磁场移去弹性外壳（见图 9-24）

从成型机的轴上移去弹壳使用的是机械装置控制的推动器，这种装置可靠性低，而且弹壳经常被刺穿。建议使用机械代替原理改善推动器的效率，用永久磁铁作为推动器放在磁场中提供动力。反作用力由一个外部磁场（电磁铁）控制。

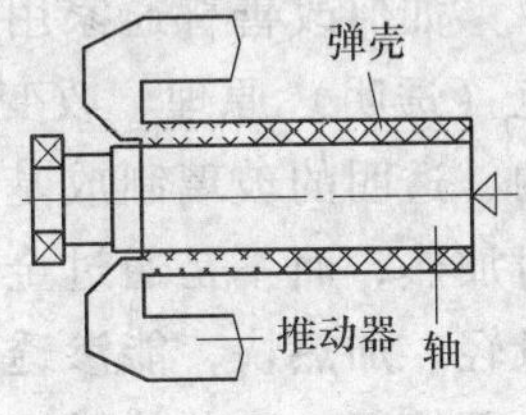

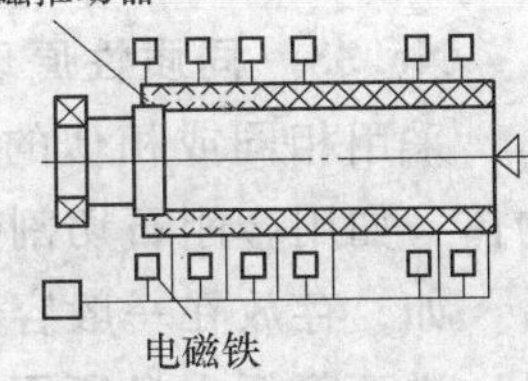

图 9-24 脱壳装置

No. 29 气动与液压结构原理

物体的固体零部件可以用气动或液压部件代替，将气体或液体用于膨胀或减振。

如，发生交通事故时，由于惯性作用，司机会受到强烈的撞击。尽管安全带可以起到一定的防护作用，但这是远远不够的。解决的方法之一是使用安全气囊，当汽车受到撞击时它会迅速膨胀以保护司机的安全。使用气垫运动鞋，可以减少运动对足底的冲击。

No. 30 柔性壳体或薄膜原理

1）用柔性壳体或薄膜代替传统结构。

2）使用柔性壳体或薄膜将物体与环境隔离。

例 9-28 货舱内货物的移动是航行中的一种潜在危险。防止货物移动的一种方法是将其放在一个比较广阔的空间里，用带有弹性衬垫的材料密封好货物，然后抽出里面的空气，产生低压，这样衬垫的内表面就可以贴近货物了，防止货物移动（见图 9-25）。

图 9-25 应用柔性壳体或薄膜原理防止货物移动

No. 31 多孔材料原理

1）使物体多孔或通过插入、涂层等增加多孔元素，如在一结构上钻孔，以减轻质量。

2）如果物体已是多孔的，用这些孔引入有用的物质或功能，如利用一种多孔材料吸收接头上的焊料。

为了实现更好的冷却效果，机器上的一些零部件内充满了一种已经浸透冷却液的多孔材料。在机器工作过程中，冷却液蒸发，可以提供均匀冷却。

No. 32 改变颜色原理

1）改变物体或环境的颜色，如在洗相片的暗房中要采用安全的光线。

2）改变一个物体的透明度，或改变某一过程的可视性。

3）采用有颜色的添加物，使不易观察到的物体或过程被观察到。

4）如果已增加了颜色添加剂，则采用发光的轨迹。

例 9-29 轻便辐射熨斗的设计（见图 9-26）。

如何改善普通家用熨斗的设计？建议使用改变颜色（透明）原理、改变维数原理来改善设计。用难熔的、透明的玻璃制成基座，被熨的织品直接通过热辐射加热，而不是通过金属基座加热。新设计的熨斗质量轻、加热快，能渗透到织品的整个表面。这样的熨斗既轻便，又节约时间。

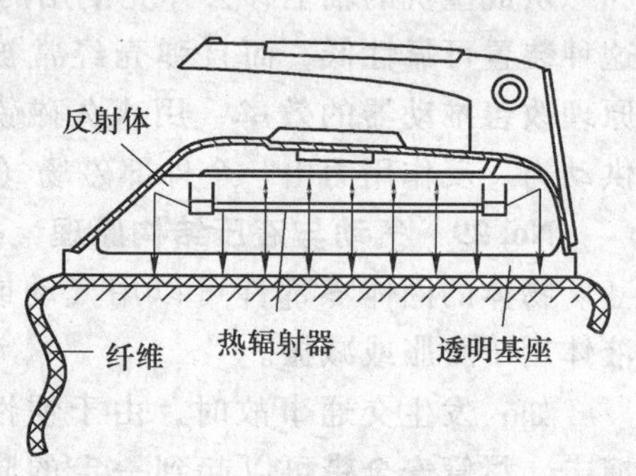

图 9-26 轻便辐射熨斗的设计

No. 33 同质性原理

采用相同或相似的物体制造与某物体相互作用的物体，如用金刚石切割钻石。

如，存放在一般容器里的高纯度铜都很容易被污染，进而降低本身所固有的属性。为了避免出现这种情况，可以将高纯度铜存储在以同质材料制成的容器里，保证被储存的高纯度铜不被污染。

No. 34 抛弃与修复原理

1）当一个物体完成了其功能或变得无用时，抛弃或修复该物体中的一个物体，如，用可溶解的胶囊作为药面的包装；可降解餐具等。

2）立即修复一个物体中所损耗的部分，如割草机的自刃磨刀具。

例 9-30 某些零部件内部流道非常复杂，有很多复杂的凹槽，这些凹槽是很难加工的（见图 9-27）。

图 9-27 利用“抛弃与修复”原理形成复杂凹槽

解决的方法是：先把电线弯成所需形状，然后紧贴在板面上以形成这些凹槽，再在各条电线之间的空余地方添加熔融的金属或环氧树脂。当添加物变硬后，利用化学腐蚀的方法把其余的电线除掉就形成了所需要的复杂的内部凹槽。

No. 35　参数变化原理

1）改变物体的物理状态，即让物体在气态、液态、固态之间变化。

2）改变物体的浓度和粘度，如液态香皂的粘度高于固态香皂，且使用更方便。

3）改变物体的柔性，如用三级可调减振器代替轿车中不可调减振器。

4）改变温度，如使金属的温度升高到居里点以上，金属由铁磁体变为顺磁体。

例 9-31　通过将颗粒材料和液体相混合的方法，可以实现材料按颗粒大小逐渐分层。具有不同颗粒的材料与液体混合后，颗粒材料逐渐沉淀，大颗粒会逐渐沉到最底端，依次是比较小的颗粒。尽管如此，我们仍然很难移走材料层，因为轻微的动作都会引起不同颗粒的材料再次混合。但如果我们将已经分开的材料冻结，那么就会很容易地分开颗粒层了（见图 9-28）。

图 9-28　利用冻结的方法移走分离层

No. 36　状态变化原理

在物质状态变化过程中实现某种效应，如利用水在结冰时体积膨胀的原理。

例 9-32　水冻结的时候体积膨胀很大，但是产生的压力很有限。已设计的冰压设备可以用来克服这个缺陷，该设备包括三个形状相同尺寸不同的锥形瓶，每次只冻结一个锥形瓶。第一个瓶子里的冻结水通过一个小孔在其余两个瓶子里产生很大的压力；然后，第二个瓶子里的冻结水会在第三个瓶子里产生很大的压力；最终第三个瓶子里的冻结水会产生很大的压力。这种压力可以被用在钢板冲床上，压力可达几千吨。整个冰压设备（不包括冷藏库）的质量只有几公斤重，同时该设备携带方便（见图 9-29）。

图 9-29　利用状态变换原理实现增压

No. 37　热膨胀原理

1）利用材料的热膨胀或热收缩性质，如装配过盈配合的两个零件时，将内部零件冷却，外部零件加热，然后装配在一起并置于常温中。

2）使用具有不同热膨胀系数的材料，如双金属片传感器。

为了控制温室天窗的闭合，在天窗上连接了双金属板，当温度改变时双金属板就会相应的弯曲，这样就可以控制天窗的闭合。

No. 38　加速强氧化原理

使氧化从一个级别转变到另一个级别，如从环境气体到充满氧气，从充满氧气到纯氧气，从纯氧到离子态氧。

例 9-33　用乙炔切割钢板时，在气体压力下熔化的金属会带着火星飞溅出来。

解决的方法是：可以在乙炔气流周围环绕一层纯氧，当切割中心火焰温度达到 1500℃时，飞溅出来的金属熔物就会在纯氧层里烧掉而不会再带着火星飞溅出来（见图 9-30）。

No. 39　惰性环境原理

1）用惰性环境代替通常环境，如为了防止白炽灯灯丝的失效，让其置于氩气中。

2）让一个过程在真空中发生。

例 9-34　清洁过滤器（见图 9-31）

图 9-30　利用纯氧消除火星

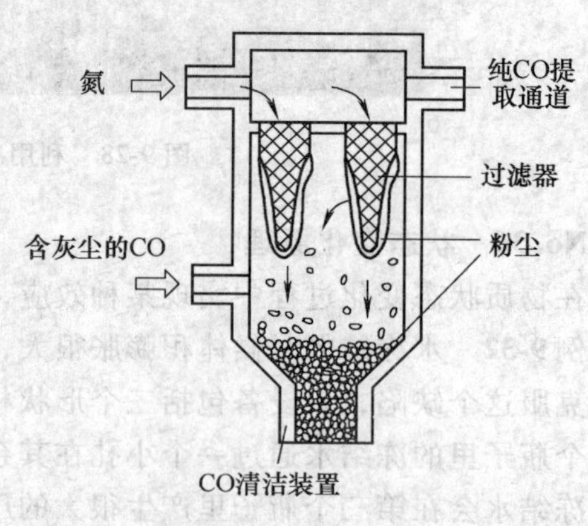

图 9-31　清洁过滤器

在冶金生产中，往往是用从熔炉气体中分离出的一氧化碳在燃烧室中燃烧来加热水和金属。在给燃烧室供气之前，应先将灰尘过滤掉，如果过滤器被阻塞，就应该使用压缩空气将灰尘清除，然而，这样形成的一氧化碳和空气的混合物容易发生爆炸。建议使用惰性气体代替空气，例如将氮气通过过滤器以保证过滤器的清洁和工作过程的安全。

No. 40　复合材料原理

将材质单一的材料改为复合材料。例如玻璃纤维与木材相比较轻，其在形成不同形状时更容易控制。用玻璃纤维制成的冲浪板，由于比木制板更轻，可灵活控制运动方向，也易于制成各种形状。

例 9-35　一般使用轻且薄的材料制造防火服，然而轻薄材料的隔热性能一般都比较低。

聚乙烯纤维层是由弹性体或弹性材料组成的，这些材料可以在外界温度升高的同时逐渐膨胀，这样就可以有效地起到隔热的作用，是制作防火服的合适材料之一（见图 9-32）。

图 9-32　复合材料制造的防火服

上述这些原理都是通用发明创造原理，未针对具体领域，其表达方法是描述可能解的概念。如，建议采用柔性方法，问题的解是在某种程度上改变已有系统的柔性或适应性，设计人员应根据建议提出已有系统的改进方案，这样才有助于问题的迅速解决。还有一些原理范围很宽，应用面很广，既可应用于工程，又可用于管理、广告和市场等领域。

四、利用冲突矩阵实现创新

1. 冲突矩阵的组成

在设计过程中，如何选用发明原理产生新概念是一个具有现实意义的问题。通过多年的研究、分析和比较，Aitshuller 提出了冲突矩阵，该矩阵将描述技术冲突的 39 个通用工程参数与 40 条发明创造原理建立了对应关系，很好地解决了设计过程中选择发明原理的难题。

冲突矩阵是一个 40 行 40 列的矩阵，如图 9-33 所示，该图为冲突矩阵简图，其中，第

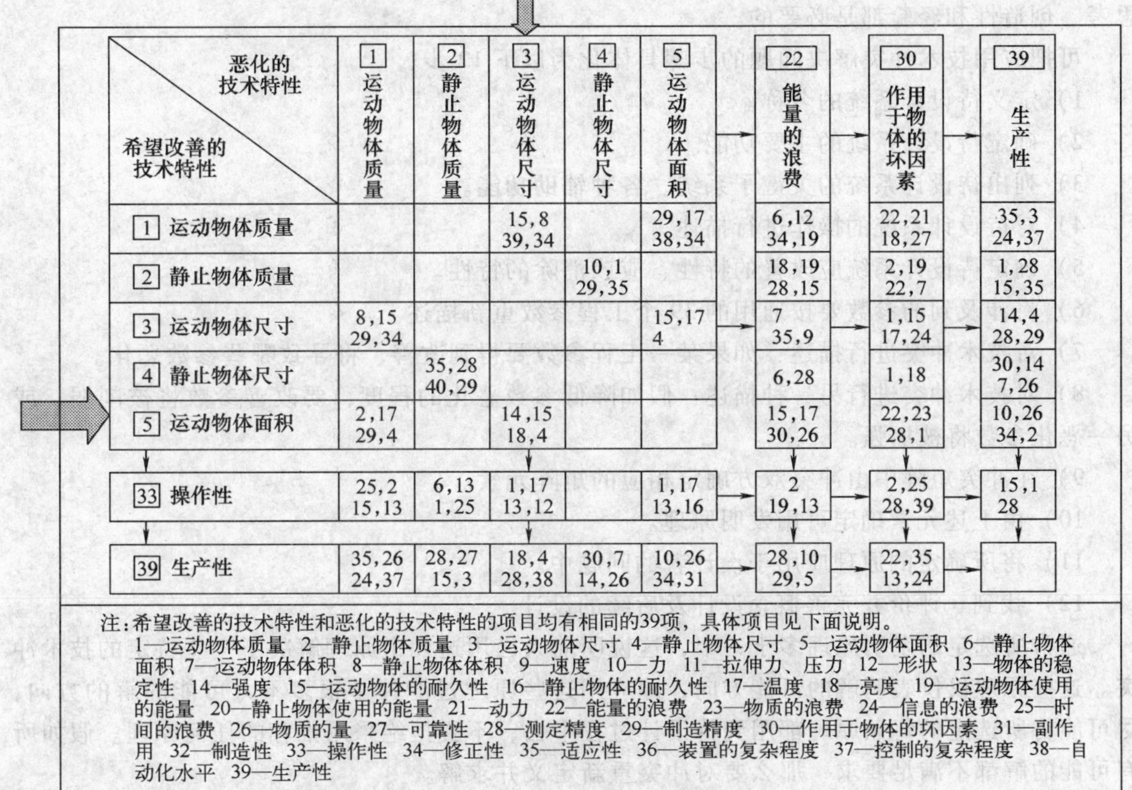

希望改善的技术特性 ＼ 恶化的技术特性	1 运动物体质量	2 静止物体质量	3 运动物体尺寸	4 静止物体尺寸	5 运动物体面积	22 能量的浪费	30 作用于物体的坏因素	39 生产性
1 运动物体质量			15,8 39,34		29,17 38,34	6,12 34,19	22,21 18,27	35,3 24,37
2 静止物体质量				10,1 29,35		18,19 28,15	2,19 22,7	1,28 15,35
3 运动物体尺寸	8,15 29,34				15,17 4	7 35,9	1,15 17,24	14,4 28,29
4 静止物体尺寸		35,28 40,29				6,28	1,18	30,14 7,26
5 运动物体面积	2,17 29,4		14,15 18,4			15,17 30,26	22,23 28,1	10,26 34,2
33 操作性	25,2 15,13	6,13 1,25	1,17 13,12		1,17 13,16	2 19,13	2,25 28,39	15,1 28
39 生产性	35,26 24,37	28,27 15,3	18,4 28,38	30,7 14,26	10,26 34,31	28,10 29,5	22,35 13,24	

注：希望改善的技术特性和恶化的技术特性的项目均有相同的39项，具体项目见下面说明。
1—运动物体质量　2—静止物体质量　3—运动物体尺寸　4—静止物体尺寸　5—运动物体面积　6—静止物体面积　7—运动物体体积　8—静止物体体积　9—速度　10—力　11—拉伸力、压力　12—形状　13—物体的稳定性　14—强度　15—运动物体的耐久性　16—静止物体的耐久性　17—温度　18—亮度　19—运动物体使用的能量　20—静止物体使用的能量　21—动力　22—能量的浪费　23—物质的浪费　24—信息的浪费　25—时间的浪费　26—物质的量　27—可靠性　28—测定精度　29—制造精度　30—作用于物体的坏因素　31—副作用　32—制造性　33—操作性　34—修正性　35—适应性　36—装置的复杂程度　37—控制的复杂程度　38—自动化水平　39—生产性

图 9-33　冲突解决矩阵表

一行或第一列为按顺序排列的39个描述冲突的通用工程参数序号；除了第一行与第一列外，其余39行39列形成一个矩阵，矩阵元素中，或空、或有几个数字，这些数字表示40条发明原理中推荐采用原理的序号。矩阵中的列所代表的工程参数是希望改善的一方，行所描述的工程参数为冲突中可能引起恶化的一方。

应用该矩阵的过程是：首先在39个通用工程参数中，确定使产品某一方面质量提高及降低（恶化）的工程参数A及B的序号，然后由参数A及B的序号从第一列及第一行中选取对应的序号，最后在两序号对应行与列的交叉处确定一特定矩阵元素，该元素所给出的数字为推荐解决冲突可采用的发明原理序号。如希望质量提高与降低的工程参数序号分别为No.5及No.3，在矩阵中，第五行与第三列交叉处所对应的矩阵元素如图9-33所示，该矩阵元素中的数字14、15、18及4为推荐的发明原理序号，应用这4个或4个中的某几个就可以解决由工程参数序号No.5和No.3产生的冲突了。

2. 利用冲突矩阵实现创新

TRIZ的冲突理论似乎是产品创新的灵丹妙药，实际上，在应用该理论之前的前处理与应用后的后处理仍然是关键的问题。

当针对具体问题确认了一个技术冲突后，要用该问题所处的技术领域中的特定术语描述该冲突；然后，要将冲突的描述翻译成一般术语，由这些一般术语选择通用工程参数；再由通用工程参数在冲突矩阵中选择可用的解决原理。一旦某一个或某几个发明创造原理被选定后，必须根据特定的问题将发明创造原理转化并产生一个特定的解。对于复杂的问题，一条原理是不够的，原理的作用是使原系统向着改进的方向发展。在改进过程中，对问题的深入思考、创造性和经验都是必要的。

可把应用技术冲突解决问题的步骤具体化为以下12步：

1）定义待设计系统的名称。

2）确定待设计系统的主要功能。

3）列出待设计系统的关键子系统、各种辅助功能。

4）对待设计系统的操作进行描述。

5）确定待设计系统应改善的特性、应该消除的特性。

6）将涉及到的参数要按通用的39个工程参数重新描述。

7）对技术冲突进行描述：如果某一工程参数要得到改善，将导致哪些参数恶化。

8）对技术冲突进行另一种描述：假如降低参数恶化的程度，要改善参数将被削弱，或另一恶化参数将被加强。

9）在冲突矩阵中由冲突双方确定相应的矩阵元素。

10）由上述元素确定可用发明原理。

11）将所确定的原理应用于设计者的问题中。

12）找到、评价并完善概念设计及后续的设计。

通常所选定的发明原理多于一个，这说明前人已用这几个原理解决了一些特定的技术冲突。这些原理仅仅表明解的可能方向，即应用这些原理过滤掉了很多不太可能的解的方向，尽可能将所选定的每条原理都用到待设计过程中去，不要拒绝采用推荐的任何原理。假如所有可能的解都不满足要求，那么要对冲突重新定义并求解。

例9-36 呆扳手的创新设计。

呆扳手在外力的作用下用来拧紧或松开一个六角螺栓或螺母，由于螺栓或螺母的受力集中到两条棱边，容易产生变形，从而使螺栓或螺母的拧紧或松开困难，如图 9-34 所示。

呆扳手已有多年的生产及应用历史，在产品进化曲线上应该处于成熟期或退出期，但对于传统产品很少有人去考虑设计中的不足并且改进设计。按照 TRIZ 理论，处于成熟期或退出期的改进设计，必须发现并解决深层次的冲突，提出更合理的设计概念。目前的呆扳手容易损坏螺母或螺栓的棱边，新的设计必须克服以前设计的缺点。下面应用冲突矩阵解决该问题。

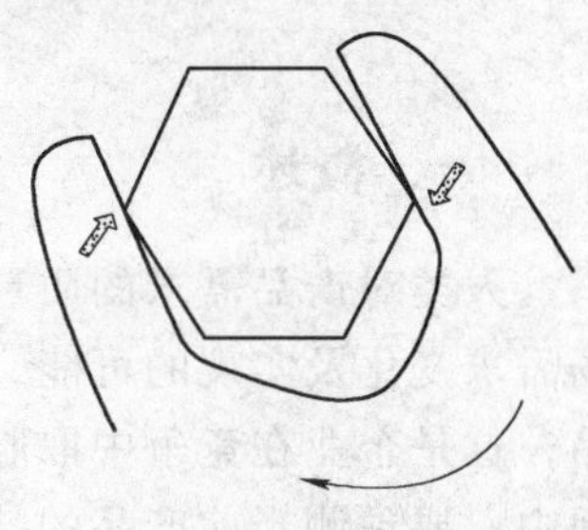

图 9-34　呆扳手受力情况

首先从 39 个通用工程参数中选择能代表技术冲突的一对特性参数。

1）质量提高的参数：物体产生的有害因素（No. 31），减少对螺栓或螺母棱边磨损。

2）带来负面影响的参数：制造精度（No. 29），新的改进可能使制造困难。

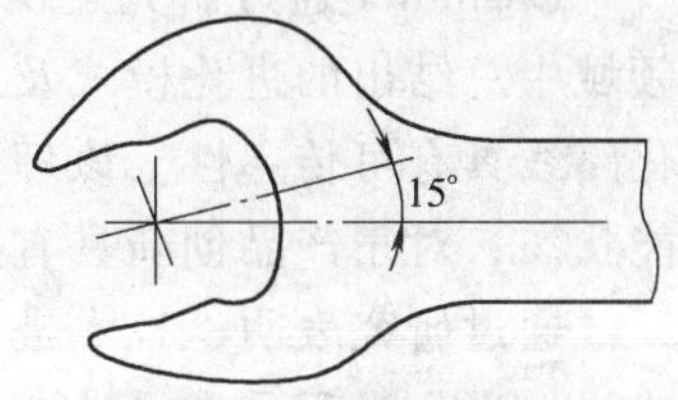

图 9-35　新型呆扳手

将上述的两个通用工程参数 No. 31 和 No. 29 代入冲突矩阵，可以得到如下 4 条推荐的发明原理，它们分别为：No. 4 不对称；No. 17 维数变化；No. 34 抛弃与修复和 No. 26 复制。

No. 17 及 No. 4 两条发明原理进行深入分析表明，如果呆扳手工作面的一些点能与螺母或螺栓的侧面接触，而不是与其棱边接触，问题就可以解决。美国专利 US Patent 5406868 正是基于这两条原理设计出了如图 9-35 所示的新型呆扳手。

例 9-37　振动筛在选矿、化工原料分选、粮食分选以及垃圾的分选中都是主要的设备，其中筛网的损坏是设备报废的原因之一，尤其对筛分垃圾的振动筛更是如此。分析其原因，分别确定对设备有利和有害的环节，并寻求解决问题的方法。

经分析，认为筛网面积大、筛分效率高，是有利的一个方面；但由此筛网接触物料的面积也就增大，则物料对筛网的伤害也就增大。

将分析的结果用抽象的技术参数描述，有利的因素是第 5 条参数，即“运动物体的面积”；有害的因素则是第 30 条参数，即“物体外部有害因素作用的敏感性”。根据冲突解决原理矩阵可确定原理解为 No. 22、No. 1、No. 33 和 No. 28。

其中，No. 1 发明原理是“分割”，根据这条原理，设计时可考虑将筛网制成小块状，再联接成一体，局部损坏，局部更换；No. 33 发明原理是“同质性”，即采用相似或相同的物质制造与某物体相互作用的物体，分析这条原理，认为用于筛分垃圾的振动筛筛网易损的主要原因是物料的粘湿性与腐蚀性所致，参考发明原理，采用同质性材料制作筛网，例如耐腐蚀的聚氨酯。经过这样的改进，取得了很好的应用效果。

TRIZ 理论对解决创新问题的思路有明确的方向指导性，但是仅有解决问题的思路和方向还是不够的，从问题解决思路到解决问题的具体方案之间，还有一个复杂的创新过程，即如何构建一个可行的解决方案。根据已得到通用问题的通用解决方案，经过创新设计得到特定实际问题的实际解决方案，需要设计者具有大量的知识和经验。具体而言，这些知识和经验包括：科学原理、技术知识、社会知识、实践经验、成功案例等，因此知识是创新的源泉。

第三节 利用技术进化模式实现创新

一、概述

人类对产品需求的质量、数量以及对产品实现形式的不断变化，迫使企业不得不根据市场需求变化及实现的可能，增加产品的辅助功能、改变其实现形式，快速而有效地开发新产品，这是企业在竞争中取胜的重要武器，因此产品处于进化之中。企业在新产品开发决策过程中，要预测当前产品的技术水平及新一代产品可能的进化方向，TRIZ 的技术系统进化理论为此提供了强有力的预测工具。

Altshuller 通过研究发现了技术系统进化规律、模式和路线；同时还发现，在一个工程领域中总结出的进化模式及进化路线可以在另一工程领域中得以实现，即技术进化模式与进化路线具有可传递性。该理论不仅能预测技术的发展，而且还能展现预测结果实现的产品可能状态，对于产品创新具有指导作用。

通过研究表明，技术进化的过程不是随机的，技术性能随时间变化的规律呈现出 S 形曲线，但进化过程是靠设计者推动的，当前的产品如果没有设计者引进新的技术，它将停留在当前的水平上，设计人员的不断努力，是推动产品的核心技术从低级到高级进化的根本动力。图 9-36 分别给出了 S 曲线和分段 S 曲线，可以看出两个 S 曲线明显的趋近于一条直线，该直线是由于技术的自然属性所决定的性能极限，图中横坐标为时间，即依据一项核心技术所推出的一系列产品的时间；纵坐标为产品的性能极限参数，该参数值不能超过自然限制。沿横坐标可以将产品或技术分为新发明、技术改进和技术成熟三个阶段或婴儿期、成长期、成熟期和退出期四个阶段。

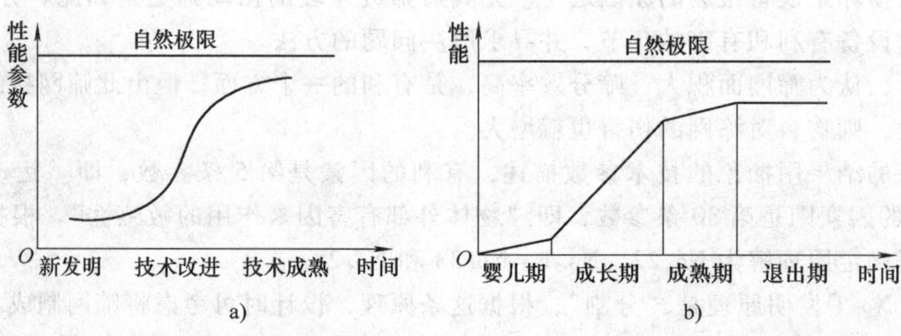

图 9-36 S 曲线
a) S 曲线 b) 分段 S 曲线

在新发明阶段，一项新的物理的、化学的、生物的发现被设计人员转变为产品。不同的设计人员对同一原理的实现是不同的，已设计出的产品还要不断地进行改善，因此，随着时间的推移，产品的性能会不断提高。

在新发明阶段结束时，很多企业已经认识到，基于该发现的产品有很好的市场潜力，应该大力开发，因此将投入很多的人力、物力和财力，用于新产品的开发，新产品的性能参数会快速增长，这就是技术改进阶段。

随着产品进入成熟阶段，所推出的新产品性能参数只有少量的增长，继续投入进一步完善已有技术所产生的效益减少，企业应研究新的核心技术，以在适当的时间替代已有产品的核心技术。

对于企业决策，具有指导意义的是分段 S 曲线上的拐点，第一个拐点之后，企业应从原理实现的研究转入商品化开发，否则该企业会被恰当转入商品化开发的企业甩在后面；当出现第二个拐点后，产品的技术已经进入成熟期，企业因生产该类产品获取了丰厚的利润，同时要继续研究优于该产品核心技术的更高一级的核心技术，以便在适当的时机转入下一轮的竞争；当出现第三个拐点后，表明产品的核心技术已经发展到极限，推进技术更加成熟的投入不会取得明显的收益，此时企业应转入研究，选择替代技术或新的核心技术。

二、技术系统进化定律

技术系统是由多个子系统组成的，并通过子系统间的相互作用实现一定的功能。子系统本身也是系统，是由元件和操作构成的。技术系统常简称为系统，系统的更高级系统称为超系统。例如，汽车作为一个技术系统，轮胎、发动机、变速器、万向轴、方向盘等都是汽车的子系统；而每辆汽车都是整个交通系统的组成部分，因此，对于汽车而言，交通系统则是汽车的超系统。再如，电冰箱这个技术系统，其压缩机、散热板、温控管、照明灯、门、壳体等都是电冰箱的子系统；而电冰箱所处的环境，如房间就可以称为电冰箱这个技术系统的超系统。实际上，所谓子系统、系统、超系统的界定，往往取决于创造者的视角，但其相对关系则是确定的。技术系统的进化，就是指实现技术系统的技术从低级向高级变化的过程。对于具体的技术系统而言，对其子系统或元件进行不断地改进，以提高整个系统的性能，就是技术系统的进化过程。通过对大量专利的分析，Altshuller 发现产品通过不同的技术路线向理想解方向进化，并提出了 8 条产品进化定律。

定律 1：组成系统的完整性定律。

一个完整的技术系统必须由四部分组成：能源装置、执行机构、传动部件和控制装置。能源装置为整个系统提供能源；执行机构具体完成系统的功能；传动部件将能源装置中的能量传递到执行机构；控制装置对其他三个部分进行控制，以协调其工作。

定律 2：能量传递定律。

技术系统的能量从能源装置到执行机构传递效率向逐渐提高的方向进化。选择能量传递形式是很多发明问题的核心。

定律 3：交变运动和谐性定律。

技术系统向着交变运动与零部件自然频率相和谐的方向进化。

定律 4：增加理想化水平定律。

技术系统向增加其理想化水平的方向进化。

定律 5：零部件的不均衡发展定律。

虽然系统作为一个整体在不断改进，但零部件的改进是单独进行的、不同步的。

定律 6：向超系统传递的定律。

当一个系统自身发展到极限时，它向着变成一个超系统的子系统方向进化，通过这种进化，原系统升级到一种更高水平。

定律 7：由宏观向微观的传递定律。

产品所占空间向较小的方向进化。在电子学领域，先是应用真空管，之后是电子管，再后是大规模集成电路，就是典型的例子。

定律 8：增加物质–场的完整性定律。

对于存在不完整物质–场的系统，向增加其完整性方向进化。物质–场中的场从机械或热能向电子或电磁的方向进化。

三、技术系统进化模式

多种历史数据分析表明，技术进化过程有其自身的规律与模式，是可以预测的。与西方传统预测理论不同之处在于，通过对世界专利库的分析，TRIZ 研究人员发现并确认了技术从结构上的进化模式与进化路线。这些模式能引导设计人员尽快发现新的核心技术。充分理解以下 11 种技术系统进化模式（见图 9-37），将会使今天设计明天的产品变为可能。

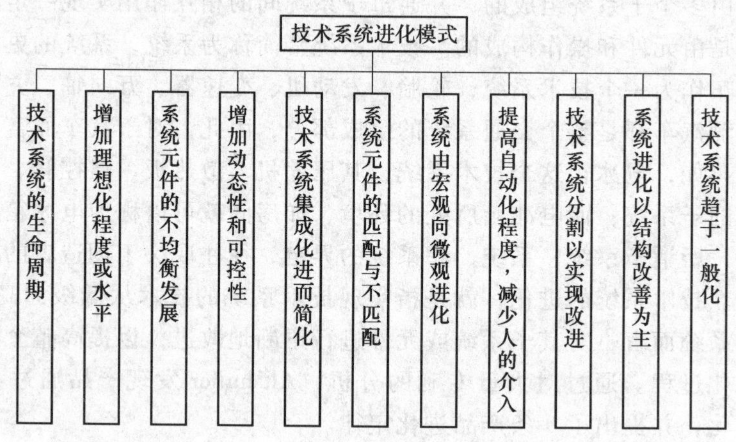

图 9-37　11 种技术系统进化模式

各种技术系统进化模式分析：

（1）进化模式 1　技术系统的生命周期为出生、成长、成熟、退出。

这种进化模式是最一般的进化模式，因为这种进化模式从一个宏观层次上描述了所有系统的进化，其中，最常用的是 S 曲线，用来描述系统性能随时间的变化。对于许多应用实例而言，S 曲线都有一个周期性的生命：出生、成长、成熟、退出。考虑到原有技术系统与新技术系统的交替，可用六个阶段描述：孕育期、出生期、幼年期、成长期、成熟期、退出期。所谓孕育期就是以产生一个系统概念为起点，以该概念已经足够成熟并可以向世人公布为终点的这个时间段，也就是说系统还没有出现，但是出现的重要条件已经发现。出生期标志着这种系统概念已经有了清晰明确的定义，而且还实现了某些功能。如果没有进一步的研究，这种初步的构想就不会有更进一步的发展，不会成为一个“成熟”的技术系统。理论上认为并行设计可以有效地减少发展所需的时间。最长的时间间隔就是产生系统概念与将系统概念转化为实际工程之间的时间段。研究组织可以花费 15 年或者 20 年（孕育期）的时间去研究一个系统概念直到真正的发展研究开始。一旦面向发展的研究开始，就会用到 S 曲线。

（2）进化模式 2　增加理想化水平。

每一种系统完成的功能在产生有用效应的同时都会不可避免地产生有害效应。系统改进的大致方向就是提高系统的理想化程度，可以通过系统改进来增大系统有用功能和减小系统有害功能。

理想化(度)=所有有用效应/所有有害效应

人们总是在努力提高系统的理想化水平，就像我们总是要创造和选择具有创新性的解决方案一样。一个理想的设计是在实际不存在的情况下，给我们提供需要的功能。应用常用资源而实现的简单设计就是一个一流的设计。理想等式告诉我们应该正确识别每一个设计中的有用效应和有害效应，确定比值有一定的局限性，比如很难量化人类为环境污染所付出的代价及环境污染对人体生命所造成的损害。同样，多功能性和有用性之间的比值也是很难测量的。

例 9-38 熨斗对于健忘的人来说是一件危险的物品，可能经常由于沉浸于幻想或者忙于去接电话而忘记将熨斗从衣物上拿开，心爱的衣物就会因此留下了一个大洞。在这种情况下，如果熨斗能自己立起来该多好！于是出现了“不倒翁熨斗”，将熨斗的背部制成球形，并把熨斗的重心移至该处，经过这样改进后的熨斗在放开手后能够自动直立起来。那么怎样才能有效地增加系统的理想化程度？可以采用以下七种方法（见图 9-38）。

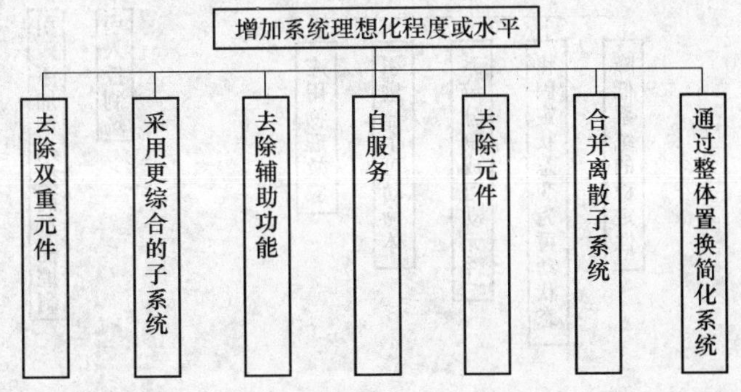

图 9-38 增加系统理想化的七种方法

（3）进化模式 3 系统元件的不均衡发展导致冲突的出现。

系统的每一个组成元件和每个子系统都有自身的 S 曲线，不同的系统元件/子系统一般都是沿着自身的进化模式来演变。同样，不同的系统元件达到自身固有的自然极限所需的次数是不同的，首先达到自然极限的元件就“抑制”了整个系统的发展，它将成为设计中最薄弱的环节。一个不发达的部件也是设计中最薄弱的环节之一，在这些处于薄弱环节的元件得到改进之前，整个系统的改进也将会受到限制。技术系统进化中常见的错误是非薄弱环节引起了设计人员的特别关注，如，在飞机的发展过程中，人们总是把注意力集中在发动机的改进上，试图开发出更好的发动机，但对飞机影响最大的是其空气动力学系统，因此，设计人员把注意力集中在发动机的改进上对提高飞机性能的作用影响不大。

（4）进化模式 4 增加系统的动态性和可控性。

在系统的进化过程中，技术系统总是通过增加动态性和可控性而不断地得到进化，也就是说，系统会增加本身的灵活性和可变性以适应不断变化的环境和满足多重需求。

增加系统动态性和可控性最困难的是如何找到问题的突破口。在最初的链条驱动自行车（单速）上，链条从脚蹬链轮传到后面的飞轮，链轮传动比的增加表明了自行车进化路线是从静态到动态的，从固定的到流动的或者从自由度为零到自由度无限大。如果能正确理解目前产品在进化路线上所处的位置，那么顺应客户的需要，沿着进化路线进一步探索，就可以正确地指引未来的发展，因此，通过调整后面链轮的内部传动比就可以实现自行车的三级变速。五级变速自行车前边有一个齿轮，后边有五个嵌套式齿轮，一个绳缆脱轨器可以实现后边五个齿轮之间相互位置的变换。可以预测，脱轨器也可以安装在前轮，更多的齿轮安装在前轮和后轮，比如，前轮有三个齿轮，后轮有六个齿轮，这就初步建立了18级变速自行车的大体框架。显然，以后的自行车将会实现齿轮之间的自动切换，而且还能实现更多的传动比。理想的设计是实现无穷传动比，可以连续的变换，以适应任何一种地形。

这个设计过程开始是一个静态系统，逐渐向一个机械层次上的柔性系统进化，最终是一个微观层次上的柔性系统。

如何增加系统的动态性，如何增加系统本身的灵活性和可变性以适应不断变化的环境，满足多重需求，有以下五种方法可以帮助我们快速有效地增加系统的动态性（见图9-39）。

图9-40所示的方法可以帮助我们更有效地增加系统的可控性。

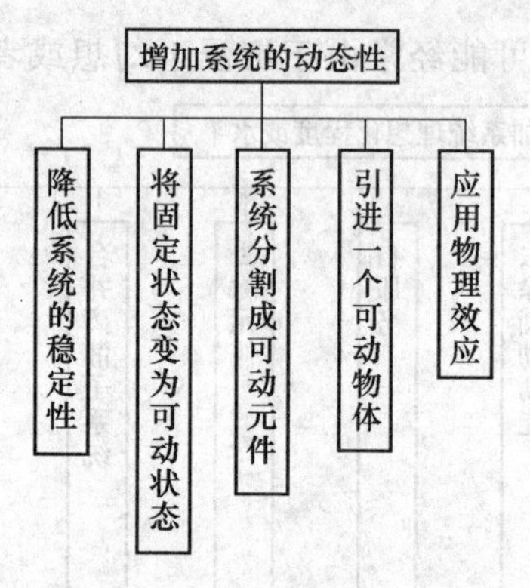

图9-39 增加系统动态性的五种方法

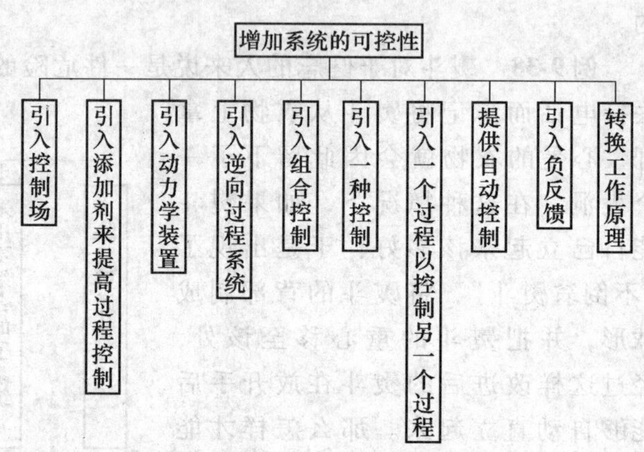

图9-40 增加系统可控性的10种途径

（5）进化模式5 通过集成以增加系统的功能，然后再逐渐简化系统。

技术系统总是首先趋向于结构复杂化（增加系统元件的数量，提高系统功能的特性），然后逐渐精简（可以用一个结构稍微简单的系统实现同样的功能或者实现更好的功能）。把一个系统转换为双系统或多系统就可以实现上述要求。

比如，组合音响将AM/FM收音机、磁带机、VCD机和喇叭等集成为一个多系统，用户可以根据需要选择相应的功能。

如果设计人员能熟练掌握如何建立双系统、多系统，将会实现很多创新性的设计。建立一个双系统可以用图9-41中所示的几种方法。

图9-42描述了建立一个多系统的方法。

（6）进化模式6 系统元件匹配与不匹配的交替出现。

这种进化模式可以被称为行军冲突，通过应用前面所提到的分离原理就可以解决这种冲突。在行军过程中，一致和谐的

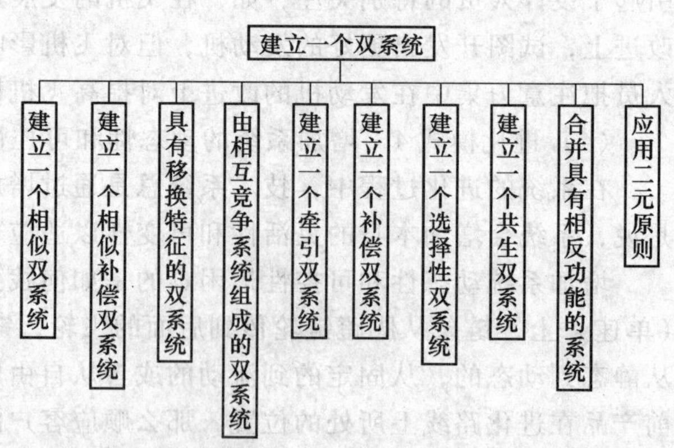

图9-41 建立一个双系统

步伐会产生强烈的振动效应，不幸的是，这种强烈的振动效应会毁坏一座桥，因此，当通过一座桥时，一般的做法是让每个人都以自己正常的脚步和速度前进，这样就可以避免产生振动。

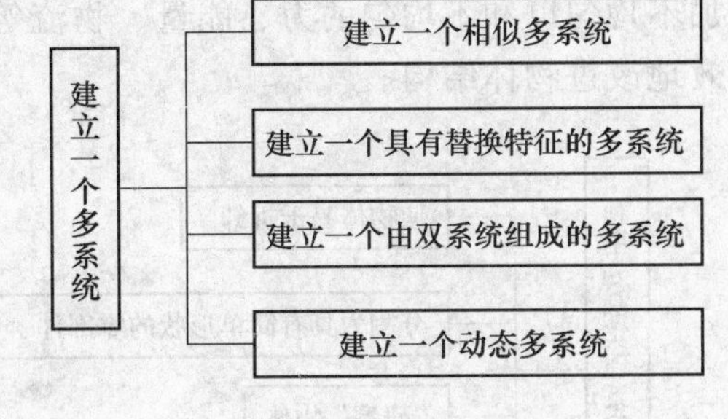

图 9-42　建立一个多系统

有时候造一个不对称的系统会提高系统的功能。具有六个切削刃的切削工具，如果其切削刃角度并不是精确的 60°，比如分别是 60.5°、59°、61°、62°、58°、59.5°，那么这样的一种切削工具将会更有效，因为这样会产生六种不同的频率，可以避免加强振动。

在这种进化模式中，为了改善系统功能并消除负面效应，系统元件可以匹配，也可以不匹配。

例 9-39　早期的轿车采用板簧吸收振动，这种结构是从当时的马车上借鉴的。随着轿车的进化，板簧和轿车的其他部件已经不匹配，后来就研制出了轿车的专用减震器。

（7）进化模式 7　由宏观系统向微观系统进化。

技术系统总是趋向于从宏观系统向微观系统进化。在这个演变过程中，不同类型的场可以用来获得更好的系统功能，实现更好的系统控制。从宏观系统向微观系统进化的流程有以下七个阶段（见图 9-43）。

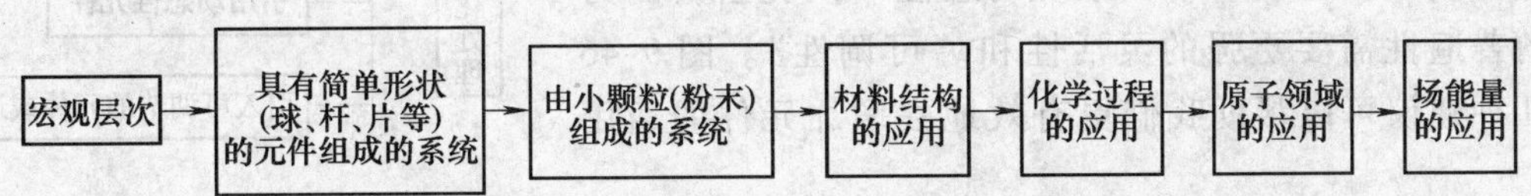

图 9-43　从宏观系统向微观系统进化的七个阶段

例 9-40　烹饪用灶具的进化过程可以用以下四个阶段进行描述：

1）浇铸而成的大铁炉子，以木材为燃料。

2）较小的炉子和烤箱，以天然气为燃料。

3）电热炉子和烤箱，以电为能源。

4）微波炉，以电为能源。

（8）进化模式 8　提高系统的自动化程度，减少人的介入。

之所以要不断地改进系统，目的就是希望系统能代替人类完成那些单调乏味的工作，而人类去完成更多的有创造性的脑力工作。

例 9-41　一百多年前，洗衣服是一件纯粹的体力活，同时还要用到洗衣盆和搓衣板。最初的洗衣机可以减少所需的体力，但是操作需要很长的时间。全自动洗衣机不仅减少了操作所需的时间，还减少了操作所需的体力。

（9）进化模式 9　系统的分割。

在进化过程中，技术系统总是通过各种形式的分割实现改进，一个已分割的系统会有更高的可调性、灵活性和有效性。分割可以在元件之间建立新的相互关系，因此，新的系统资源可以得到改进。图 9-44 中的几种建议可以帮助我们快速实现更有效地系统分割。

（10）进化模式 10　系统进化从改善物体的结构入手。

在进化过程中，技术系统总是通过物体结构的发展来改进系统，结果，结构就会变得更加不均匀以和不均匀的力、能量、物流等相一致。图 9-45 中的几种建议可以帮助我们更有效地改进物体结构。

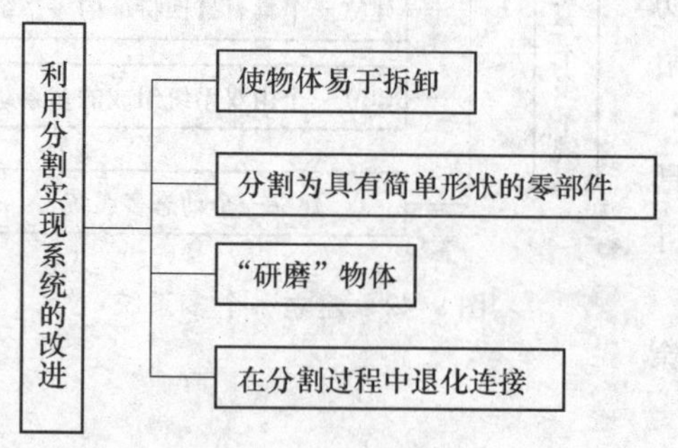

图 9-44 分割的几种方法

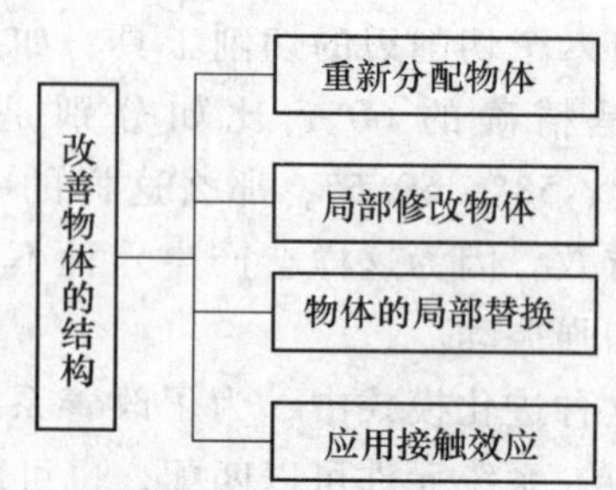

图 9-45 改进物体结构

(11) 进化模式 11 系统元件的一般化处理。

在进化过程中，技术系统总是趋向于具备更强的通用性和多功能性，这样就能提供便利并满足多种需求。这条进化模式已经被“增加系统动态性”所完善，因为更强的普遍性需要更强的灵活性和“可调性”。图 9-46 中的几种建议可以帮助我们更有效地去增加元件的通用性。

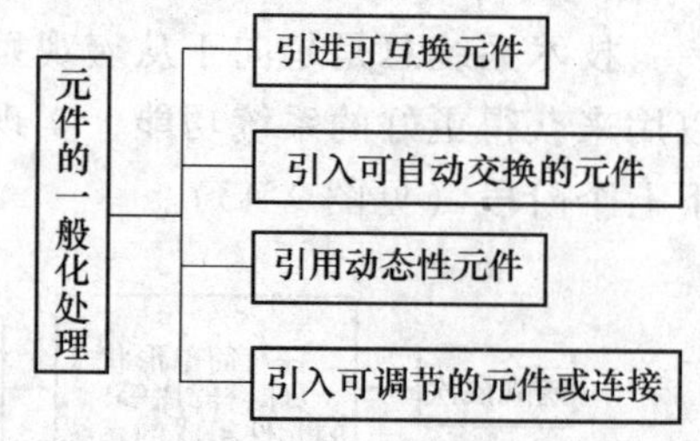

图 9-46 增加元件通用性的方法

产品进化模式导致不同的进化路线，进化路线指出了产品结构进化的状态序列，其实质是产品如何从一种核心技术转移到另一种核心技术。新旧核心技术所完成的基本功能相同，但是新技术的性能极限提高或成本降低。基于当前产品核心技术所处的状态，按照进化路线，通过设计，可使其移动到新的状态。核心技术通过产品的特定结构实现，产品进化过程实质上就是产品结构的进化过程，因此，TRIZ 中的进化理论是预测产品结构进化的理论。

应用进化模式与进化路线的过程为：根据已有产品的结构特点选择一种或几种进化模式，然后从每种模式中选择一种或几种进化路线，从进化路线中确定新的核心技术可能的结构状态。

四、技术进化理论的应用

TRIZ 中的技术进化理论的主要成果为：S 曲线、产品进化定律及产品进化模式。这些关于产品进化的知识具有定性技术预测、产生新技术、市场创新三个方面的应用。

1. 定性技术预测

S 曲线、产品进化定律及产品进化模式可对目前产品提出如下的预测：

1) 指出需要改进的子系统。

2) 避免对处于技术成熟期或退出期的产品大量投入进行改进设计。

3) 指出技术发展可能的方向。

4）指出对处于婴儿期与成长期的产品应尽快申请专利进行产权保护，以使企业在今后的市场竞争中处于有利的地位。

上述四条预测将为企业设计、管理、研发等部门及领导决策提供重要的理论依据。

2. 产生新技术

产品的基本功能在产品进化的过程中基本不变，但其实现形式及辅助功能一直在发生变化，因此，按照进化理论对当前产品进行分析的结果可用于功能实现的分析，以找出更合理的功能实现结构，其分析步骤为：

1）对每一个子系统的功能实现进行评价，如果有更合理的实现形式，则取代当前不合理的子系统。

2）对新引入子系统的效率进行评价。

3）对物质、信息、能量流进行评价，如果需要，选择更合理的流动顺序。

4）对成本或运行费用高的子系统及人工完成的功能进行评价及功能分离，确定是否用成本低的其他系统代替。

5）评价用高一级的相似系统、反系统等代替上述 4）中所评价的已有子系统的可能性。

6）分离出能由一个子系统完成的一系列功能。

7）对完成多于一个功能的子系统进行评价。

8）将上述 4）分离出的功能集成到一个子系统中。

上述的分析过程将协助设计人员完成所选定技术或子系统的直接进化。

3. 市场创新

质量功能布置（QFD）是进行市场研究的有力手段之一。目前，用户的需求主要通过用户调查法获得，负责市场调研的人员一般不知道正在被调研技术的未来发展细节，因此，QFD 的输入，即市场调研的结果，往往是主观的和不完善的，甚至是过时的。

TRIZ 中的产品进化定律与进化模式是由专利信息及技术发展的历史得出的，具有客观及不同领域通用的特点。一种合理的观点是用户从可能的进化趋势中选择最有希望的进化路线，之后经过市场调研人员及设计人员等的加工将其转变为 QFD 的输入。

第四节　计算机辅助创新设计简介

创新设计是新产品、新工艺开发过程中最能体现人类创造性的环节，它需要设计者有极强的综合分析能力和多领域的专业知识。虽然现有的许多 CAD/CAM 软件在产品的辅助设计、辅助计算、辅助绘图以及辅助制造等方面发挥了很大的作用，但是产品和工艺的妥协设计却依然比比皆是。因为新产品、新工艺开发更多更重要的是非数据计算的、通过思考、推理和判断来解决的创新活动。只有创新才能从根本原理上进行产品革新，才能为社会提供品种更多、功能更丰富、价格更低、性能更好的新产品。可以说现代设计的核心就是创新设计。

当今新产品的发展趋势是：以光、机、电、液、磁一体化为特征的高新技术大量渗入到新产品中，产品日趋小型化、多功能化、智能化；产品易于制造、生命周期短、成本低，因而在新产品开发中需要有较为成熟的创新理论和工具支撑，于是计算机辅助创新技术（Computer Aided Innovation，CAI）应时而生。计算机辅助创新技术是新产品开发的一项关键技术，它是以近年来在欧美国家迅速发展的发明创造方法学 TRIZ 研究为基础，结合本体论、现代设计方法学、计算机技术、多领域学科知识综合而成的创新技术，不仅为产品研发、创新提供实时的指导，而且还能在产品研发过程中不断扩充和丰富，已经成为企业新产品开发、实现技术创新的必备工具。

所谓“本体论”是研究世间万物之间联系的科学理论，主要内容有：

1）产品创新需要对自然科学和工程技术领域的基本原理以及人类已有的科研成果建立千丝万缕的联系。

2）构建大千世界普遍联系的关系网，研究自然科学及工程领域中万物之间关系及其应用的边缘学科。

3）关系是本体论的灵魂。

4）得到我们没有意识到的有用方案。

因此本体论在创新设计中具有重要的指导作用。

一、计算机辅助创新设计软件

目前，以 TRIZ 理论为基础开发的计算机辅助创新设计软件按功能多少、结构复杂程度以及用途的不同有数十种之多，软件所用开发语言以英文为主，也有俄文、中文等其他语言开发的软件，主要有美国 Invention Machine 公司的 TechOptimizer 和 Ideation Interntional 公司的 Innovation Workbench（IWB）等，它们是产品开发中解决技术难题实现创新设计的有效工具，在国外很多企业及研究机构得到了广泛的应用。其中，TechOptimizer 软件由 6 个功能模块组成：①问题分析定义模块；②整理模块；③特征转换模块；④工程学原理知识库；⑤创新原理模块；⑥系统改进与预测模块。产品分析定义模块的主要目的是功能分解和产品分析，然后说明什么途径可以提高产品性能。整理模块和特征转换模块用来完善产品分析模块，主要方法是在保证产品的有用功能不受影响的前提下，通过去除产品的一些部件和特征，来改进或消除产品的有害功能。特征转换模块将一个部件或特征的功能转移到需要改进的构件或特征上。工程学原理模块存储了大量的物理、化学等多学科的原理，并配有图文并茂的说明和成功利用该原理解决问题的专利，通过功能检索可以得到。创新原理模块即为前述的 40 个发明创造原理，用来解决各种技术矛盾问题。系统改进与预测模块首先利用物质–场分析方法建立问题的模型，根据预测树可以改变模型中作用的方式、强度等，为问题的改进提供探索的方向；同时还可以对技术系统的发展方向加以预测，为产品创新提供正确导向。由于 TechOptimizer 中的产品改进过程有非常丰富的知识库支持，因此，用它来解决产品的技术问题和进行创新比传统的方法更有效，可以帮助使用者快速找到完成所需功能的方法。与 TechOptimizer 紧密结合的软件是 Knowledgist，主要用于知识获取，它应用人工智能的最新成果即强大的语义处理技术代替人，以极高的效率在浩瀚的信息海洋中查询相关的信息，并对其进行提炼、概括和总结，建立针对某一专题的知识库，为产品创新设计提供极有价值的最新信息。应用 Knowledgist 可以加快获取知识的速度，缩短科研时间，提高效率，使得企业在最新资料的获取上取得竞争优势，并能最先发现新的市场需求，快速进行未来市场急需的新产品开发和研制。

CAI 工具已经有了十多年的历史，其发展主要历经了以下几个阶段：

1）1946 ~ 1986 年，TRIZ 理论的萌芽—成型期，主要是少数发明家在使用 TRIZ。

2）1986 ~ 1992 年，TRIZ 理论日趋完善，进入了实际的工程化应用期，主要使用者是专家、学者。

3）1992～2000 年，TRIZ 理论与 IT 技术相结合，形成了早期的 CAI 软件，同时，本体论开始出现并取得一定的研究成果，这个时期的使用者为接受一定层次 TRIZ 训练的工程技术人员。

4）2000 年至今，TRIZ 与本体论相结合，形成了更为先进的 CAI 理论基础，同时，在易用性上做了很大的改进，软件的使用者已经可以包括任何接受过高等教育的工程技术人员。

现代 CAI 技术的出现具有重大的意义和深远的影响，它把过去只有专家、学者才能使用的高深技术，把过去需要熟知创新理论才能学好的传统 CAI 软件，变成了易学好用的计算机辅助创新平台和创新能力拓展平台，使得人们无需熟知创新理论，只要受过高等教育和工程训练，就能在这样的平台上来培养创新意识，直至作出发明创新。

二、创新能力拓展平台 CBT/NOVA

亿维讯公司（IWINT）根据 TRIZ 理论开发的 CAI 技术包括两大软件平台：计算机辅助创新设计平台（Pro/Innovator，The Computer Aided Innovation Solution）和创新能力拓展平台（CBT/NOVA，Computer-Based Training for Innovaion）。

计算机辅助创新设计平台（Pro/Innovator）将 TRIZ 创新理论、本体论、多领域解决技术难题的技法、现代设计方法、自然语言处理技术和计算机软件技术融为一体，成为设计人员的创新工具。借助其强大的分析综合工具和源于专利的创新方案库，技术人员在不同工程技术领域的产品概念设计阶段，可打破思维定势，拓宽思路，根据市场需求，正确地发现现有产品或工艺流程中存在的问题，并迅速解决产品开发中的关键问题，最终高质量、高效率地找出切实可行的创新设计方案；它含有问题分析、方案生成、方案评价、成果保护和成果共享五个内容，是快速、高效解决问题的良好软件平台。现举一个应用该软件的有趣实例：曾有用户提出“如何清洁船用发动机的冷却水过滤器”的问题，结果 Pro/Innovator 的创新方案库提出的的解决方案是“爆米花”。“爆米花”与“清洁船用发动机的冷却水过滤器”有什么联系？这就是 TRIZ 理论与本体论的妙处，应用瞬时的压力差，使米粒膨化，这就是爆米花原理的本质（见图 9-47），因此应用这一原理，不同领域的许多相似问题都可以解

图 9-47　爆米花原理

决。例如，①利用瞬时压力差可以打破物体的外壳：迅速批量剥除松子、葵花籽和花生的壳；迅速批量去除青椒的籽和蒂。②利用瞬间压力差使人造宝石沿内部原有的微裂纹分割。③利用瞬时压力清除下水管道中的淤泥。

创新能力拓展平台（CBT/NOVA）是专门用于拓展创新能力的培训平台。使用者通过培训平台的学习，能够在较短的时间内掌握创新技法，激发创新潜能，学会运用创新思维和创新方法，进行自身创新能力的提高和拓展，进而在解决实际问题时能够产生创造性的解决方法。

CBT/NOVA 所提供的培训内容涵盖了当今世界先进、实用的创新理论和技法，以培养全新的思维方式，创造性地解决实际创新设计问题，还提供有丰富权威的创新能力测试题库，并能够自动生成创新能力测试试卷。其创新理论和技法主要来源于发明问题解决理论 TRIZ：40 个创新原理、物-场分析法、8 大类技术进化法则、ARIZ 算法、76 种创新问题标准解法等。

CBT/NOVA 可以根据各专业特点，为不同课程定制教学平台，还可以方便地添加科研中积累的知识和经验，加速知识的传递和共享；用户可以随时通过网络进行学习，自主安排学习进程。

CBT/NOVA 主要用在企业员工创新能力拓展、企业智力资产储存和共享、高校创新教育体系的教学、社会再教育或咨询机构的创新能力培训、相关机构创新能力认证培训等方面。

在“信息化带动新型工业化”的国策下，提高企业创新能力的需求日益突显。以成熟的创新理论作为支撑的计算机辅助创新技术填补了 CAX 领域的技术空白，成功地把信息化技术应用到了产品生命周期的最前端，为制造业企业信息化技术提供了新的应用，也为知识工程、产品策划、概念设计、方案设计、产品研发过程优化、先进工程环境（AEE）等具体的信息化项目提供了新的解决方案。

第五节 现代机械产品创新设计集成化方法

随着社会的进步和科学技术的发展，人们对产品设计的要求越来越高。如何尽快地推出新产品不断满足顾客个性化需求成为企业吸引顾客，进而占有更大市场份额的关键要素。这就要求采用新的设计方法和手段来提高产品的功能，从而满足用户的需求，实现产品的创新设计。发明问题解决理论 TRIZ 的兴起为满足该要求提供了强有力的手段，除此之外还有许多重要的设计方法，如，质量功能配置 QFD 、基于实例推理 CBR 等，这些方法在产品创新设计的某个步骤或方面存在自身的优势和不足，因此，将它们与 TRIZ 理论进行集成是现代产品创新设计的发展方向。在产品创新设计中应采用将 QFD、TRIZ 和 CBR 等方法进行集成的策略，以满足现代产品创新设计的需要。

一、基于创造性思维和创造性技法的创新设计

产品创新设计过程是一个提出新概念、设计新方案、开发新产品的过程，因此，产品创新离不开人的创造性思维。通过产品创新使其具有更新、更好的功能来满足用户的需求，因此创新是设计的灵魂，是产品的生命。产品创新需要将逻辑思维和形象思维协调运用，设计

者靠逻辑思维进行严密的逻辑推理，而靠形象思维判断许多由逻辑无法决定的问题，并使设计具有创造性。创新设计既要利用领域知识和经验，也要应用模糊和非定量的感性认识，是逻辑思维和形象思维综合作用的结果。由于产品设计问题本身是一种病态结构，设计过程无法完全用数学公式来建模，即设计不是单纯的逻辑推理过程，设计知识和经验起着关键作用，因此，创新设计的核心是领域知识、设计经验在设计各阶段的应用，而设计过程中那些对产品最具有创造性的、最有价值的设计思想仍需主要由人的创造性思维来产生并被有机地、实时地融合到设计过程中去。在强烈的创新意识驱动下，人们往往通过直觉、灵感、顿悟、类比等方式受到启发，经过跳跃式思维和大范围搜索，灵活地运用人类已有的知识和经验，进行重新组合、叠加、联想、综合、推理及抽象等，并形成新思想和新概念，因此创造性思维具有主动性、目的性、预见性、求异性、发散性、独创性和突变性等特征。为了使创新构思得到有效的创造结果，可以在创新设计中综合运用各种创造性技法，例如，智暴法、组合法、移植法、还原法、分解法、仿生法和联想法等。这些创新技法主要是基于认知的方法，它们只限于提出问题，而没有进行过多的约束及建立相关的模型。由于基于认知的方法不利于创新设计的自动化，同时在具体应用时操作性欠佳，因此还需要结合 TRIZ 理论与方法来实现。

二、基于发明创造方法学 TRIZ 的创新设计

TRIZ 理论是产品开发过程中解决技术矛盾和实现创新设计的有力工具，利用该理论可以为产品开发过程中矛盾的解决提供技术帮助。TRIZ 认为，创新并不是灵感的闪现和随机的探索，它存在解决问题的一般规律，这些规律告诉人们按照什么样的方法和过程去进行创新并对结果具有预测性和可控性，因此，在解决技术问题时，将已有解决方法建立知识库，使问题可以通过选择类似的方法得到解决。而对于一些可能从未遇到过的创新性问题，也可以从现有专利中总结出设计的基本原则、方法和模式，通过这些方法和原则的应用进行解决，同时反过来它又可以扩展类似问题的知识库。用 TRIZ 求解问题是基于技术进化不是一个随机的过程，而是遵循某种模式的客观事实，根据技术系统的进化法则，人们可以预测产品的发展趋势，把握新产品的开发方向。基于 TRIZ 技术进化定律及进化路线的解空间搜索过程为：设计者从问题出发，首先选择一条或几条进化定律，其次在进化定律下选择进化路线，之后在进化路线下寻找产品目前的状态及可能变动到的新的结构状态，参照已有的工程实例，确定在新的结构状态下产品的工作原理，该工作原理即为问题的解。TRIZ 理论为创新问题求解提供了有效工具，使设计者能正确地发现产品设计中存在的技术冲突，找到具有创新性的解决方案，从而保证了产品开发方向的正确性。

基于 TRIZ 理论的计算机辅助创新设计软件 TechOptimizer 将多个领域的科学知识有机地综合起来，可以辅助设计人员进行产品创新，以便帮助设计者从问题空间（市场需求）推理到达解空间（创新设计）。由于 TechOptimizer 中的产品改进过程有非常丰富的知识库支持，因此，用它来解决产品的技术问题和进行创新比传统的方法更为有效，可以帮助设计者快速找到完成所需功能的方法。如果应用该软件还不能解决问题，那么就需要借助创新思维库来进行产品创新构思，因为计算机软件并不能完全取代人，它只能提供进行产品创新的思路，还需要设计人员将新的想法具体化，以形成新产品方案，这种情况下人们习惯采用基于实例推理的设计方法来完成创新产品的开发。

三、基于质量功能配置 QFD 的创新设计

质量功能配置 QFD（Quality Function Deployment）是在产品设计阶段应用的一种重要的质量设计方法，它采用一定的方法保证将来自顾客或市场的需求准确无误地转移到产品寿命循环中每个阶段的有关技术和措施中去，是满足顾客需求、赢得市场竞争的有效方法。QFD的主要功能就是确定产品最主要的问题和参数，明确优先权及各参数与最终目标值的关系，采用规范化方法将顾客所需特性转化为一系列工程特性，所用的基本工具是质量屋（HOQ，House of Quality）。质量功能配置不但可以建立用户需求与设计要求之间的关系，而且可以支持设计及制造全过程，它用设计要求代替顾客需求，然后用零件特性代替设计要求，依次类推，将上一个质量屋的输出作为下一个质量屋的输入，就可以得到质量功能配置的质量屋系列。从整个产品开发过程来看，需要产品规划、概念设计、技术设计和详细设计四个质量屋，就可以将顾客需求和设计任务转化为最终的产品制造要求。通过 QFD 方法可以了解客户需求、明确新产品设计的客观条件，但由于问题的模糊性，很难明确问题本质，因此，需要结合 TRIZ 的原理，对产品设计的过程加以完善。

TRIZ 理论主要是解决设计中怎么做的问题，对设计中做什么的问题未能给出合适的工具，而质量功能配置 QFD 方法恰恰能解决做什么的问题，所以将它们有机地结合起来，发挥各自的优势，将更有助于产品创新。TRIZ 与 QFD 都没有给出需求产品具体的设计过程，而基于实例推理的设计却可以通过检索到的最相似实例给出完整的设计过程，因而可以结合 TRIZ 理论来解决实例调整中的技术矛盾，并借助于领域设计知识在修改的基础上构成完整的创新设计方案。

四、基于实例推理方法 CBR 的创新设计

基于实例推理 CBR（Case-Based Reasoning）的设计方法是基于实例的推理方法在设计领域中的应用，其设计思想来源于人类习惯的类比思维方式，即设计者在进行创新设计时，面对新的设计要求，往往首先想到以前工作中曾经出现过的相似实例，找出两者之间的区别，并以此为依据根据创新设计的要求，确定新的设计方案。基于实例的设计过程为：用户首先对当前问题进行描述，系统根据用户对设计条件的描述抽象出实例特征并建立筛选条件；根据这一条件从实例库中选出与当前问题最相似的实例，对比两者之间的区别，调整选定实例中不能满足条件的因素，生成最终的设计方案并存入实例库中，从而扩充了知识，实现了自学习的能力。由于系统是开放体系，因此，随着实例的积累，系统的求解能力将不断提高。在 CBR 系统中，设计实例是对具体经验的描述，属于直接原知识，因此，与其他方法相比具有很大的优越性，它避免了知识获取的瓶颈，非常符合产品设计过程，是提高设计效率和自动化程度的有效手段。基于实例的设计中，实例的调整是完成创新设计的关键步骤，它包括确定所选实例与创新问题之间的区别，找出需要变更的部分，适当修改设计实例以满足新的要求。实例修改常用的方法有人工干预、基于知识的修改以及实例的组合等，因此，需要结合领域知识和 TRIZ 知识库来解决修改中的技术矛盾，从而实现最终的创新设计方案。

五、现代机械产品创新设计集成化框架模型

产品开发过程包括产品规划、概念设计、技术设计和详细设计四个阶段，它是 QFD、

TRIZ 和 CBR 等方法集成的基础。在创造性思维的基础上，实现 QFD、TRIZ 和 CBR 等方法的集成，其特色在于这种集成是在原有的产品开发过程基础上，充分发挥各种设计理论的优点，形成了以人为本的系统化的创新设计思想与方法，为计算机辅助产品创新集成工具的开发提供了有效的框架模型。三者在产品开发过程基础上的集成化框架模型如图 9-48 所示。

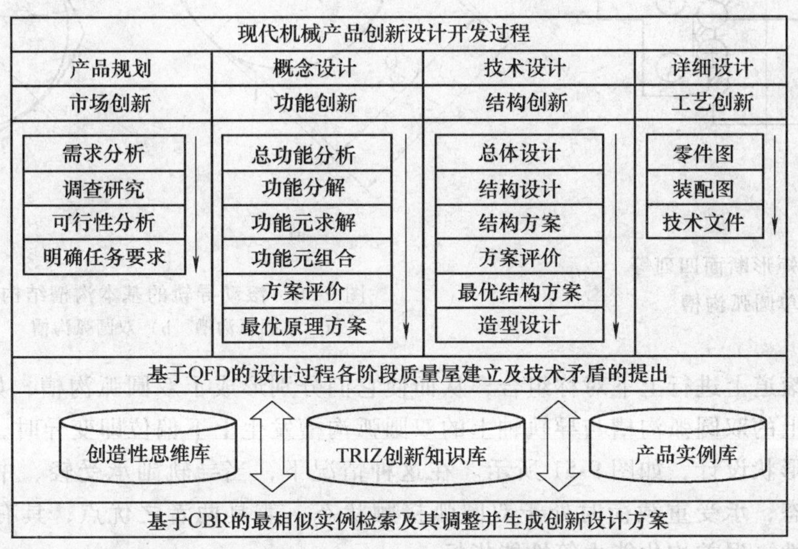

图 9-48　现代机械产品创新设计集成化框架模型

按照创新设计的集成化框架模型，在整个产品设计过程中，调查分析用户需求并填写质量屋的各个部分是产品规划阶段将产品质量与用户要求相联系的纽带。由质量屋可以得到技术要求之间的关系，如果他们之间存在冲突时，则用 TRIZ 理论的冲突解决矩阵来解决，以得到的新的用户满意的技术要求，作为详细设计的输入，否则直接转到详细设计阶段。在设计过程中，采用 CBR 方法，以检索到的最相似实例为基础，并借助 TRIZ 理论及创造性思维进行改进，可以加快产品的创新速度。

现通过实例简要说明上述模型在产品开发中的应用。根据市场需求，需要开发一种能够承受轻、中、重载荷的四方等载型多功能滚动直线导轨，以适应不同的加工要求。利用 QFD 方法提出的设计要求主要是当载荷加大时具有承受重载荷的能力，其工程特性为提高导轨的刚性。在 CBR 方法的基础上，依据功能相似提取了四列等载型单圆弧滚动直线导轨作为实例进行分析，由于这种导轨一般只适用于承受轻、中载荷，因此，根据 TRIZ 中的技术进化理论，按照实现功能进化的要求，产品功能应由单一功能向多功能变化。在创造性思维和创新技法的指导下，作者以单圆弧滚动直线导轨为研究对象，抽取了最能表现导轨产品结构特点的基本形状特征单圆弧作为基因单元，通过分割、组合和变异操作，对产品的组成结构进行系统而有规律地调整，以此来优化并增加产品的功能，使之具有新的功能，形成了新型类双圆弧结构滚动直线导轨，实现了承受轻、中、重载荷的功能要求，同时提高了刚性，完成了创新设计要求。分析滚动直线导轨结构的创新设计过程如下：

如图 9-49 所示为矩形断面四列等载型单圆弧沟槽滚动直线导轨，其滚动沟槽的形状特征为单圆弧，如图 9-50a 所示，这种结构一般只能承受轻、中载荷。现提取该特征，并分别

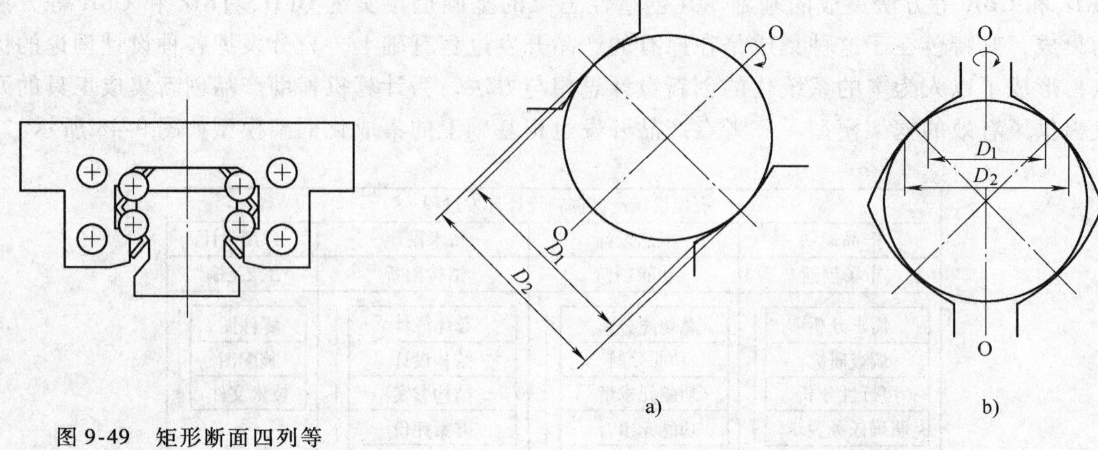

图 9-49　矩形断面四列等载型单圆弧沟槽

图 9-50　滚动导轨的基本沟槽结构
a）单圆弧沟槽　b）双圆弧沟槽

在滑块和导轨滚道上进行上下对称组合，从而使它们分别形成了双圆弧沟槽，如图 9-50b 所示。当使滑块上的双圆弧沟槽与导轨轴上的双圆弧沟槽发生上下偏位即变异时，便形成了独特的类双圆弧形状设计，如图 9-51 所示。在这种情况下，当导轨副承受轻、中载荷时处于单圆弧接触状态，承受重载荷时处于双圆弧接触状态，兼具两者之优点，具有较好的静刚度、摩擦力特性、误差均化能力等性能指标。

通过对单圆弧沟槽的组合及变异，从而完成了滚动直线导轨的结构创新设计，使得这种结构既能承受轻、中载荷，又能承受重载荷。矩形断面四列类双圆弧沟槽的组合结构如图 9-52 所示。

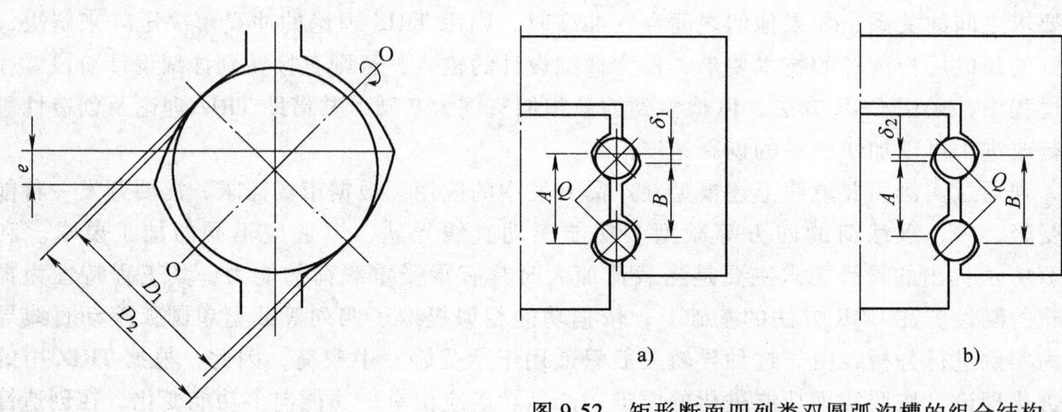

图 9-51　类双圆弧的沟槽结构

图 9-52　矩形断面四列类双圆弧沟槽的组合结构
a）自动调心设计　b）高刚性设计

现设导轨沟槽间的距离为 A，滑块沟槽间的距离为 B，如图 9-52 所示。由 A 和 B 之间的微小差别可分为：$A>B$ 时称为自动调心设计，如图 9-52a 所示；$A<B$ 时称为高刚性设计，如图 9-52b 所示。其接触状态为，在承受轻、中载荷时，左右的两条沟槽中各有一条承受向下载荷，而另一条沟槽只有预加载荷的作用，接触情况与单圆弧沟槽类似；在承受重、冲击载荷时，由于弹性变形，滑块沿载荷作用方向产生较大的位移，从而可使间隙消失，此时左

右两条沟槽全部承受载荷。由于承受载荷的槽数增加，故其刚性及负载能力增大，同时具有较大的摩擦阻力，因此，对加工时产生的振动具有抑制作用。当承受力矩载荷时，通过力矩分析可知前者力臂比后者小，因而后者力矩刚性高，而前者力矩刚性低，从而对导轨轴垂直方向的装配误差有很大的调整作用。综上所述，通过结构创新，使得具有多列类双圆弧沟槽的滚动直线导轨具有独特的功能特性，可以综合适用于多种工况。

第六节　TRIZ 理论的发展趋势

阿奇舒勒曾经说过："今天是 TRIZ 理论的时代。我们第一代人研究出基础理论，但我们没有真正研究出所需的自由和无拘无束。第二代人需要继续研究，现在应当看研究人员的了。他们应该勇敢果断，能够保留新阶段重要和所需的东西，勇于摒弃一切落后的事物。TRIZ 理论发展的新时代到来了。"

一、TRIZ 理论自身的不断完善

1999 年，MIT 公理性设计组的 Tate 博士在其博士论文中，通过对世界著名流派的设计理论进行分析后提出：尽管设计理论的研究已有 100 多年的历史，很多的研究成果已在工业界得到应用，但设计理论并未成熟，目前仍处于准理论阶段。该理论在设计过程、设计目标、设计者、可用资源及领域知识等 5 个方面还有大量的问题有待解决。TRIZ 理论也是 Tate 博士所分析的理论之一，也处于发展阶段。Savranky 博士认为，作为一种技术本身，虽然经过了 50 多年的发展，TRIZ 目前仍处于婴儿期，还远没有达到纯粹科学的水平，称之为方法学是合适的。他认为 TRIZ 目前及今后的发展趋势为：TRIZ 本身的完善及新的研究分支两个方面。

二、TRIZ 理论的发展和应用战略

TRIZ 理论作为知识系统最大的优点在于：其基础理论不会过时，不会随时间而变化！TRIZ 理论有其发明的不变性——发明创造中的矛盾原则，用以克服问题的主要矛盾，因此，无需怀疑 TRIZ 理论的基本规律和方法。问题的关键是如何确定 TRIZ 理论知识的发展方向，以下方向可以作为能够选择的战略趋势：

1）以人的创新发明为对象。

2）以计算机解形式合成为对象。

第二个方向实际上完全依赖于人的智能创新合成程序的形式化，的确一系列数学模型，包括方式识别模型和多标准优化模型，都能保证计算机合成过程论据充足有效。至少可以指出下列原则上尚未解决的计算机想法合成问题：

1）自动形成理想功能模型，作为创新与转换的目标。

2）自动形成和考虑有社会意义（伦理、生态、美学和其他人文方向）的观点。

总之，机器目前无法完成最主要的发明——将来有社会价值的形式。只有人类智力才能够实现这一点。这是否意味着，TRIZ 理论知识发展战略应以研究人的智力——心理资源方法为对象。

大量研究 CAD/CAM 人工智能系统的经验以及研究应用 TRIZ 理论模型及软件的经验表

明，研究重心应该转向支持人工合成思路。由于计算机系统是人们发明创造中不可缺少的工具，因此，应该更多地采用 TRIZ 理论方法进行系统集成，以获取积极的超效应系统。

到目前为止，在创新和发明创造过程方面，提供心理支持的计算机系统研究方面的成果甚微。因此，为了使用智能计算机系统支持人的创新活动，可以指出 TRIZ 理论知识的发展方向为：

1）建立创新和发明活动知识处理系统。

2）建立基于 TRIZ 理论的通用和专业应用系统。

3）TRIZ 理论系统与其他支持人的活动的系统一体化，例如，与教育、设计、管理和科学研究系统一体化。

4）建立创新和发明活动心理支持系统。

5）建立人的社会价值取向支持系统并考虑生态和社会进步的规律、限制和目标。

三、现代 TRIZ 理论研究的发展

传统的 TRIZ 理论是一种复杂的问题解决工具，其现代化的主要问题是开发一个容易应用阿奇舒勒提出的各种方法的过程。事实上，在前苏联赫鲁晓夫时代，就有人提出 TRIZ 理论现代化的问题，而 TRIZ 理论真正的现代化历程是从 1985 年开始的。

1. 现代 TRIZ 理论的研究进展

目前，TRIZ 理论的研究成果主要集中在 4 种 TRIZ 模式上。

第 1 种：Ⅲ（Ideation International Inc）模式。前苏联 TRIZ 专家认为，TRIZ 的许多方法分支太多，也过于复杂，因此必需提供一些方法和过程作为分析这些问题方法的统一入口。具体可以这样操作：根据有害和有用影响的区分，手工绘出问题中各部分因果关系网络图，利用软件工具对图中每一个节点能够自动列出问题的看法或者建议。每一个看法为使用者推荐了合适的 TRIZ 工具。Ⅲ模式的主要不足是得出的看法通常是节点的 3 ~ 4 倍，对于复杂问题有时会显得非常冗长。

第 2 种：IMC（Inventive Machine Corp）模式。IMC 公司是由前苏联人工智能和 TRIZ 专家 Tsourilov 博士移民到美国后创建的。为了解决具有技术和物理矛盾的“困难”工程问题，IMC 努力将解决矛盾的创新原则、分割原则、效果库等知识库工具集成为软件 TechOptimizer。由于引入了相应的现代软件开发和人工智能技术，该软件具有界面友好与容易使用的特点。

第 3 种：SIT/USIT 模式。SIT（Systematic Inventive Thinking）模式原由移民到以色列的 TRIZ 专家 Filkosky 在 1980 年左右创立，目的是简化 TRIZ 以便使其被更多人接受。1995 年福特公司 Sickafus 博士将 SIT 模式进行结构化形成 USIT（Unified Strictured Inventive Thinking）模式。该模式能帮助公司工程师短时间内接受和掌握 TRIZ，在概念产生阶段为实际问题快速地产生多种解决方法。USIT 将 TRIZ 设计过程分为三个阶段：问题定义、问题分析和概念产生。它将解决方法概念的产生简化为只有四种技术（属性维度化、对象复数化、功能分布法和功能变换法），而不需要采用知识库或计算机软件。但 USIT 解决问题的好坏依赖于问题解决人员知识的广度和深度。

第 4 种：RLI（Renaissanoe Leedership Instiute）模式。该模式是由 RLI 公司的分支机构 Leonadnda Vinci 研究院的一些专家开发的。RLI 模式对 TRIZ 理论的贡献主要体现在：针对

TRIZ 的复杂性，开发了八个解决问题的算法；针对物质-场分析工具存在的缺陷，提出运用三元代替物质场的三元分析方法（Triad Analysis），并将其结合到所开发的八个发明算法中。

2. TRIZ 理论的发展方向

TRIZ 是在前苏联计划经济体制下形成的，当时企业间基本不存在竞争，但是今天的企业不得不面临残酷激烈的竞争。传统 TRIZ 对于那些急于学习创新性方法的工程师来说，显得过于庞杂。另外，传统 TRIZ 还存在一些缺陷，如，目前 TRIZ 知识库中还没有当前十分流行的信息技术和生物技术的成果，因此，为了适应现代产品设计的需要，TRIZ 不得不面临自身现代化的问题，这是当前国际上 TRIZ 研究的重点。TRIZ 理论有 4 个发展方向：①技术起源和技术演化理论；②克服心理惯性的技术；③分析、明确描述和解决发明问题的技术；④指导建立技术功能和特定设计方法、技术和自然知识之间的关系。

3. TRIZ 理论与其他方法的集成

TRIZ 主要是解决设计中如何做的问题，对设计中做什么的问题未能给出合适的工具。大量的工程实例表明，TRIZ 的出发点是借助于经验发现设计中的矛盾，矛盾发现的过程也是通过对问题的定性描述来实现的，其他的设计理论，特别是 QFD（Quality Function Deployment 质量功能布置）恰恰能解决做什么的问题，所以，将两者有机的结合，发挥各自的优势，将更有助于产品创新。TRIZ 与 QFD 都未给出具体的参数设计方法，稳健设计则特别适合于详细设计阶段的参数设计。将 TRIZ、QFD 和稳健设计集成，能形成从产品定义、概念设计到详细设计的强有力支持工具，因此，三者的有机集成已经成为设计领域的重要研究方向。

4. TRIZ 理论在非技术领域的研究与发展

近年来，在国际上有些专家学者将 TRIZ 的方法应用到非技术领域。Barry Winkless 和 Darrell Mann（2001）曾利用 40 条创新原则于爱尔兰食品进行创新，他们利用这些创新原则从食品的包装与产品本身进行创新而推出新产品。Noel Leon（2003）也把 TRIZ 的概念运用到产品设计上，他认为利用此方法不仅可以让设计者有些创新的想法并且还能减少创新所用的时间。有的学者对传统的 TRIZ 方法进行修改使其能适用到商业领域，Bruno Ruchti 和 Pavel Livotov（2001）认为商业环境竞争激烈，管理者需要在短时间内做出合理的决策，而要在短时间内，综合大量信息以做出适当的决策需要有良好的思考与架构。实际工作中大多数的管理者多以其过去的经验与直觉为基础做出决策。一些学者认为 TRIZ 这套方法论具有独特的思考程序，可以提供管理者良好的架构与解决问题的程序。在进行研究后，提出了 12 条解决商业与管理中组织任务的创新原则。相信有了这些学者的研究基础，TRIZ 在未来必然会朝向非技术领域发展，应用的层面也会更加广泛。

第十章　机械产品创新设计实例分析

第一节　电动大门的创新设计

随着国民经济的发展和社会交往的日益增多，越来越多的单位开始注意形象设计。单位门面的装潢导致了电动大门的迅速发展，对电动大门的功能与造型的要求也日益提高。本例从电动大门的功能目标开始，分析其机械系统的创新设计过程。

一、功能目标

实现大门的自动打开和关闭。

二、技术途径

运用发散思维的方式，确定其实现的技术途径，图10-1所示为该技术途径框图。

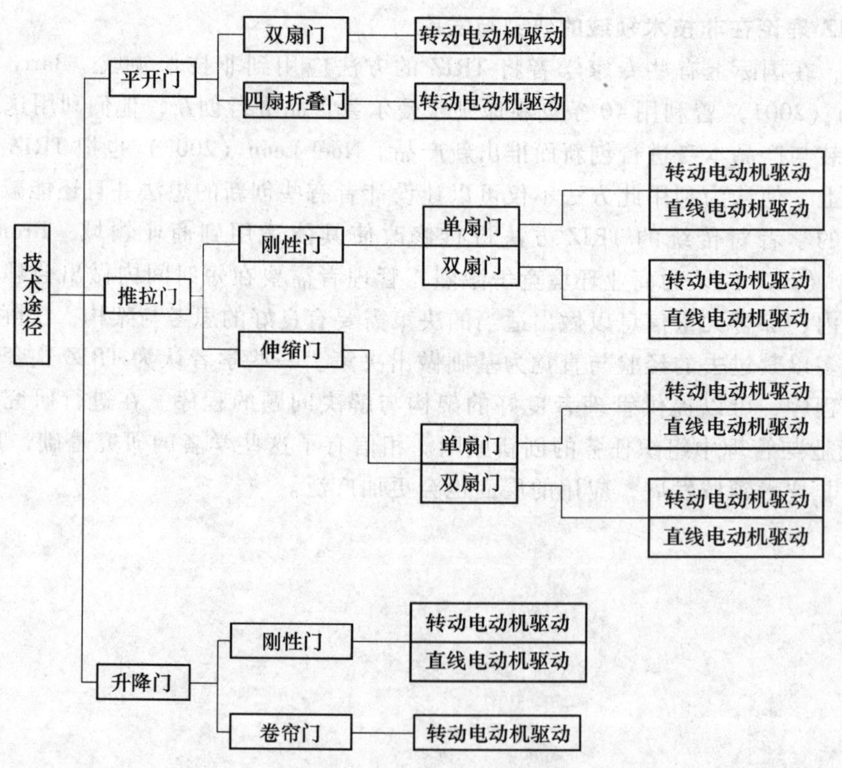

图10-1　实现电动大门功能的技术途径框图

平开门、四扇折叠门、推拉门、双扇推拉门、伸缩推拉门、升降门和卷帘门的示意图如图 10-2 所示。平开门是指大门绕垂直轴转动；推拉门是指大门沿门宽方向移动；伸缩门是指大门沿门宽方向移动，且大门由可伸缩的杆状平行四边形联接的多片金属框架组成；升降门是指大门沿垂直方向移动；卷帘门是指大门绕门宽上方的水平轴转动。图中仅画出了大门的运动形式，没有给出具体的传动方式。

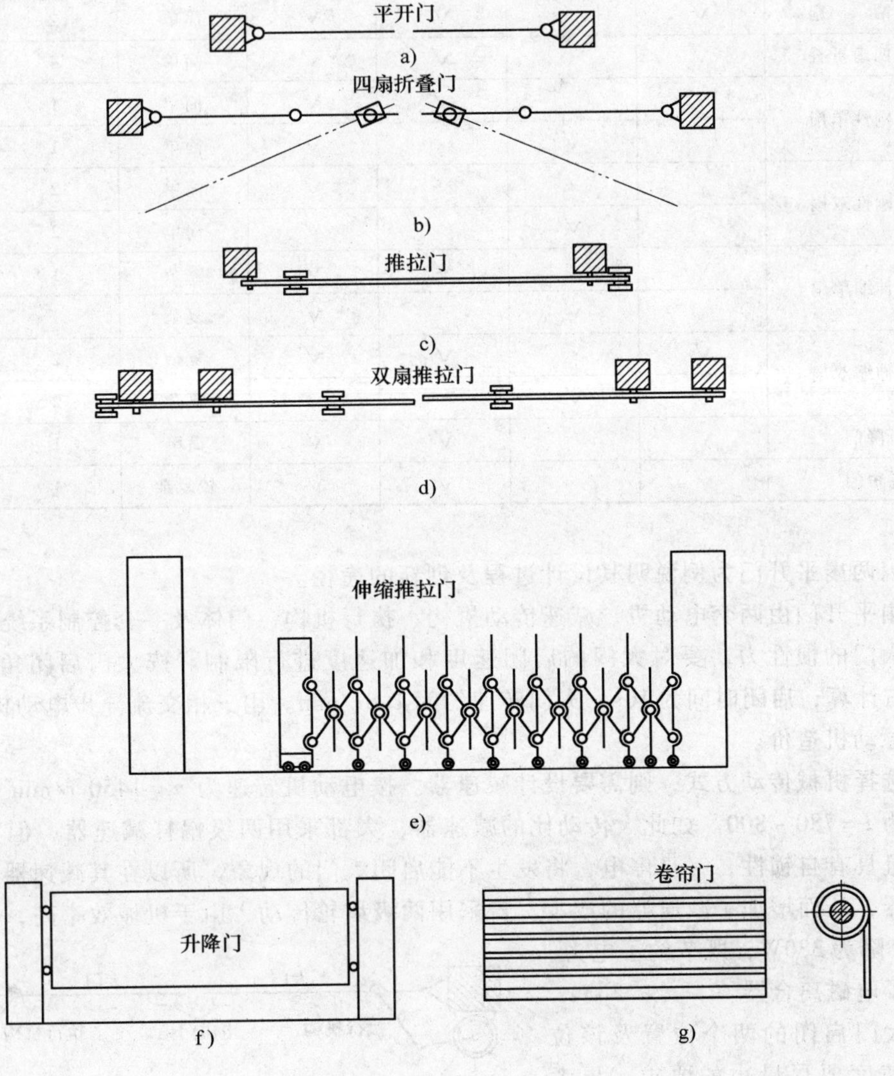

图 10-2　各种大门示意图

三、技术原理

根据大门的宽度、大门两侧的具体建筑风格与空间，选择大门的运动方式及具体机构，按技术原理进行创新设计。

1）门宽为 4～5m，选择两扇平开门或单扇推拉门（含伸缩门）；门宽为 6～10m，选择四扇折叠门或双扇推拉门。

2）厂房式建筑还可以考虑采用升降门或卷帘门。

表 10-1 所示为各种不同类型大门的技术组合，可据此进行方案设计。不同的组合方式，均能完成相同的功能，但其成本相差很大。

表 10-1 电动大门的技术组合

类型		转动电动机	直线电动机	传动机构	执行机构	门体结构	数量/门	成本
平开门	两扇	√		√	√	简单	2	较低
	四扇折叠	√		√	√	简单	4	较高
推拉门	刚性单扇	√		√	√	简单	1	较低
			√		√	简单	1	最低
	刚性双扇	√		√	√	简单	2	较高
			√		√	简单	2	较高
	伸缩单扇	√		√	√	复杂	1	高
			√		√	复杂	1	高
	伸缩双扇	√		√	√	复杂	2	最高
			√		√	复杂	2	最高
升降门		√		√	√	简单	1	较低
卷帘门		√		√	√	较复杂	1	较低

现以两扇平开门为例说明其设计过程及创新的途径。

两扇平开门由两套电动机、减速传动机构、执行机构、门体及一套控制系统组成。为减小启闭大门的惯性力，要对大门的启闭速度和加速度进行限制。按大门启闭角度为 90°～100°左右计算，启闭时间为 10s，大门转速约为 1.8r/min。用三相交流异步电动机为原动机，可降低原动机造价。

若选择机械传动方式，则需要设计减速器。按电动机转速为 $n=1450$ r/min 设计，其传动比约为 $i=780\sim800$。如此大传动比的减速器，大都采用两级蜗杆减速器，但其机械效率过低，且具有自锁性，一旦停电，将发生不能启闭大门的现象，所以在其减速器内要安装电磁离合器，从而增加了减速器的成本。若采用两级齿轮传动，由于机械效率高，传动功率可从 550W 降为 380W，既节约了电力，又节省了电磁离合器。

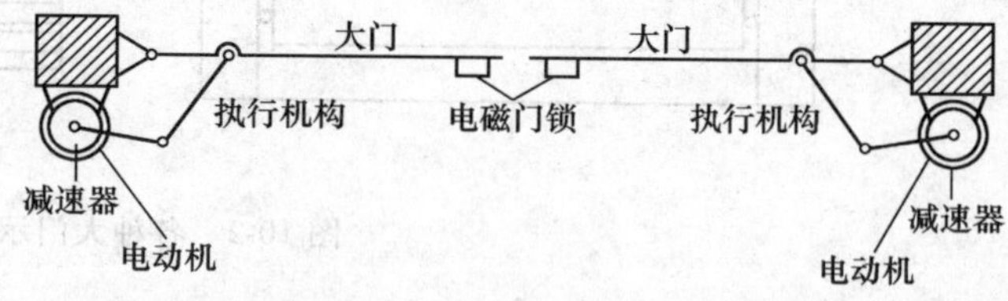

图 10-3 平开式电动大门机械系统简图

按大门启闭的两个位置及该位置处加速度要尽量小的要求，再考虑到传动角要尽量大的条件和安装限制条件，设计连杆式执行机构，该机械系统运动简图如图 10-3 所示。

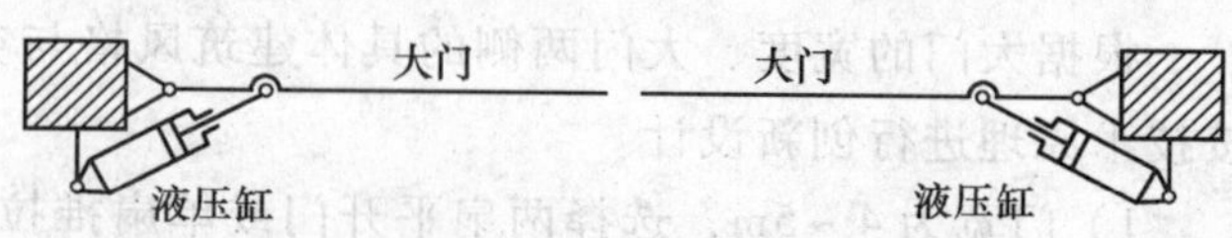

图 10-4 液压型电动大门机构简图

平开门的驱动方式也可采用液压传动，其机构简图如图 10-4 所示。液压驱动的电动大门外形整洁，用电安全，无需电磁门锁，但不适宜较寒冷地区使用。

液压传动原理图如图10-5所示，图中用限位开关（未画出）取代压力继电器，更加适应电动大门的工作。

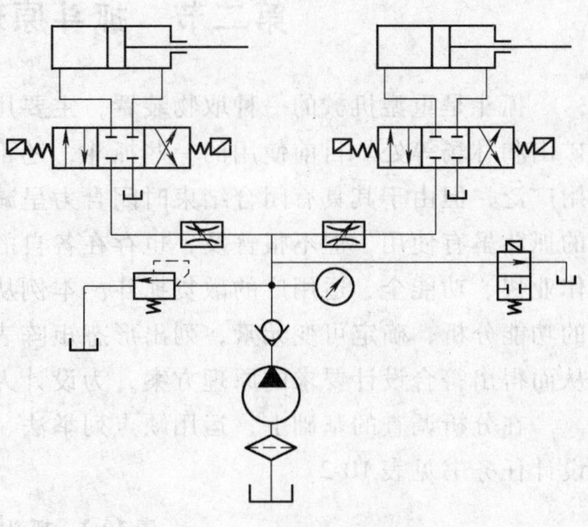
图10-5 液压传动原理图

四、方案评价

根据电动大门的功能分析和技术原理，可创新设计出多种不同类型的电动大门。本例仅讨论了门宽较小的两扇平开门的创新设计。

采用两级蜗杆减速器和四连杆机构，作为执行机构的电动大门的创新设计，由北方交通大学完成；采用两级摆线针轮减速器和四连杆机构，作为执行机构的电动大门的创新设计，由天津大学完成；采用两级齿轮减速器和具有自锁特性的四连杆机构，作为执行机构的电动大门的创新设计，由北京理工大学完成。

其创新之处主要有两点：电动大门机构运动方案的拟定和传动装置的设计。采用平开门时，地面不用安装导轨，减小了行车的颠簸和施工强度，适用大门两侧有建筑物的场合。电动大门的创新方案不是唯一的，要从门面建筑和周边环境的总体布局综合进行考虑。各种电动大门的出现，不仅减轻了操作者的劳动强度，而且也美化了建筑环境。

图10-6所示为美国某电动门公司创新设计的四扇折叠电动门，该机械系统采用了八杆机构，且为Ⅲ级机构，广泛用于超宽型的顶置式厂房大门。

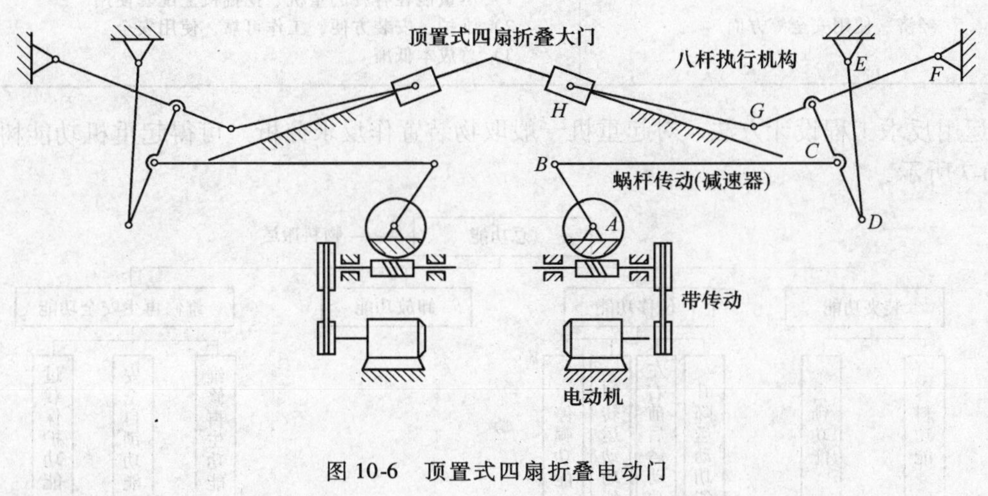

图10-6 顶置式四扇折叠电动门

读者可根据其组成情况进行创新分析，也可用其他创新设计方法进行再一次的创新设计。

第二节 抓斗原理方案的创新设计

抓斗是重型机械的一种取物装置，主要用来就地装卸大量散粒物料，用于港口、车站、矿山和林场等处。目前使用的一些抓斗，还不能完全满足装卸要求，长撑杆双颚板抓斗虽应用广泛，但由于其具有闭合结束时闭合力呈减小趋势的致命弱点，影响抓取效果。其他类型的抓斗虽有使用，但不很普及，也存在各自的缺点，故市场上迫切需要有一种装卸效率高、作业快、功能全、适用广的散货抓斗。本例从设计方法学和创造学的角度出发，通过对抓斗的功能分析，确定可变元素，列出形态矩阵表，组合出多种抓斗原理方案，通过评价择优，从而得出符合设计要求的原理方案，为设计人员提供抓斗原理方案设计的新思路。

在分析调查的基础上，运用缺点列举法、希望点列举法等创新技法，制定出的抓斗开发设计任务书见表 10-2。

表 10-2 抓斗开发设计任务书

要　求	内　容
1. 功能方面	1）抓取性能好，有较大的抓取力 2）装卸效率高 3）装卸性能好，空中任一位置颚板可闭合、打开 4）闭合性能好，能防散漏 5）适用范围广，既可抓小颗粒物料，也可抓大颗粒物料
2. 结构方面	1）结构新颖 2）结构简单、紧凑
3. 材料方面	1）材料耐磨性好 2）价格便宜
4. 人机工程方面	操作方便，造型美观
5. 经济、使用安全等方面	1）尽量能在各种起重机、挖掘机上配套使用 2）维护、安装方便，工作可靠，使用安全 3）总成本低廉

运用反求工程设计方法，对起重机一般取物装置作反求分析，可得起重机功能树，如图 10-7 所示。

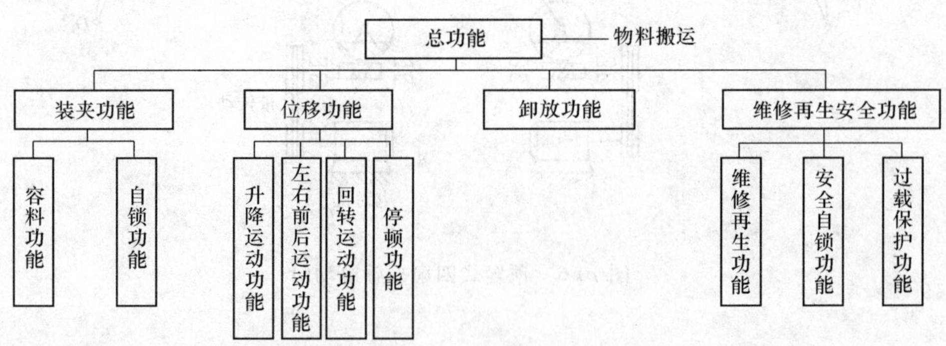

图 10-7 起重机功能树

由现有抓斗可知，抓斗的主要特点是颚板运动，结合设计任务书，可得抓斗的功能树，如图 10-8 所示。

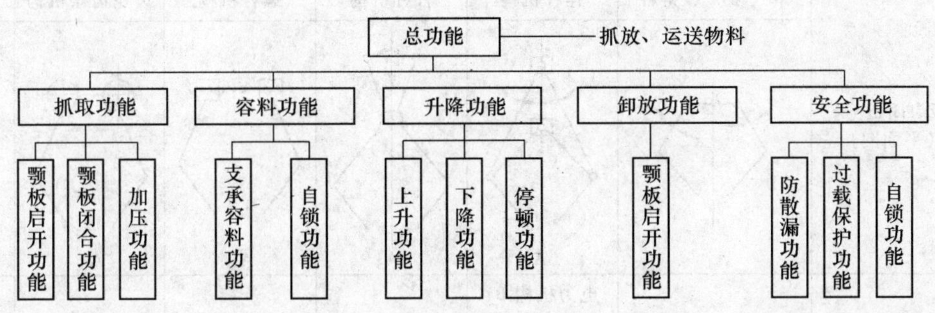

图 10-8　抓斗功能树

抓斗的功能结构图如图 10-9 所示。所谓功能结构图是一种图形，它包括了对系统的输入及输出的适当描述，为实现其总功能所具有的分功能和功能元以及它们之间的顺序关系。

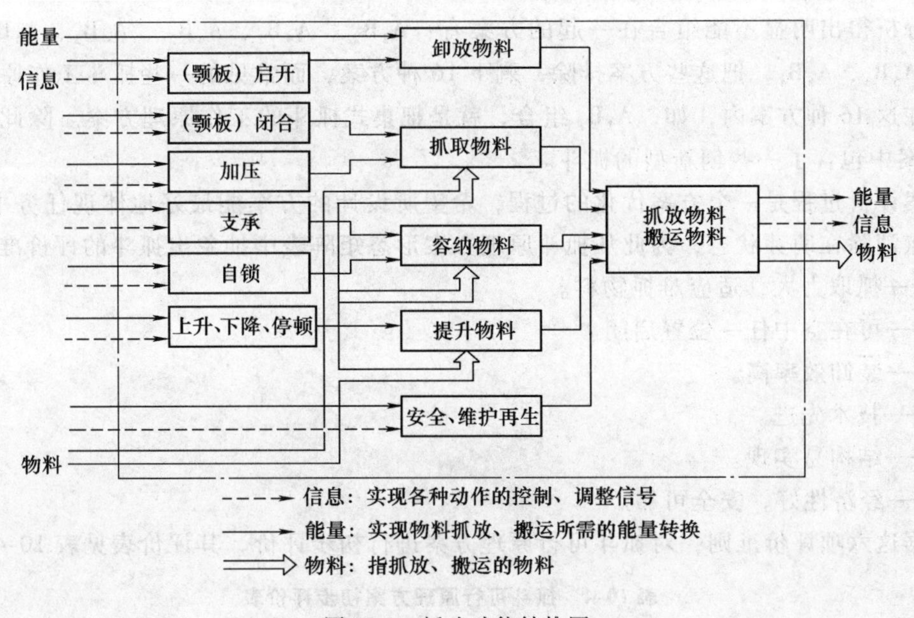

图 10-9　抓斗功能结构图

确定了功能结构图，也就明确了为实现其总功能所具有的分功能和功能元以及它们之间的相互关系，利于寻找实现分功能和功能元的作用效应。

按设计方法学理论，如果一种作用效应能实现两个或两个以上的分功能或功能元，则机构将大为简化，运用反求工程设计方法，确定抓斗可变元素为：

A——能实现支承、容料和启闭运动的原理机构

B——能完成启闭动作、加压、自锁的动力装置（即动力源形式）

运用各种创新技法，对可变元素进行变换（即寻找作用效应），建立形态矩阵表（见表 10-3）。

表 10-3 抓斗原理方案形态矩阵表

<table>
<tr><td rowspan="2">可变元素</td><td colspan="6">变 体</td></tr>
<tr><td>单（多）铰链杆</td><td colspan="2">连杆机构</td><td>杠杆机构</td><td>螺杆机构</td><td>齿轮齿条机构</td><td>其他</td></tr>
<tr><td>颚板启闭机构 A（平面图）</td><td>A_1</td><td colspan="2">A_2</td><td>A_3</td><td>A_4</td><td>A_5</td><td>…</td></tr>
<tr><td rowspan="2">（启闭、加压、自锁）动力源形式</td><td rowspan="2">绳索—滑轮 B_1</td><td colspan="2">电力机构 B_2</td><td rowspan="2">液压 B_3</td><td rowspan="2">气压 B_4</td><td rowspan="2">…</td><td rowspan="2"></td></tr>
<tr><td>螺杆传动 B_{21}</td><td>齿轮传动 B_{22}</td></tr>
</table>

理论上表中任意两个元素的组合就形成了一种抓斗的工作原理方案。尽管可变元素只有 A、B 两个，但理论上可以组合出 5×5=25 种原理方案，其中包括明显不能组合在一起的方案。经分析得出明显不能组合在一起的方案有：A_2B_{22}、A_4B_1、A_4B_{22}、A_4B_3、A_4B_4、A_5B_1、A_5B_{21}、A_5B_3、A_5B_4，把这些方案排除，剩下 16 种方案，而常见的一些抓斗工作原理方案基本包含在这 16 种方案内，如，A_1B_1 组合，就是耙集式抓斗的工作原理方案。除此之外，这 16 种方案中包含了一些创新型的抓斗。

方案评价过程是一个方案优化的过程，希望所设计的方案能最好地体现任务书的要求，并将缺点消除在萌芽状态，为此从抓斗原理方案形态矩阵表中抽象出抓斗的评价准则为：

A——抓取力大，适应难抓物料。

B——可在空中任一位置启闭。

C——装卸效率高。

D——技术先进。

E——结构易实现。

F——经济性好，安全可靠。

根据这六项评价准则，对抓斗可行原理方案进行初步评价，其评价表见表 10-4。

表 10-4 抓斗可行原理方案初步评价表

抓斗方案	评价准则 A	B	C	D	E	F	评判意见
A_1B_1 耙集式抓斗	×	√	√	√	√	√	
A_1B_4	√	√	√	√	√	√	√
A_2B_1 长撑杆抓斗	×	√	×	√	√	√	
A_1B_{21}	√	√	×	√	√	×	
A_1B_3	√	√	√	√	√	√	√
A_2B_3	√	√	√	√	√	√	√
A_2B_4	√	√	√	√	√	√	√

（续）

抓斗方案	评价准则						评判意见
	A	B	C	D	E	F	
A_3B_1	√	√	×	√	√	√	
A_3B_{21}	√	√	×	√	√	×	
A_3B_{22}	√	√	×	?	√	×	
A_3B_3	√	√	√	√	√	√	√
A_3B_4	√	√	√	√	√	√	√
A_4B_{21}	√	√	×	√	√	×	
A_5B_{22}	√	√	√	√	√	×	
A_1B_{21}	√	√	×	√	√	√	
A_1B_{22}	√	√	?	?	√	×	

注：“√”表示能实现或能满足准则要求；“×”表示不满足或不能实现准则要求；“?”表示信息量不足，待查。

从表10-4中可知，能满足六项准则的有6种方案，A_1B_3、A_1B_4、A_2B_3、A_2B_4、A_3B_3、A_3B_4。为了进一步缩小搜索区域，在确定最佳原理方案之前，应及时进行全面的技术经济评价和决策。

研究这6种初步评价获得的可行方案后发现：为了实现装卸效率较高，动力源形式可选择液压或气压。为了进一步筛选取优，在此可以对液压和气压动力源作一比较，见表10-5。

表10-5　动力源采用液压和气压的抓斗性能比较表

比较内容	气动	液动	比较内容	气动	液动
输出力	中	大	同功率下结构	较庞大	紧凑
动作速度	快	中	对环境温度适应性	较强	较强
响应性	小	大	对湿度适应性	强	强
控制装置构成	简单	较复杂	抗粉尘性	强	强
速度调节	较难	较易	能否进行复杂控制	普通	较优
维修再生	容易	较难			

由表10-5可知，液压传动相比气压传动具有明显的优点，液压传动的抓斗输出力大，结构紧凑，重量轻，调速性能好，运转平稳可靠，能自行润滑，易实现复杂控制。气压传动明显的优点是：结构简单，使用维护方便，成本低，工作寿命长，工作介质的传输简单，且易获得。

对于抓斗的设计，要求抓取能力强，重量轻，结构紧凑，经济性好，维护方便。通过分析比较，权衡利弊，选择液压传动作为控制动力源更好。

经过筛选后，剩下三种方案，即A_1B_3、A_2B_3、A_3B_3。将这三种方案进行初步构思，并画出其简图，如图10-10a、b、c所示。

A_1B_3组合：为液压双颚板或多颚板抓斗，需两个或两个以上液压缸。

A_2B_3组合：为液压长撑杆双颚板或多颚板抓斗，只需一个液压缸。

A_3B_3组合：为液压剪式抓斗，需两个液压缸。

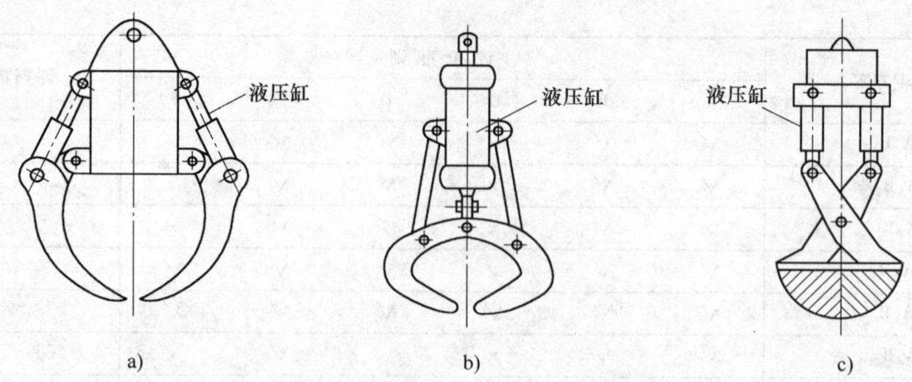

图 10-10 A_1B_3、A_2B_3、A_3B_3 三种方案简图
a）A_1B_3 组合 b）A_2B_3 组合 c）A_3B_3 组合

通过以上的分析，经过评价筛选确定了这三种抓斗原理方案。针对这三种方案，对照设计任务书作进一步的定性分析，其性能比较见表 10-6。

表 10-6 A_1B_3、A_2B_3、A_3B_3 性能比较表

	抓取性能	闭合性能	适用范围	液压缸行程	结构复杂程度
A_1B_3	好	好	广	较小	较复杂（两个以上液压缸）
A_2B_3	好	差	一般	较小	简单（一个液压缸）
A_3B_3	好	好	一般	大	一般（两个液压缸）

从表 10-6 中得出：A_1B_3 能较好地满足设计要求，其不足之处是结构稍复杂；A_2B_3 无法防止散漏这一至关重要的性能要求；A_3B_3 液压缸行程大，这在技术上很难实现，故最后确定 A_1B_3 为最佳原理设计方案。

以上利用设计方法学和创造学原理，对抓斗设计中的原理方案创新进行了研究，在设计过程中还应注意以下几点：

1）评价过程中应充分利用集体智慧，提高评价准确性，在定性分析方法无法得出结论时，可用加权的方法进行定量分析。

2）一次次地比较筛选，实际上是在逐步寻找薄弱环节，是一个不断优化的过程。

3）在最佳原理方案确定之后的设计中，也应充分运用设计方法学和创造学的基本原理进行创新设计。比如，在抓斗的结构设计中，要充分发挥设计人员的创造性，确定结构设计中的可变元素，对可变元素进行变化，从而创新设计出最佳结构。

第三节 环保型手推式草坪剪草机的创新设计

一、设计目的

目前市场上的剪草机大多需要动力引擎，这样会产生较大的噪声，带来环境污染，在办公和学习的地方，这种需动力引擎的剪草机就显得不受欢迎，为此，联合国每年使用三千多只绵羊为驻日内瓦的办公地剪草。由于动力引擎剪草机有动力装置，保养、维护费用较高；

同时动力引擎剪草机主要依靠刀片的高速旋转把草割断，通过旋转气流把草排出，因此对整机的安全性要求较高，操作时也会给工人带来强烈的振动，使操作者很不舒服。虽然，动力引擎剪草机剪草效率较高，剪草效果较好，但其价格也较昂贵，因此一般的用户难以接受。

通过市场调研，决定设计一种无引擎驱动、无噪声污染、剪草高度可调节、轻便简洁、操作方便和美观实用，适用于一般用户的草坪剪草机。

二、工作原理

如图 10-11 所示，剪草机工作时由人推动机器行走，从而使剪草机的轮子 1 转动，带动与其同在一根轴上的大齿轮 2 转动，通过大齿轮 2 与小齿轮 3 组成的增速机构使速度得以提升，并带动端面凸轮 4（为了实现几何形状封闭和便于调整，采用两个端面凸轮以背靠背形式装配）回转，端面凸轮 4 带动拨杆 5 运动，通过端面凸轮 4 与拨杆 5 组成的转换机构将回转运动变为直线往复运动，使固定在其上的活动刀片 6 与固定在机架上的固定刀片 7 形成相对交错运动，完成剪草动作。

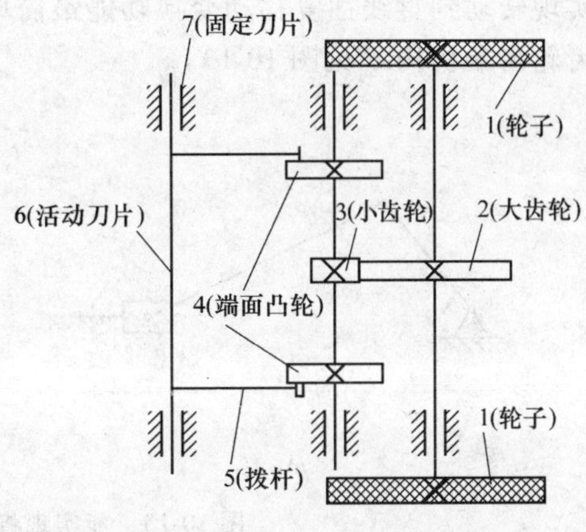

图 10-11　机构运动简图

三、设计方案

设计的手推式草坪剪草机首先要通过一个传力构件将人力传递出去。为了让操作者在正常行走速度下操作，传递出去的力应通过增速机构继续传递；因执行修剪草动作刀片的相对运动方向与人行进的方向垂直，经前面增速机构传递过来的运动都需要再经过一级转换机构传递到执行构件。通过分析得到手推式草坪剪草机的组成框图，如图 10-12 所示。

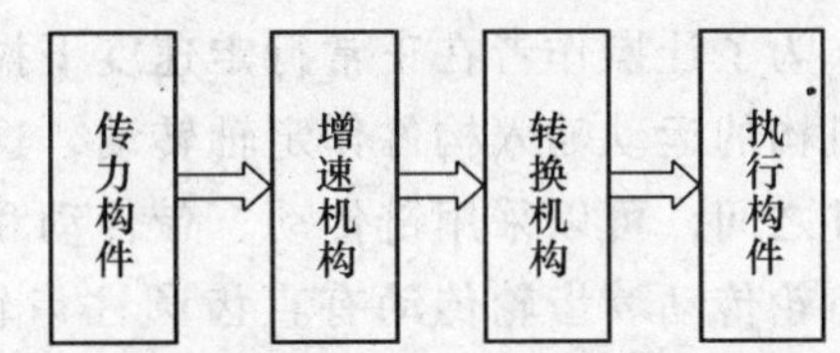

图 10-12　手推式草坪剪草机的组成框图

能实现手推式草坪剪草机功能的技术原理较多，但各有利弊，具体分析如下：

（1）用脚驱动　用脚驱动时，一般操作者都需站在或坐在被驱动的机器上用力，这样所设计的修草机，除了要完成剪草动作外，还要承受操作者的自重，且要有方向控制装置，致使机器结构复杂，尺寸较大，不适合于小面积草坪使用。

（2）用手驱动　用手驱动，可避免用脚驱动时存在的问题，使所设计的机器小巧，可灵活操作。因此，我们选择设计手动式剪草机。

（3）用割的方式　即用刀将草截断，但草柔软，且一端自由，采用割的方式将草截断较难实现。

（4）用打的方式　即用刀片或打草绳将草打断。用此法修剪草时所需的速度非常高，以期在草还没有被打倒之前将草打断，这样的修剪草产品已有，但效果不好。

（5）用剪的方式　即用刀将草剪断，用两个刀片做相对运动的原理较易将草剪断，且不需很高的速度，因此，我们选择设计成手动式剪草机。

手动的形式又有用手摇动和用手推动两种。机械容易实现的是简单的转动和往复直线运动，如果用手摇动手柄实现执行构件的往复移动，由于剪草机还要靠人力推着向前行进，操作者要完成的动作过多，操作不方便。要使操作者只通过简单操作即可完成剪草动作，可以用手推剪草机向前行驶，靠剪草机轮子的转动将转动运动转变成往复移动而输出到执行构件。显然设计成手动式草坪剪草机是合理可行的。

根据所查资料，可选用组合-变异法构成初步方案。由前面的分析可知，手动式草坪剪草机只需一项运动形式变换功能（即转动变直线往复移动），所以不必列出矩阵表后构型。实现转动到直线往复移动变换功能最简单的机构为曲柄滑块机构、直动推杆盘状凸轮机构和齿轮齿条机构（见图 10-13）。

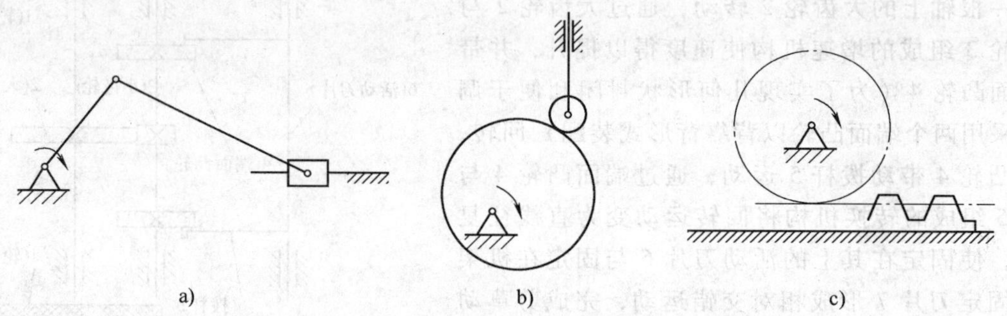

图 10-13 能实现将转动转变为直线往复移动的机构
a）曲柄滑块机构 b）直动推杆盘状凸轮机构 c）齿轮齿条机构

1. 用组合法实现增速

为了让操作者在正常行走速度下操作，传递出去的力应通过增速机构继续传递。由于转换机构的运动输入构件作定轴转动，这样在剪草机动力输入构件轮子和转换机构的运动输入构件之间，可以采用链传动、带传动和齿轮传动。为了使所设计的剪草机结构紧凑，可以采用齿轮传动。齿轮传动有直齿圆柱齿轮传动、斜齿圆柱齿轮传动、锥齿轮传动和蜗杆传动等。蜗杆传动的传动效率低，一般是蜗杆主动，且轴线空间交错，应用于剪草机，会使支撑结构复杂。锥齿轮传动的轴线相交，且其中一个齿轮需悬置，也会使剪草机支撑结构复杂。直齿圆柱齿轮和斜齿圆柱齿轮的轴线相互平行，支撑结构较简单，同时剪草机的速度不高，载荷也不大，因此可选择直齿圆柱齿轮作为增速机构。机构组成方案如图 10-14 所示。

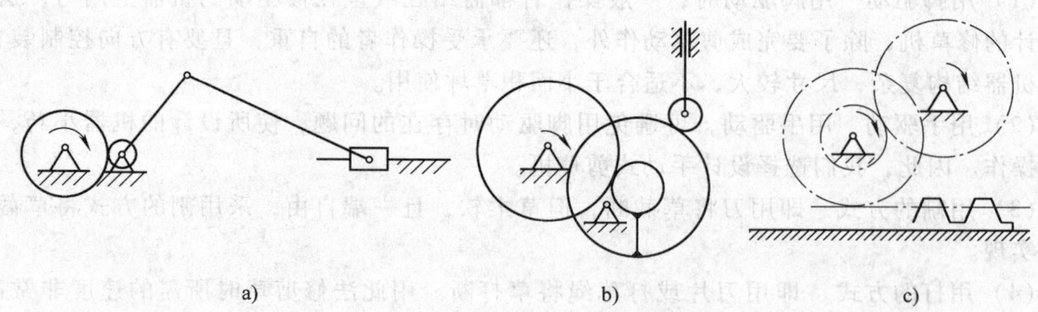

图 10-14 机构组成方案
a）带齿轮增速的曲柄滑块机构 b）带齿轮增速的直动推杆盘状凸轮机构
c）带齿轮增速的齿轮齿条机构

2. 用变异法实现刀具剪切运动方向与剪草机行进方向垂直

由于刀具的剪切运动方向与剪草机行进方向垂直，图 10-14 所示的机构组成方案不能最终满足设计要求，还需对机构进行进一步构型。

1）方案一　利用梅花凸轮（凸轮廓线呈梅花状）和连杆机构来实现滑块在导轨上的往复运动，其工作原理如图 10-15 所示。

2）方案二　利用圆柱凸轮机构将凸轮轴的旋转运动转化为滑块的往复运动，其工作原理如图 10-16 所示。

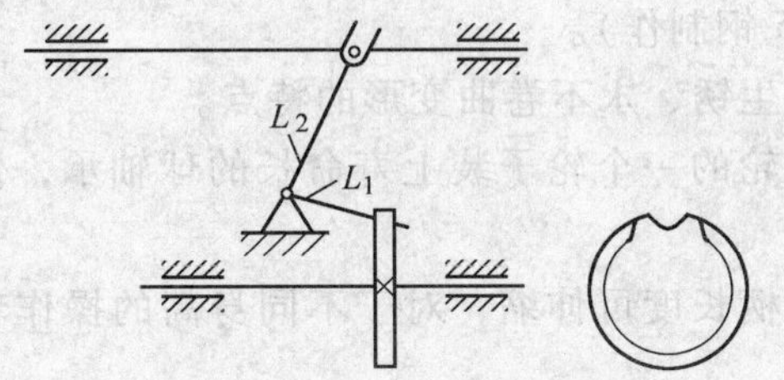

图 10-15　梅花凸轮传动机构

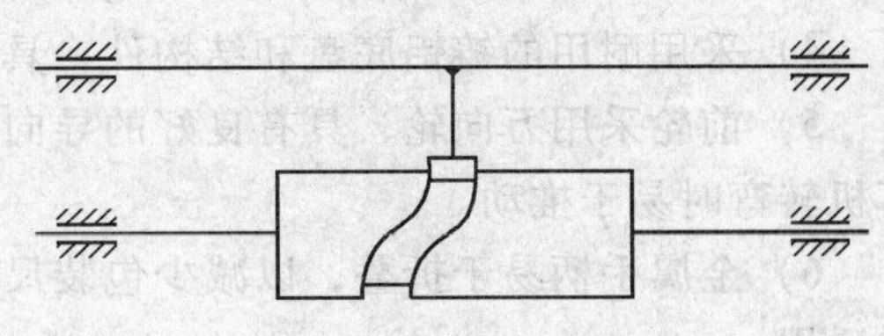

图 10-16　圆柱凸轮传动机构

3）方案三　综合方案二，可以利用圆盘侧面的形状特征，在此圆盘旋转时通过侧面推动固定在滑块上的拨叉（可以横向调整）左右运动，这样就得到了一种新型的凸轮——端面凸轮，其工作原理如图 10-17 所示。

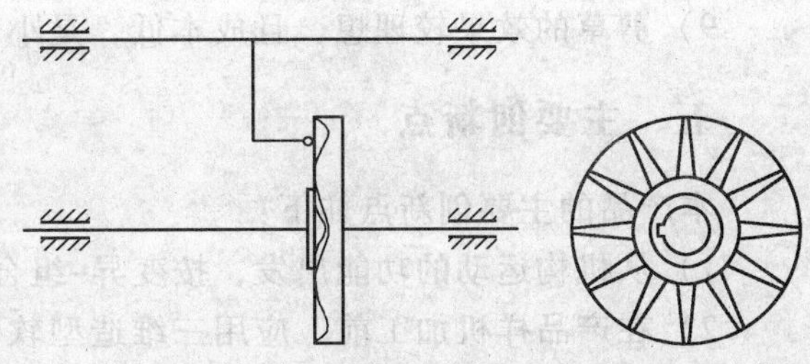

图 10-17　端面凸轮传动机构

在图 10-15 所示的梅花凸轮机构中，为了把凸轮的转动变为执行构件的往复移动，需增加一个支点和一个构件两个低副（或一个构件一个高副），这样会增加整个机构的复杂性，且设计时 L_1 应该比 L_2 短（L_1 为支点到构件与凸轮接触点的距离，L_2 为支点到构件与滑块铰接点的距离）否则必然会增大梅花凸轮的尺寸，或引起梅花凸轮边缘曲线过渡较急，这样将减小传送到滑块上的力。图 10-16、图 10-17 所示的圆柱凸轮机构和端面凸轮机构的结构简单，可以考虑作为所设计的剪草机的运动转换机构。

但是，还希望所设计的剪草机能实现剪草高度的调节，要实现此功能，在图 10-16 所示的圆柱凸轮机构中还需增加一个能使刀架（包括活动刀片和固定刀片）沿垂直方向移动的移动副，使机构结构变得较为复杂。而图 10-17 所示的端面凸轮机构，可以使推杆沿端面凸轮的任意弦上下运动，从而带动刀架上下运动，易于实现剪草高度的调节。

经过结构设计将机构细化，最终得到的手推式草坪剪草机的三维模型，如图 10-18 所示。

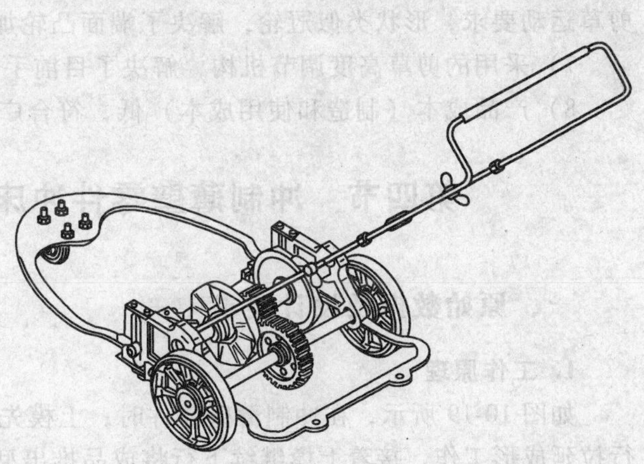

图 10-18　手推式草坪剪草机三维模型

四、功能及特点

本产品的功能及特点如下：

1）该机采用固定刀片与活动刀片相对错动的剪切原理，结构紧凑、体积小、质量轻，噪声小、无污染，使用方便、灵活，适合于小面积草坪的剪草工作。

2）无需引擎驱动，使用安全可靠，便于维修。

3）剪草的高度可在 20～60mm 之间调整，割幅 330mm，外形尺寸（长×宽×高：800mm×450mm×400mm），质量 30kg（材料由 45 钢制作）。

4）采用耐用的铸铝底盘和结构件，具有永不生锈、永不卷曲变形的特点。

5）前轮采用万向轮，具有良好的导向性，后轮的一个轮子装上寿命长的球轴承，使剪草机转弯时易于推动。

6）金属手柄易于折叠，以减少包装尺寸，手柄长度可伸缩，对于不同身高的操作者同样适用。

7）底盘独特的设计可防止草堵塞出口通道。

8）外观造型美观，更适合家庭用户的审美要求。

9）剪草的效果较理想，且成本低，是小面积草坪修剪的首选产品。

五、主要创新点

本产品的主要创新点如下：

1）从机构运动的功能出发，按变异-组合法和类比法完成机构的构型和设计。

2）在产品样机加工前，应用三维造型软件进行三维造型、虚拟装配和运动仿真，从理论上验证了设计的可行性，然后进行样机制作。

3）无引擎驱动，节省能源，无污染，采用绿色环保设计。

4）外观造型新颖，推杆可折叠伸缩，适合家庭用户使用。

5）采用齿轮机构（实现增速），提高整机的工作效率，解决了手动剪草机工作效率不高的问题。

6）采用端面凸轮机构（运动形式转换机构），将转动转变为直线往复运动，从而满足剪草运动要求，形状类似冠轮，解决了端面凸轮加工难的问题。

7）采用的剪草高度调节机构，解决了目前手动剪草机不易实现高度调节的问题。

8）产品成本（制造和使用成本）低，符合广大用户购买能力的要求。

第四节　冲制薄壁零件冲床运动方案的创新设计

一、原始数据及设计要求

1. 工作原理

如图 10-19 所示，在冲制薄壁零件时，上模先以较大的速度接近毛坯料，然后以匀速进行拉延成形工作，接着上模继续下行将成品推出型腔，最后快速返回。上模退出下模后，送料机构从侧面将坯料送至待加工位置，完成一个冲压工作循环。

2. 原始数据及设计要求

1）从动件（执行构件）为上模，作上下往复直线运动，其冲压运动规律如图 10-20 所示，要求有快速下沉、等速工作进给和快速返回的特性。

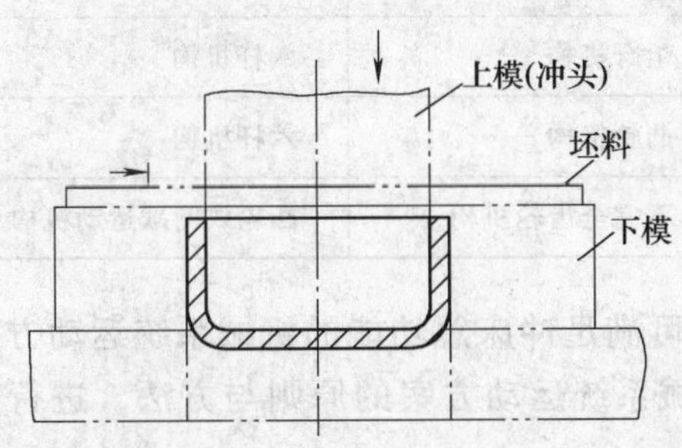

图 10-19 冲压工作原理

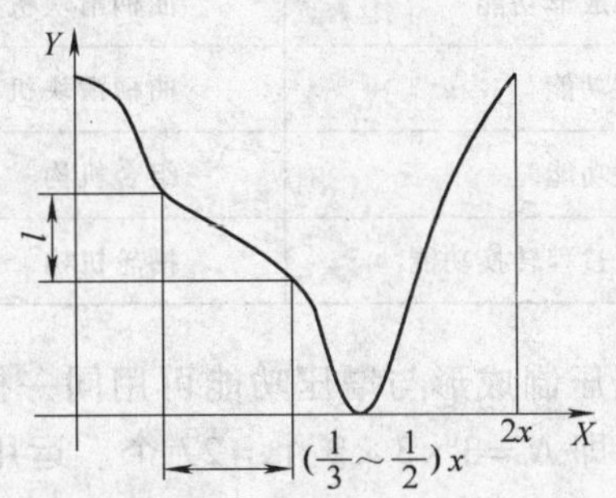

图 10-20 冲压运动规律

2）机构应具有较好的传力性能，特别是工作段的压力角 α 应尽可能小；传动角 γ 应大于或等于许用传动角［γ］（一般取［γ］=40°）。

3）上模到达工作段之前，送料机构已将坯料送至待加工位置（下模上方）。

4）生产率约为 70 件/min。

5）执行构件（上模）的工作段长度为 30～100mm，对应曲柄转角 φ =（1/3～1/2）π；上模行程长度必须大于工作段长度的两倍以上。

6）行程速比系数 $k \geq 1.5$。

7）送料距离 H = 60～250mm。

8）设载荷为 5000N，并按平均功率选用电动机。

二、功能分解与工艺动作分解

1. 功能分解

为了实现冲床冲压成形的总功能，将功能分解为：上料输送功能、压制成形功能、增压功能、脱模功能、下料输送功能。

2. 工艺动作过程

要实现上述分工能，主要有下列工艺动作过程：

1）利用成形板料自动输送机构或机械手自动上料，上料到位后，输送机构迅速返回原位，停歇等待下一循环。

2）冲头往下作直线运动，对坯料冲压成形。

3）冲头（上模）继续下行将成品推出型腔，进行脱模，最后快速直线返回。

4）将成形脱模后的薄壁零件在输送带上送出。

5）上模退出下模后，送料机构从侧面将坯料送至待加工位置，完成一个工作循环。

在上述动作中，冲压、脱模可用一个机构完成，下料输送动作简单可不予考虑。

三、方案选择与分析

1. 概念设计

根据以上功能分析，应用概念设计的方法，经过机构系统搜索，可得“形态学箱”的组合分类表，见表 10-7。

表 10-7 组合分类表

压制成形功能	曲柄滑块机构	组合机构	六杆机构
增压功能	曲柄滑块机构	组合机构	六杆机构
输送功能	组合机构	凸轮机构	六杆机构
工艺过程转换功能	槽轮机构	不完全齿轮机构	凸轮式间歇运动机构

因压制成形与增压功能可用同一机构完成，故可满足冲床总功能的机械系统运动方案有 N 个，即 $N=3\times3\times3$ 个 $=27$ 个。运用前述确定机械系统运动方案的原则与方法，进行方案分析与讨论。

2. 方案选择

对冲压机构的主要运动要求是：主动件作回转运动，从动件（执行构件，上模）作直线往复运动，行程中有等速运动段（称工作段），并具有急回特性，机构有较好的动力特性等，其中送料机构要求作间歇送进。要满足这些要求，用单一的基本机构，如偏置曲柄滑块机构是难以实现的，因此，需要将几个基本机构恰当地组合在一起来满足上述要求。

实现上述要求的机构组合方案确定时，应采用概念设计的方法，经过机构系统搜索，可以得出许多方案。下面介绍几种较为合理的方案。

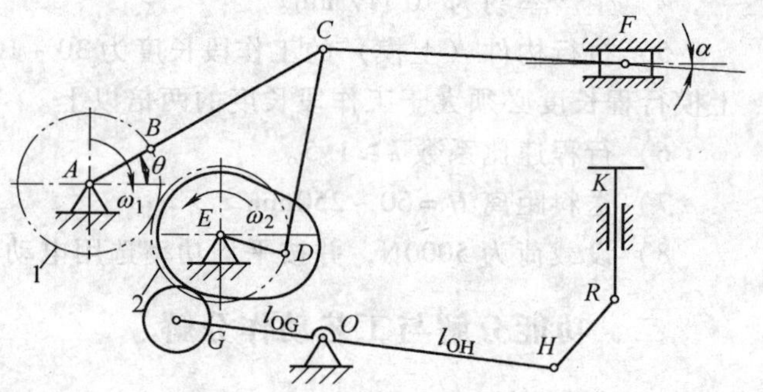

图 10-21 齿轮-连杆冲压机构

（1）齿轮-连杆冲压机构（凸轮-连杆送料机构） 如图 10-21 所示，冲压机构采用了有两个自由度的双曲柄七杆机构，用齿轮副将其封闭为一个自由度。恰当地选择点 C 的轨迹并确定构件尺寸，可保证机构具有急回运动和工作段近于匀速的特性，并可使机构工作段压力角 α 尽可能小。

送料机构是由凸轮机构和连杆机构串联组成的，按机构运动循环图可确定凸轮推程运动角和从动件的运动规律，使其能在预定时间将工件推送至待加工位置。设计时，若使 $l_{OG}<l_{OH}$，则可减小凸轮的尺寸。

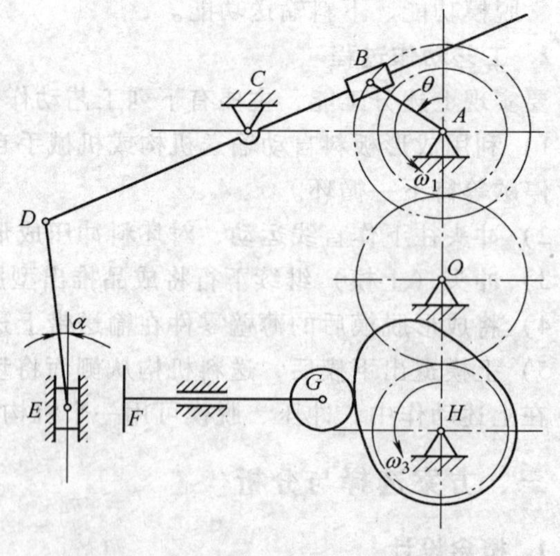

图 10-22 导杆-摇杆滑块冲压机构

（2）导杆-摇杆滑块冲压机构（凸轮送料机构） 如图 10-22 所示，冲压机构是在导杆机构的基础上，串联一个摇杆滑块机构组合而成。导杆机构按给定的行程速比系数设计，它和摇杆滑块机构组合可达到工作段近于匀速的要求。如适当选择导路位置，可使机构工作段压力角 α 较小。

送料机构的凸轮轴通过齿轮机构与曲柄轴相连，根据机构运动循环图确定凸轮推程运动角和从动件运动规律，则机构可在预定时间将工件送至待加工位置。

（3）六连杆冲压机构（凸轮-连杆送料机构）　如图 10-23 所示，冲压机构是由铰链四杆机构和摇杆滑块机构串联组合而成。四杆机构可按行程速比系数设计，然后选择连杆长 l_{EF} 及导路位置，按工作段近于匀速的要求确定铰链点 E 的位置。若尺寸选择适当，可使执行构件在工作段中运动时机构的传动角 γ 满足要求，且机构工作段压力角 α 较小。

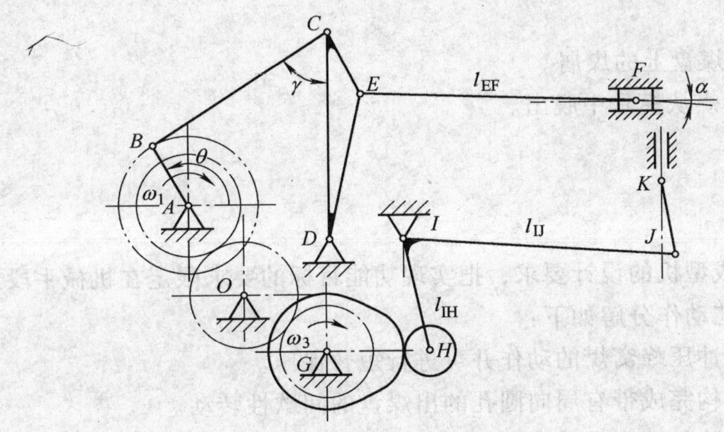

图 10-23　六连杆冲压机构

凸轮送料机构的凸轮轴通过齿轮机构与曲柄轴相连，根据机构运动循环图确定凸轮转角及从动件的运动规律，则机构可在预定时间将工件送至待加工位置。设计时，使 $l_{IH} < l_{IJ}$，则可减小凸轮的尺寸。

（4）凸轮-连杆冲压机构（齿轮连杆送料机构）　如图 10-24 所示，冲压机构是由凸轮-连杆机构组合而成，依据滑块 D 的运动要求，可确定固定凸轮的轮廓曲线。

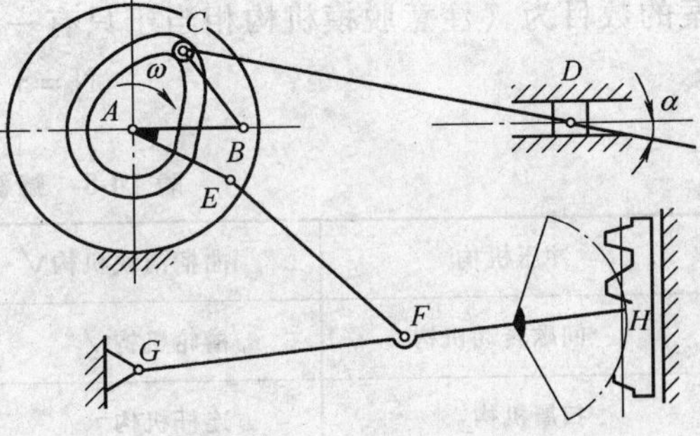

图 10-24　凸轮-连杆冲压机构

送料机构是由曲柄摇杆（扇形齿轮）与齿条机构串联而成，根据机构运动循环图可确定曲柄摇杆机构的尺寸，机构可在预定时间将工件送至待加工位置。

3. 方案分析与评价

1）选择原则：所选方案是否能满足要求的性能指标；结构是否简单、紧凑；制造是否方便；成本是否低。

2）经过前述方法进行方案评价，采用价值工程法进行分析论证，确定齿轮-连杆冲压机构是上述四个方案中最合理的方案。

第五节 蜂窝煤成型机的创新设计

冲压式蜂窝煤成型机的用途是将粉煤加入转盘的模筒内，经冲头冲压成蜂窝煤，其设计过程如下：

一、蜂窝煤成型机的功能

蜂窝煤成型机必须完成以下动作：

1）煤粉的输送及向模型腔中加料。

2）冲压成型。

3）清除冲头及出煤盘上的煤屑。

4）把成型的蜂窝煤从模具中脱出。

5）输送蜂窝煤。

二、技术原理

为了满足蜂窝煤成型机的设计要求，把实现功能目标的要求限定在机械手段，这样，可把蜂窝煤成型机的工艺动作分解如下：

1）冲压机构完成冲压蜂窝煤的动作并可进行短暂保压。

2）间歇性运动机构完成带有周向圆孔的出煤盘的间歇性转动。

3）扫屑机构完成清扫冲头及出煤盘。

4）脱模机构完成把蜂窝煤从模具中脱出的动作。

5）减速传动机构调解适当的冲压速度。

表 10-8 列出了完成各工艺动作所对应的简单机构，把各机构进行组合后，机械运动方案的数目为（注意脱模机构相当于只有一种方案，因与冲压机构同体者不能计入）。

$$N = 3 \times 3 \times 3 \times 3 = 81$$

表 10-8 蜂窝煤成型机的机构组合

冲压机构	曲柄滑块机构√	六杆增压机构	凸轮机构
间歇转动机构	槽轮机构√	不完全齿轮机构	凸轮式间歇机构
扫屑机构	连杆机构	移动凸轮机构√	齿轮机构
脱模机构	单独脱模机构	与冲压机构同体√	
传动机构	齿轮机构	带传动机构	带传动＋齿轮机构√

根据蜂窝煤成型机要求性能良好、结构简单、操作容易、经久耐用、维修方便、成本低廉的特点，其机械系统可由曲柄滑块机构（冲压机构）、槽轮机构（分度机构）、移动凸轮机构（扫屑机构）以及带传动和齿轮传动机构组成（减速机构），机构组成图如图 10-25 所示。为增加冲头的刚度，可采用对称的两套冲压机构。

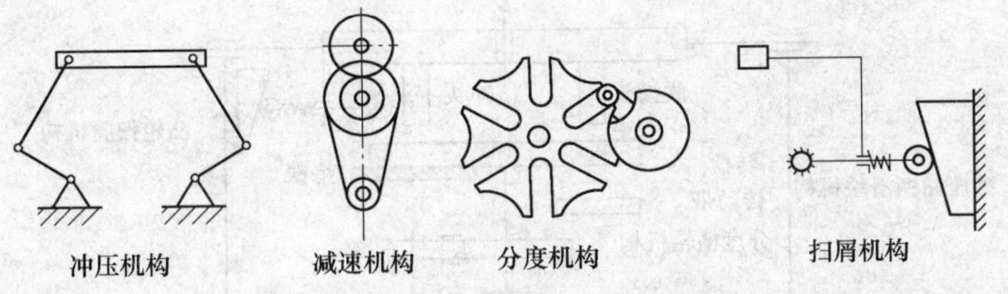

图 10-25 蜂窝煤成型机机构组成图

三、运动循环图

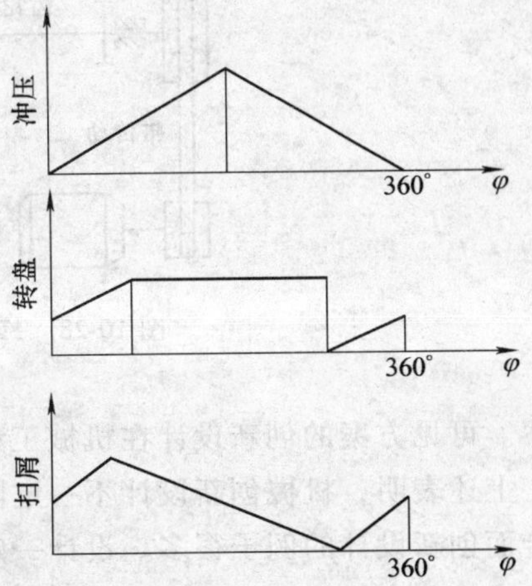

蜂窝煤成型机中各机构的动作具有严格的顺序，其运动循环图如图 10-26 所示，在循环图中，以冲压机构为主机构，横坐标为曲柄轴的位置，纵坐标表示各执行机构的位置。

冲压过程分为冲程和回程，带有模孔的转盘工作行程在冲头回程的后半段和冲程的前半段完成，使间歇转动在冲压之前完成。扫屑运动在冲头回程的后半段和冲程的前半段完成。

图 10-26 蜂窝煤成型机运动循环图

四、机械系统运动方案的构思

把减速传动机构、冲压机构、分度机构和扫屑机构的运动协调起来，可按机构组合原理进行。各分支机构的连接框图如图 10-27 所示。

电动机驱动带轮机构；带轮机构驱动齿轮机构；齿轮机构分别驱动冲压曲柄滑块机构和分度槽轮机构；冲压机构的冲头驱动扫屑凸轮机构。机械系统运动方案图如图 10-28 所示。

该机构中的凸轮扫屑机构采用了移动式的反凸轮机构，在冲头回程（上行）时，其端部长形毛刷清扫冲头和脱模头，为了表达清楚，图 10-28 中把凸轮扫屑机构转了 90°。

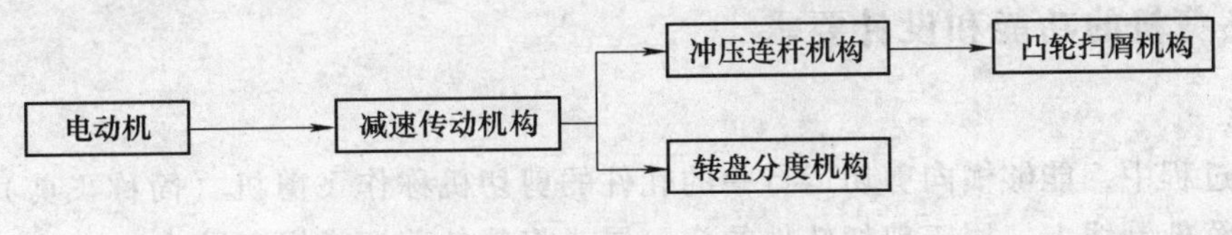

图 10-27 各分支机构的连接框图

五、方案分析

利用表 10-8 所给出的简单机构组合，可有 81 种方案。所选方案采用了简单机构的巧妙组合，设计出结构简单、性能可靠、成本低廉、经久耐用、维修容易且操作方便的蜂窝煤成型机，并占领了很大的市场份额。

该机械的创新之处在于用常用简单机构组成一个能完成既定动作、效果良好的机械运动

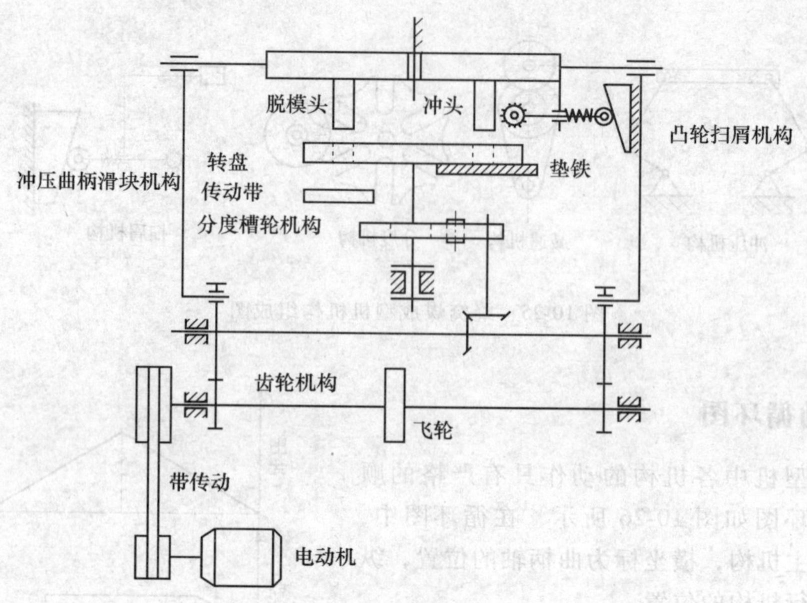

图 10-28 蜂窝煤成型机机械系统运动方案图

方案。可见方案的创新设计在机械工程中具有非常重要的地位。

上述表明，机械创新设计不一定限于高科技领域，在机械工程中，利用简单机构的各种组合而创新设计的例子很多。设计一定要力求简单、经济、实用，前述机构中若把蜂窝煤成型机中的分度槽轮机构用机、电、液一体化的分度机构来代替，虽然提高了分度精度，但却增加了整机的造价，显然不符合市场的需求。

第六节 飞剪机剪切机构运动方案的创新设计

本例以飞剪机剪切机构的运动方案设计为例，说明机构选型及运动方案评价选优的基本思路和方法。

一、飞剪机的功能和设计要求

1. 功能

在轧钢过程中，能够横向剪切运行中的轧件的剪切机称作飞剪机（简称飞剪）。将飞剪机安置在连续轧制线上，用于剪切轧件的头、尾或将轧件剪切成规定尺寸。

2. 设计要求

1）剪刃在剪切轧件时要随着轧件一起运动，即剪刃应同时完成剪切和移动两个动作，且剪刃在轧件运动方向的瞬时分速度应与轧件运行速度相等或稍大于轧件运行速度（不超过 3%）。如果小于轧件的运行速度，则剪刃将阻碍轧件运行，会使轧件弯曲，甚至产生轧件缠刀事故。反之，如果剪切时剪刃在轧件运行方向的瞬时速度比轧件运行速度大很多，则轧件中将产生较大的拉应力，影响轧件的剪切质量并增加飞剪机的冲击载荷。

2）为保证剪切质量和节省能量，两个剪刃应具有较好的剪刃间隙，且在剪切过程中，剪刃最好作平动，即剪刃垂直于轧件表面。

3）剪刃不得阻碍轧件的连续运动，即剪刃在空行程时应脱离轧件。

3．性能要求和原始数据

1）最大剪切力：300000N。

2）侧向推力：95000N。

3）最大剪切断面：20mm×230mm。

4）最低剪切温度：900℃。

5）剪切材料：碳素钢。

6）剪切时轧件速度：切头时，0.4m/s；切尾时，0.8～1.3m/s。

7）剪切尺寸：开口度205mm；重叠量10 mm。

二、飞剪机剪切机构的选型

生产中使用的飞剪机剪切机构类型很多，有圆盘式、滚筒式、曲柄杠杆式、摆动式等，它们的结构特点、运动特点、适用范围各不相同。就剪切机构而言，可以是一个基本机构，也可以是组合机构。下面介绍几种飞剪机剪切机构的形式及其运动特点，可以根据不同情况，在机构选型时进行分析比较、评价选优。

1．四连杆式剪切机构

图10-29所示为四连杆式剪切机构，上剪刃与曲柄1固接，下剪刃与摇杆2固接，剪切时上剪刃随主动件曲柄1作整周转动，下剪刃随从动件摇杆2作往复摆动。该方案结构简单，剪切速度高，但由于在剪切过程中，剪刃间隙变化，剪切质量不好，且下剪刃空行程时将阻碍轧件运动。

2．双四连杆剪切机构

图10-30所示为双四连杆剪切机构，该方案由两套完全对称的铰链四杆机构组成，曲柄1与1′同步运动，上下剪刃分别与连杆2和2′固接。如果曲柄1、1′与摇杆3、3′的长度设计得相差不大，剪刃则能近似地作平动，故剪刃在剪切时刀刃垂直于轧件，使剪切断面较为平直，剪切时刀刃的重叠量也容易保证。该方案的缺点是结构较复杂，机构运动质量较大，动力特性不够好，故刀刃的运动速度不宜太快。

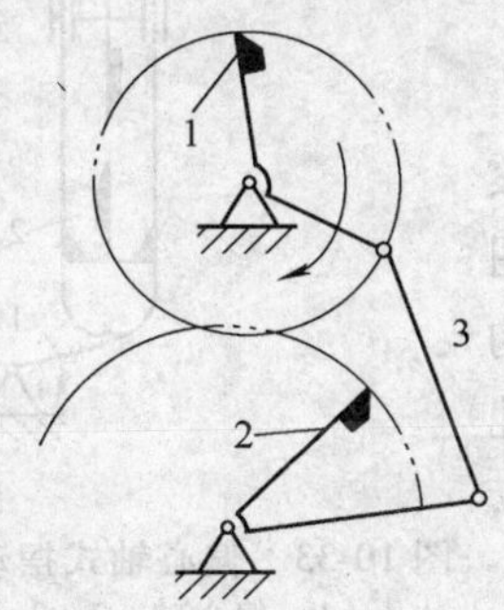

图10-29　四连杆式剪切机构
1—曲柄　2—摇杆　3—连杆

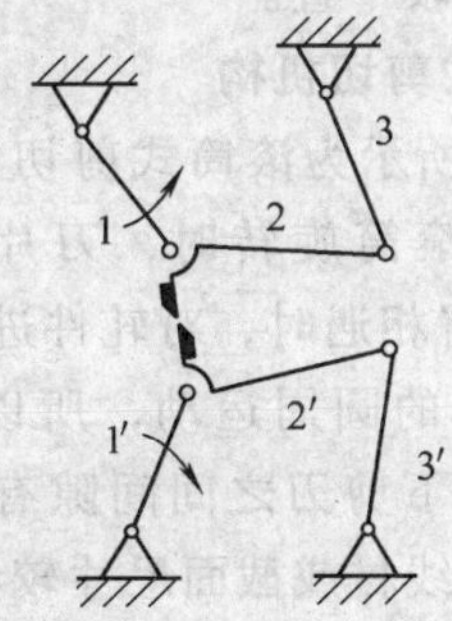

图10-30　双四连杆剪切机构
1、1′—曲柄　2、2′—连杆　3、3′—摇杆

3. 摆式剪切机构

图 10-31 所示的剪切机构为六杆机构，构件 1 为主动件，通过连杆 2 和导杆 4 及摆杆 5 使滑块 3 既相对于导杆移动又随导杆一起摆动，上下剪刃分别装在滑块 3 与导杆 4 上。该机构可始终保持相同的剪刃间隙，故剪切断面质量较好。如果将摆杆 5 制成弹簧杆，可保证剪切时剪刃随轧件一起运动，剪切终了靠弹簧力返回原始位置。该剪切机构能够剪切断面较大的钢坯。

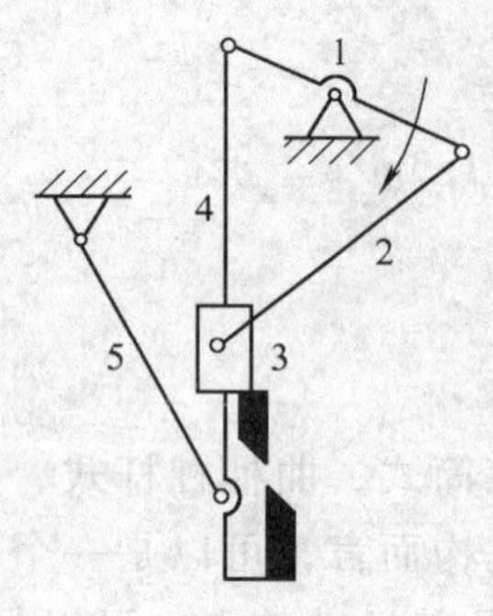

图 10-31 摆式剪切机构
1—构件 2—连杆 3—滑块
4—导杆 5—摆杆

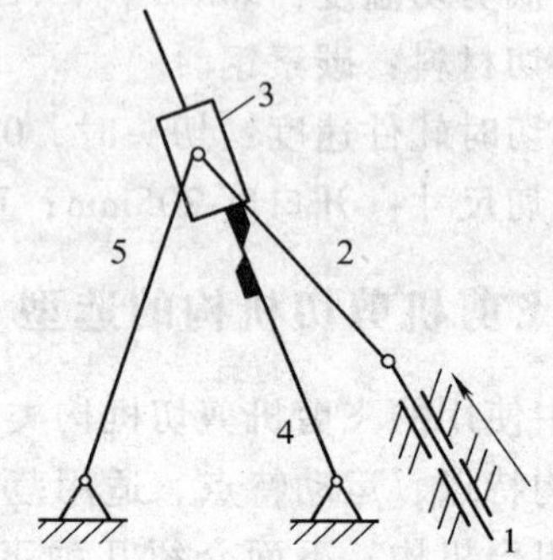

图 10-32 杠杆摆动式剪切机构
1、4—构件 2—连杆 3—滑块 5—摆杆

4. 杠杆摆动式剪切机构

图 10-32 所示为杠杆摆动式剪切机构，构件 1 为主动件，作往复移动，上下剪刃分别装在滑块 3 和构件 4 上。当主动件运动时，通过连杆 2 带动摆杆 5 作往复摆动。由于连杆 2、摆杆 5 与滑块 3 铰接，使其沿构件 4 滑动且带动构件 4 作往复摆动。该机构无剪刃间隙变化，但由于主动件作往复移动，使剪刃的轨迹为非圆周的复杂运动轨迹。另外，由于往复运动的惯性，限制了剪切速度，一般用于速度较低的场合。

5. 偏心轴式摆动剪切机构

图 10-33 所示为偏心轴式摆动剪切机构，偏心轴 1 为主动件，上下剪刃分别装在构件 3 和构件 2 上，偏心轴转动时，上下剪刃靠拢进行剪切，该剪切机构主要用于剪切钢坯的头部，剪切断面较平直。

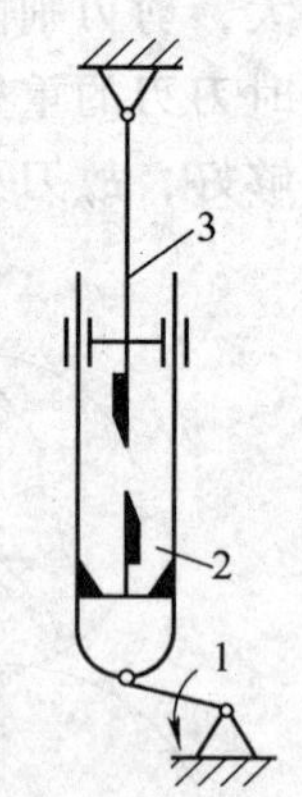

图 10-33 偏心轴式摆动剪切机构
1—偏心轴 2、3—构件

6. 滚筒式剪切机构

图 10-34 所示为滚筒式剪切机构，上下剪刃分别装在滚筒 1、2 上。滚筒旋转时，刀片作圆周运动。当剪刃在图 10-34 所示位置相遇时，对轧件进行剪切。由于这种剪切机构的剪刃作简单的圆周运动，所以可剪切运动速度较高的轧件，但由于上下剪刃之间间隙有变化，剪切断面质量较差，仅适用于剪切线材或截面尺寸较小的轧件。

7. 移动式剪切机构

图 10-35 所示为移动式剪切机构，该机构含有两个移动副，移动导杆 1 为主动件，上下剪刃分别装在移动导杆 1 和滑块 2 上。当移动导杆运动时，上剪刃在前进过程中与下剪刃相

遇将轧件剪断。该剪切机构剪刃无间隙变化，故剪切质量较好，但下剪刃由于装在移动导杆上，其运动轨迹为直线。

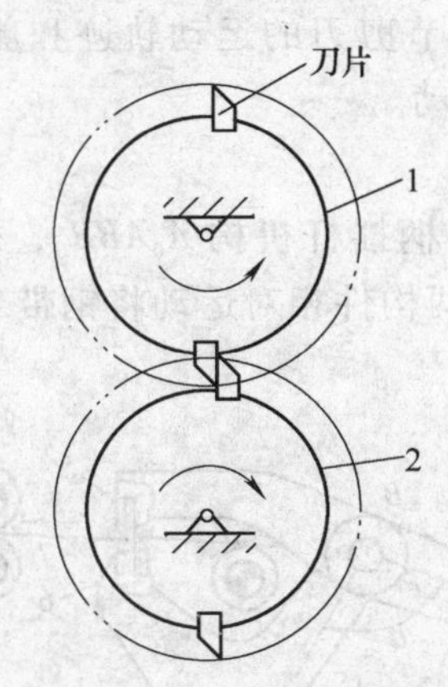

图 10-34　滚筒式剪切机构
1、2—滚筒

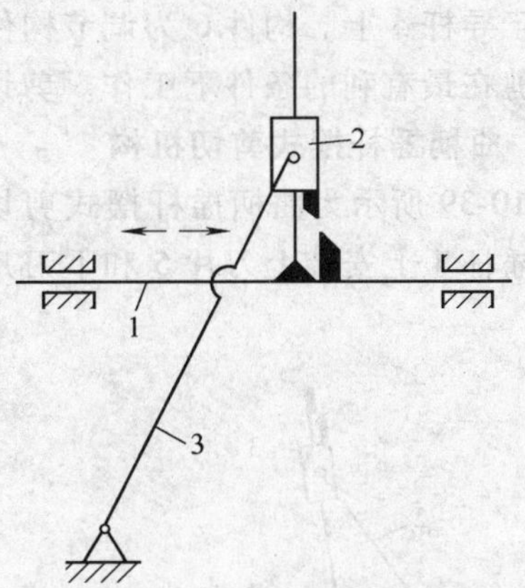

图 10-35　移动式剪切机构
1—移动导杆　2—滑块　3—连架杆

8. 凸轮移动式剪切机构

图 10-36 所示为凸轮移动式剪切机构，该机构的执行构件与移动式剪切机构相同，只是主动件采用了等宽凸轮，凸轮机构的从动件则为移动导杆。与移动式剪切机构比较，由于主动件为连续的回转运动，避免了往复移动的惯性，剪切速度可相对提高，其他性能与移动式剪切机构大致相同。

9. 偏心摆式剪切机构

图 10-37 所示为偏心摆式剪切机构，偏心轴 1 为主动件，偏心 OE 通过连杆 2 与上刀台 3 相连，另一偏心 OB 与下刀台 4 相连。偏心轴 6 由偏心轴 1 通过齿轮机构带动，其运动与主动偏心轴 1 同步。通过连杆 2、5 分别带动上下刀台 3 和 4 作相同的摆动同时又有相对移动，以完成剪切动作。为了得到不同的剪切速度，还可将连杆 5 制成弹簧杆。

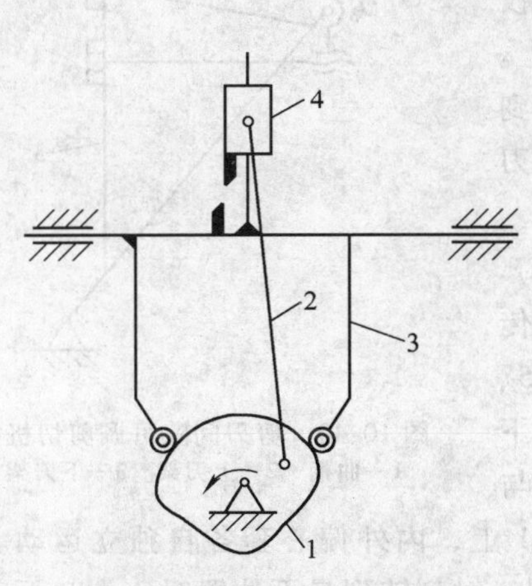

图 10-36　凸轮移动式剪切机构
1—等宽凸轮　2—连杆
3—导杆　4—滑块

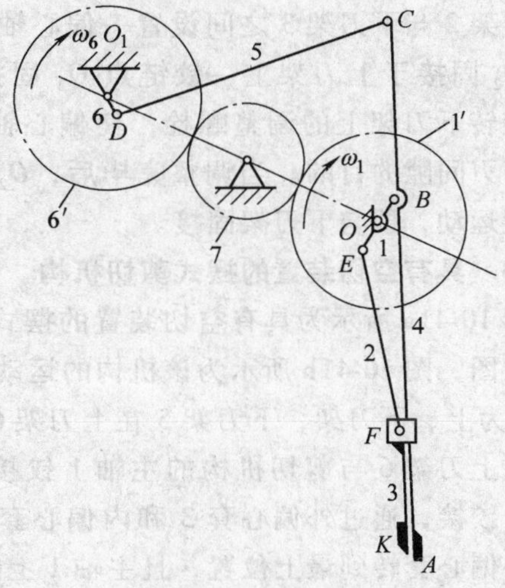

图 10-37　偏心摆式剪切机构
1、6—偏心轴　2、5—连杆　3—上刀台
4—下刀台　1′、6′、7—齿轮

10. 轨迹可调摆式剪切机构

图 10-38 所示为轨迹可调摆式剪切机构，构件 1 为主动件，下剪刃与滑块 3 固接，上剪刃固接于导杆 4 上。构件 6 为调节构件，可以通过其位置调节剪刃的运动轨迹和剪切位置，以使飞剪在最有利的条件下工作。剪切机工作时，构件 6 不动。

11. 曲柄摇杆摆式剪切机构

图 10-39 所示为曲柄摇杆摆式剪切机构，其主机构为曲柄摇杆机构 A_0ABB_0，分别在连杆 3 和摇杆 4 上安装上刀片 5 和下刀片 6。连杆 3 和摇杆 4 两构件相对运动将钢带 7 切断。

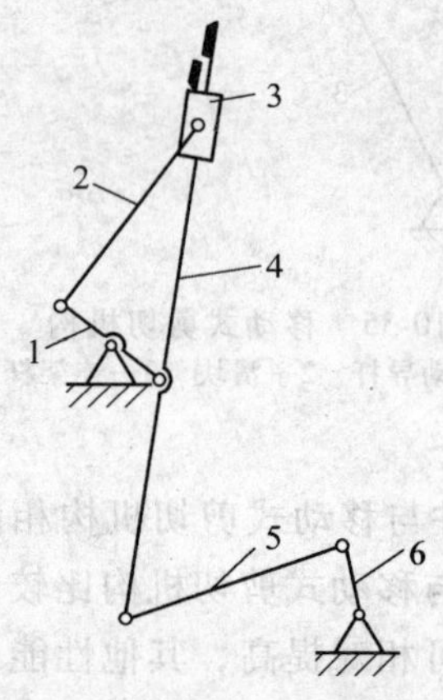

图 10-38 轨迹可调摆式剪切机构
1、6—构件 2、5—连杆
3—滑块 4—导杆

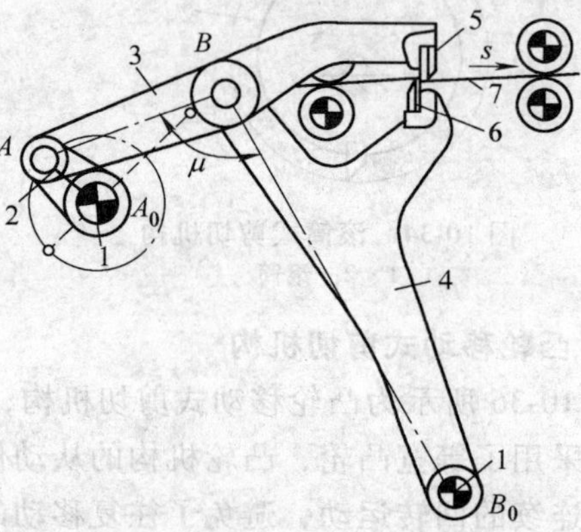

图 10-39 曲柄摇杆摆式剪切机构
1—转轴 2—曲柄 3—连杆
4—摇杆 5—上刀片 6—下刀片 7—钢带

12. 剪刃间隙可调剪切机构

图 10-40 所示为剪刃间隙可调剪切机构，该机构为曲柄摇杆摆式剪切机构。为实现剪切不同厚度的钢板，在上刀架 2 与下刀架 3 之间设置一偏心轴 O_2O_3，其中铰链点 O_2 固接于上刀架上，铰链点 O_3 固接在下刀架上。通过旋转下刀架上的调整螺栓，使偏心轴转动，以达到调整剪刃间隙的目的。当调整完毕后，O_2O_3 相对于下刀架不能运动，即与下刀架固接。

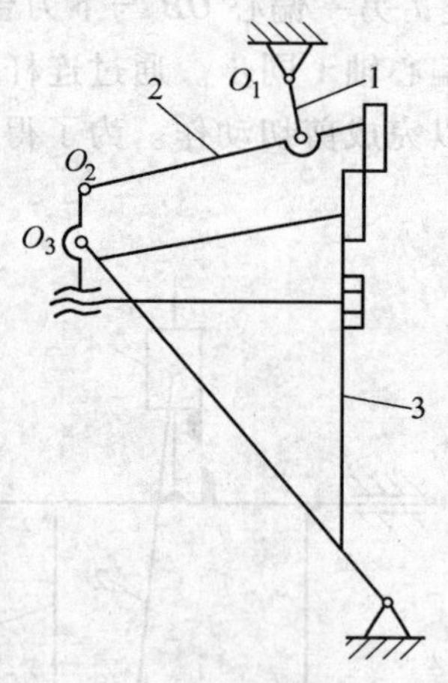

图 10-40 剪刃间隙可调剪切机构
1—曲柄 2—上刀架 3—下刀架

13. 具有空切装置的摆式剪切机构

图 10-41a 所示为具有空切装置的摆式剪切机构的传动示意图，图 10-41b 所示为该机构的运动简图。构件 5、6 分别为上、下刀架，下刀架 5 在上刀架 6 的滑槽中上下滑动。上刀架 6 与剪切机构的主轴 1 铰接，下刀架 5 与连杆 4 铰接，通过外偏心套 3 和内偏心套 2 装在主轴 1 上，内外偏心套各自独立运动。当内、外偏心套转到最上位置，且主轴 1 上的偏心也在同一时刻转到最下位置时，上、下剪刃才能相遇进行剪切。如果内、外偏心套和主轴 1 的转速相同，则刀架每摆动一次就剪切一次。若外偏心套的转速为主轴 1 转速的一半，则刀架每摆动两次就剪切一次。

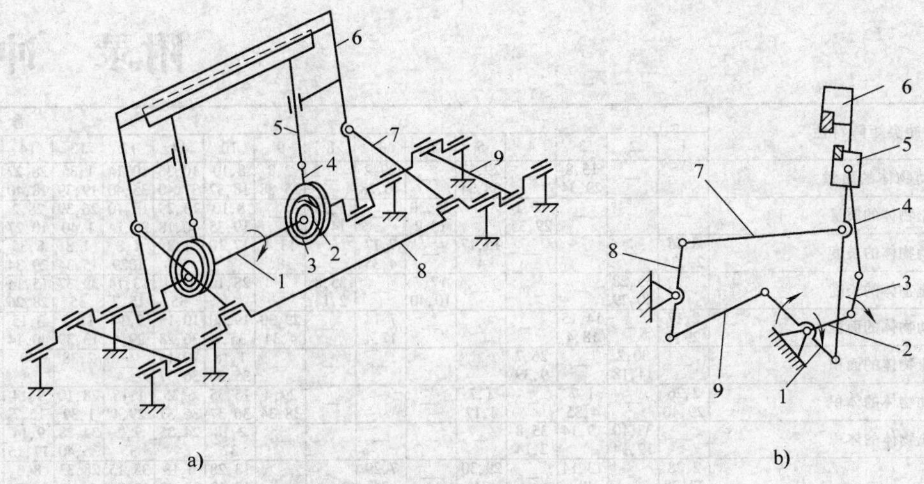

图 10-41 具有空切装置的摆式剪切机构
1—主轴 2—内偏心套 3—外偏心套 4、7、9—连杆
5—下刀架 6—上刀架 8—曲轴

三、飞剪机剪切机构的方案评价

根据机构选型的基本方法，首先考虑满足基本运动形式的要求，即切头、切尾的速度要求及开口度和重叠量的要求等。对上述 13 种方案进行分析、比较，筛选出满足要求的第 2、3、9 三种方案为初选方案，进行评价选优。通过采用模糊综合评价法进行评价选优，可得出方案 9 为最优方案，即如图 10-37 所示的偏心摆式剪切机构是满足本设计要求综合最优的飞剪机构。

附录　冲突解

		冲突矩阵特性	恶化的通用															
			1	2	3	4	5	6	7	8	9	10	11	12	13	14	15	16
	1	运动物体的质量		—	15,8 29,34	—	29,17 38,34	—	29,2 40,28	—	2,8 15,38	8,10 18,37	10,36 37,40	10,14 35,40	1,35 19,39	28,27 18,40	5,34 31,35	—
	2	静止物体的质量	—		—	10,1 29,35	—	35,30 13,2	—	5,35 14,2	—	8,10 19,35	13,29 10,18	13,10 29,14	26,39 1,40	28,2 10,27	—	2,27 19,6
	3	运动物体的长度	8,15 29,34	—		—	15,17 4	—	7,17 4,35	—	13,4 8	17,10 4	1,8 35	1,8 1029	1,8 15,34	8,35 29,34	19	—
	4	静止物体的长度	—	35,28 40,29	—		—	17,7 10,40	—	35,8 2,14	—	28,10	1,14 35	13,14 15,7	39,37 35	15,14 28,26	—	1,40 35
	5	运动物体的面积	2,17 29,4	—	14,15 18,4	—		—	7,14 17,4	—	29,30 4,34	19,30 35,2	10,15 36,28	5,34 29,4	11,2 13,39	3,15 40,14	6,3	—
	6	静止物体的面积	—	30,2 14,18	—	26,7 9,39	—		—	—	—	1,18 35,36	10,15 36,37	—	2,38	40	—	2,10 19,30
	7	运动物体的体积	2,26 29,40	—	1,7 4,35	—	1,7 4,17	—		—	29,4 38,34	15,35 36,37	6,35 36,37	1,15 29,4	28,10 1,39	9,14 15,7	6,35 4	—
	8	静止物体的体积	—	35,10 19,14	19,14	35,8 2,14	—	—	—		—	2,18 37	24,35	7,2 35	34,28 35,40	9,14 17,15	—	35,34 38
	9	速度	2,28 13,28	—	13,14 8	—	29,30 34	—	7,29 34	—		13,28 15,19	6,18 38,40	35,15 18,34	28,33 1,18	8,3 26,14	3,19 35,5	—
	10	力	8,1 37,18	18,13 1,28	17,19 9,36	28,10	19,10 15	1,18 36,37	15,9 12,37	2,36 18,37	13,28 15,12		18,21 11	10,35 40,34	35,10 21	35,10 14,27	19,2	—
	11	应力或压力	10,36 37,40	13,29 10,18	35,10 36	35,1 14,16	10,15 36,28	10,15 36,37	6,35 10	35,24	6,35 36	36,35 21		35,4 15,10	35,33 2,40	9,18 3,40	19,3 27	—
	12	形状	8,10 29,40	15,10 26,3	29,34 5,4	13,14 10,7	5,34 4,10	—	14,4 15,22	7,2 35	35,15 34,18	35,10 37,40	34,15 10,14		33,1 18,4	30,14 10,40	14,26 9,25	—
	13	结构的稳定性	21,35 2,39	26,39 1,40	13,15 1,28	37	2,11 13	39	28,10 19,39	34,28 35,40	33,15 28,18	10,35 21,16	2,35 40	22,1 18,4		17,9 15	13,27 10,35	39,3 35,23
	14	强度	1,8 40,15	40,26 27,1	1,15 8,35	15,14 28,26	3,34 40,29	9,40 28	10,15 14,7	9,14 17,15	8,13 26,14	10,18 3,14	10,3 18,40	10,30 35,40	13,17 35		27,3 26	—
	15	运动物体作用时间	19,5 34,31	—	2,19 9	—	3,17 19	—	10,2 19,30	—	3,35 5	19,2 16	19,3 27	14,26 28,25	13,3 35	27,3 10		—
改	16	静止物体作用时间	—	6,27 19,16	—	1,40 35	—	—	—	35,34 38	—	—	—	—	39,3 35,23	—	—	
善	17	温度	36,22 6,38	22,35 32	15,19 9	15,19 9	3,35 39,18	35,38	34,39 40,18	35,6 4	2,28 36,30	35,10 3,21	35,39 19,2	14,22 19,32	1,35 32	10,30 22,40	19,13 39	19,18 36,40
的	18	光照度	19,1 32	2,35 32	19,32 16	—	19,32 26	—	2,13 10	—	10,13 19	26,19 6	—	32,30	32,3 27	35,19	2,29 6	—
通	19	运动物体的能量	12,18 28,31	—	12,28	—	15,19 25	—	35,13 18	—	8,35	26,26 21,2	23,14 25	12,2 29	19,13 17,24	5,19 9,35	28,35 6,18	—
用	20	静止物体的能量	—	19,9 6,27	—	—	—	—	—	—	—	36,37	—	—	27,4 29,18	35	—	—
工	21	功率	8,36 38,31	19,26 17,27	1,10 35,37	—	19,38	17,32 13,38	35,6 38	30,6 25	15,35 2	26,2 36,35	22,10 35	29,14 2,40	35,32 15,31	26,10 28	19,35 10,38	16
程	22	能量损失	15,6 19,28	19,6 18,9	7,2 6,13	6,38 7	15,26 17,30	17,7 30,18	7,18 23	7	16,35 38	36,38	—	—	14,2 39,6	26	—	—
参	23	物质损失	35,6 23,40	35,6 22,32	14,29 10,39	10,28 24	35,2 10,31	10,18 39,31	1,29 30,36	3,39 18,31	10,13 28,38	14,15 18,40	3,36 37,10	29,35 3,5	2,14 30,40	35,28 31,40	28,27 3,18	27,16 18,38
数	24	信息损失	10,24 35	10,35 5	1,26	26	30,26	30,16	—	2,22	26,32	—	—	—	—	—	10	10
	25	时间损失	10,20 37,35	10,20 26,5	15,2 29	30,24 14,5	26,4 5,16	10,35 17,4	2,5 34,10	35,16 32,18	—	10,37 36,5	37,36 4	4,10 34,17	35,3 22,5	29,3 28,18	20,10 28,18	28,20 10,16
	26	物质或事物的数量	35,6 18,31	27,26 18,35	29,14 35,18	—	15,14 29	2,18 40,4	15,20 29	—	35,29 34,28	35,14 3	10,36	35,14	15,2 17,40	14,35 34,10	3,35 10,40	3,35 31
	27	可靠性	3,8 10,40	3,10 8,28	15,9 14,4	15,29 28,11	17,10 14,16	32,35 40,4	3,10 14,24	2,35 24	21,35 11,28	8,28 10,3	10,24 35,19	35,1 16,11	—	11,28	2,35 3,25	34,27 6,40
	28	测试精度	32,35 26,28	28,35 25,26	28,26 5,16	32,28 3,16	26,28 32,3	26,28 32,3	32,13 3	—	28,13 32,24	32,2	6,28 32	6,28 32	32,35 13	28,6 13	28,6 32	10,26 24
	29	制造精度	28,32 13,18	28,35 27,9	10,28 29,37	2,32 10	28,33 29,32	2,29 18,36	32,28 2	25,10 35	10,28 32	28,19 34,36	3,35	32,30 40	30,18	3,27	3,27 40	—
	30	物体外部有害因素作用的敏感性	22,21 27,39	2,22 13,24	17,1 39,4	1,18	22,1 33,28	27,2 39,35	22,23 37,35	34,39 19,27	21,22 35,28	13,35 39,18	22,2 37	22,1 3,35	35,24 30,18	18,35 37,1	22,15 33,28	17,1 40,33
	31	物体产生的有害因素	19,22 15,39	35,22 1,39	17,15 16,22	—	17,2 18,39	22,1 40	17,2 40	30,18 35,4	35,28 3,23	35,28 1,40	2,33 27,18	35,1	35,40 27,39	15,35 22,2	15,22 33,31	21,39 16,22
	32	可制造性	28,29 15,16	1,27 36,13	1,29 13,17	15,17 27	13,1 26,12	16,40	13,29 1,40	35	35,13 8,1	35,12	35,19 1,37	1,28 13,27	11,13 1	1,3 10,32	27,1 4	35,16
	33	可操作性	25,2 13,15	6,13 1,25	1,17 13,12	—	1,17 13,16	18,16 15,39	1,16 35,15	4,18 39,31	18,13 34	28,13 35	2,32 12	15,34 29,28	32,35 30	32,40 3,28	29,3 8,25	1,16 25
	34	可维修性	2,17 35,11	2,27 35,11	1,28 10,25	3,18 31	15,13 32	16,25	25,2 35,11	1	34,9	1,11 10	13	1,13 2,4	2,35	11,1 2,9	11,29 28,27	1
	35	适应性及多用性	1,6 15,8	19,15 29,16	35,1 29,2	1,35 16	35,30 29,7	15,16	15,35 29	—	35,10 14	15,17 20	35,16	15,37 1,8	35,30 14	35,2 32,6	13,1 35	2,16
	36	装置的复杂性	26,30 34,36	2,26 35,39	1,19 26,24	26	14,1 13,16	6,36	34,26 6	1,16	34,10 28	26,16	19,1 35	29,13 28,15	2,22 17,19	2,13 28	10,4 28,15	—
	37	监控与测试的困难程度	27,26 28,13	6,13 28,1	16,17 26,24	26	2,13 18,17	2,39 30,16	29,1 4,16	2,18 26,31	3,4 16,35	36,28 40,19	35,36 37,32	27,13 1,39	11,22 39,30	27,3 15,28	19,29 39,25	25,34 6,35
	38	自动化程度	28,26 18,35	28,26 35,10	14,13 17,28	23	17,14 13	—	35,13 16	—	28,10	2,35	13,35	15,32 1,13	18,1	25,13	6,9	—
	39	生产率	35,26 24,37	28,27 15,3	18,4 28,38	30,7 14,26	10,26 34,31	10,35 17,7	2,6 34,10	35,37 10,2	—	28,15 10,36	10,37 14	14,10 34,40	35,3 22,39	29,28 10,18	35,10 2,18	20,10 16,38

决问题矩阵

工程参数																							改善的通用工程参数
17	18	19	20	21	22	23	24	25	26	27	28	29	30	31	32	33	34	35	36	37	38	39	
6,29 4,38	19,1 32	35,12 34,31	—	12,36 18,31	6,2 34,19	5,35 3,31	10,24 35	10,35 20,28	3,26 18,31	3,11 1,27	28,27 35,26	28,35 26,18	22,21 18,27	22,35 31,39	27,28 1,36	35,3 2,24	2,27 28,11	29,5 15,8	26,30 36,34	28,29 26,32	26,35 18,19	35,3 24,37	1
28,19 32,22	19,32 35	—	18,19 28,1	15,19 18,22	18,19 28,15	5,8 13,30	10,15 35	10,20 35,26	19,6 18,26	10,28 8,3	18,26 28	10,1 35,17	2,19 22,37	35,22 1,39	28,1 9	6,13 1,32	2,27 28,11	19,15 29	1,10 26,39	25,28 17,15	2,26 35	1,28 15,35	2
10,15 19	32	8,35 24	—	1,35	7,2 35,39	4,29 23,10	1,24	15,2 29	29,35	10,14 29,40	28,32 4	10,28 29,37	1,15 17,24	17,15	1,29 17	15,29 35,4	1,28 10	14,15 1,16	1,19 26,24	35,1 26,24	17,24 26,16	14,4 28,29	3
3,35 38,18	3,25	—	—	12,8	6,28	10,28 24,35	24,26	30,29 14	—	15,29 28	32,28 3	2,32 10	1,18	—	15,17 27	2,25	3	1,35	1,26	26	—	30,14 7,26	4
2,15 16	15,32 19,13	19,32	—	19,10 32,18	15,17 30,26	10,35 2,39	30,26	26,4	29,30 6,13	29,9	26,28 32,3	2,32	22,33 28,1	17,2 18,39	13,1 26,24	15,17 13,16	15,13 10,1	15,30	14,1 13	2,36 26,18	14,30 28,23	10,26 34,2	5
35,39 38	—	—	—	17,32	17,7 30	10,14 18,39	30,16	10,35 4,18	2,18 40,4	32,35 40,4	26,28 32,3	2,29 18,36	27,2 39,35	22,1 40	40,16	16,4	16	15,16	1,18 36	2,35 30,18	23	10,15 17,7	6
34,39 10,18	2,13 10	35	—	35,6 13,18	7,15 13,16	36,39 34,10	2,22	2,6 34,10	29,30 7	14,1 40,11	26,28	25,28 2,16	22,21 27,35	17,2 40,1	29,1 40	15,13 30,12	10	15,29	26,1	29,26 4	35,34 16,24	10,6 2,34	7
35,6 4	—	—	—	30,6	—	10,39 35,34	—	35,16 32,18	35,3	2,35 16	—	35,10 25	34,39 19,27	30,18 35,4	35	—	1	—	1,31	2,17 26	—	35,37 10,2	8
28,30 36,2	10,13 19	8,15 35,38	—	19,35 38,2	14,20 19,35	10,13 28,38	13,26	—	10,19 29,38	11,35 27,28	28,32 1,24	10,28 32,25	1,28 35,23	2,24 35,21	35,13 8,1	32,28 13,12	34,2 28,27	15,10 26	10,28 4,34	3,34 27,16	10,18	—	9
35,10 21		19,17 10	1,16 36,37	9,35 18,37	14,15	8,35 40,5		10,37 36	14,29 18,36	3,35 13,21	35,10 23,24	28,29 37,36	1,35 40,18	13,3 36,24	15,37 18,1	1,28 3,25	15,1 11	15,17 18,20	26,35 10,18	36,37 10,19	2,35	3,28 35,37	10
35,39 19,2	—	14,24 10,37	—	10,35 14	2,36 25	10,36 3,37	—	37,36 4	10,14 36	10,13 19,35	6,28 25	3,35	22,2 37	2,33 27,18	1,35 16	11	2	35	19,1 35	2,36 37	35,24	10,14 35,37	11
22,14 19,32	13,15 32	2,6 34,14	—	4,6 2	14	35,29 3,5	—	14,10 34,17	36,22	10,40 16	28,32 1	32,30 40	22,1 2,35	35,1	1,32 17,28	32,15 26	2,13 1	1,15 29	16,29 1,28	15,13 39	15,1 32	17,26 34,10	12
35,1 32	32,3 27,15	13,19	27,4 29,18	32,35 27,31	14,2 39,6	2,14 30,40	—	35,27	15,32 35	—	13	18	35,24 30,18	35,40 27,39	35,19	32,35 30	2,35 10,16	35,20 34,2	2,35 22,26	35,22 39,23	1,8 35	23,35 40,3	13
30,10 40	35,19	19,35 10	35	10,26 35,28	35	35,28 31,40	—	29,3 28,10	29,10 27	11,3	3,27 16	3,27	18,35 37,1	15,35 22,2	11,3 10,32	32,40 28,2	27,11 3	15,3 32	2,13 28	27,3 15,40	15	29,35 10,14	14
19,35 39	2,19 4,35	28,6 35,18	—	19,10 35,38	—	28,27 3,18	10	20,10 28,18	3,35 10,40	11,2 13	3	3,27 16,40	22,15 33,28	21,39 16,22	27,1 4	12,27	29,10 27	1,35 13	10,4 29,15	19,29 39,35	6,10	35,17 14,19	15
19,18 36,40	—	—	—	16	—	27,16 18,38	10	28,20 10,16	3,35 31	34,27 6,40	10,26 24	—	17,1 40,33	22	31,10	1	1	2	—	25,34 6,35	1	20,10 16,38	16
	32,30 21,16	19,15 3,17	—	2,14 17,25	21,17 35,38	21,36 29,31	—	35,28 21,18	3,17 30,39	19,35 3,10	32,19 24	24	22,33 35,2	22,35 2,24	26,27	26,27	4,10 16	2,18 27	2,17 16	3,27 35,31	26,2 19,16	15,28 35	17
32,35 19		32,1 19	32,35 1,15	32	13,16 1,6	13,1	1,6	19,1 26,17	1,19	—	11,15 32	3,32	15,19	35,19 32,39	19,35 28,26	28,26 19	15,17 13,16	15,1 19	6,32 13	32,15	2,26 10	2,25 16	18
19,24 3,14	2,15 19			6,19 37,18	12,22 15,24	35,24 18,5	—	35,38 19,18	34,23 16,18	19,21 11,27	3,1 32	—	1,35 6,27	2,35 6	28,26 30	19,35	1,15 17,28	15,17 13,16	2,29 27,28	35,38	32,2	12,28 35	19
—	19,2 35,32	—		—	—	28,27 18,31	—	—	3,35 31	10,36 23	—	—	10,2 22,37	19,22 18	1,4	—	—	—	—	19,35 16,25	—	1,6	20
2,14 17,25	16,6 19	16,6 19,37			10,35 38	28,27 18,38	10,19	35,20 10,6	4,34 19	19,24 26,31	32,15 2	32,2	19,22 31,2	2,35 18	26,10 34	26,35 10	35,2 10,34	19,17 34	20,19 30,34	19,35 16	28,2 17	28,35 34	21
19,38 7	1,13 32,15	—	—	3,38		35,27 2,37	19,10	10,18 32,7	7,18 25	11,10 35	32	—	21,22 35,2	21,35 2,22	—	35,32 1	2,19	—	7,23	35,3 15,23	2	28,10 29,35	22
21,36 39,31	1,6 13	35,18 24,5	28,27 12,31	28,27 18,38	35,27 2,31		—	5,18 35,10	6,3 10,4	10,29 39,35	16,34 31,28	35,10 24,31	33,22 30,40	10,1 34,29	15,34 33	32,28 2,24	2,35 34,27	15,10 2	35,10 28,24	35,18 10,13	35,10 18	28,35 10,23	23
—	19	—	—	10,19	19,10	—	—	24,26 28,32	24,28 35	10,28 23	—	—	22,10 1	10,21 2	32	27,22	—	—	—	35,33	35	13,23 15	24
35,29 21,18	1,19 26,17	35,38 19,18	1	35,20 10,6	10,5 18,32	35,18 10,39	24,26 28,32		35,38 18,16	10,30 4	24,34 28,32	24,26 28,18	31,18 34	35,22 18,39	35,28 34,4	4,28 10,34	32,1 10	35,28	6,29	18,28 32,10	24,28 35,30	—	25
3,17 39	—	34,29 16,18	3,35 31	35	7,18 25	6,3 10,24	24,28 35	35,38 18,16		18,3 28,40	3,2 28	33,30	35,33 29,31	3,35 40,49	29,1 35,27	35,29 25,10	2,32 10,25	15,3 29	3,13 27,10	3,27 29,18	8,35	13,29 3,27	26
3,35 10	11,32 13	21,11 27,19	36,23	21,11 26,31	10,15 35	10,35 29,39	10,28	10,30 4	21,28 40,3		32,3 11,23	11,32 1	27,35 2,40	35,2 40,26	—	27,17 40	1,11	13,35 8,24	13,35 1	27,40 28	11,13 27	1,35 29,38	27
6,19 28,24	6,1 32	3,6 32	—	3,6 32	26,32 27	10,16 31,28	—	24,34 28,32	2,6 32	5,11 1,23		—	28,24 22,26	3,33 39,10	6,35 25,18	1,13 17,34	1,32 13,11	13,35 2	27,35 10,34	26,24 32,28	28,2 10,34	10,34 28,32	28
19,26	3,32	32,2	—	32,2	13,32 2	35,31 10,24	—	32,26 28,18	32,30	11,32 1	—		26,28 10,36	4,17 34,26	—	1,32 35,23	25,10	—	26,2 18	—	26,25 18,23	10,18 32,39	29
22,33 35,2	1,19 32,13	1,24 6,27	10,2 22,37	19,22 31,2	21,22 35,2	33,22 19,40	22,10 2	35,18 34	35,33 29,31	27,24 2,40	28,33 23,26	26,28 10,18		—	24,35 2	2,25 28,39	35,10 2	35,11 22,31	22,19 29,40	22,19 29,40	33,3 34	22,35 13,24	30
22,35 2,24	19,24 39,32	2,35 6	19,22 18	2,35 18	21,35 2,22	10,1 34	10,21 29	1,22	3,24 39,1	24,2 40,39	3,33 26	4,17 34,26			—	—	—	—	19,1 31	2,21 27,1	2	22,35 18,39	31
27,26 18	28,24 27,1	28,26 27,1	1,4	27,1 12,24	19,35	15,34 33	32,24 18,16	35,28 34,4	35,23 1,24	—	1,35 12,18	—	24,2			2,5 13,16	35,1 11,9	2,13 15	27,26 1	6,28 11,1	8,28 1	35,1 10,28	32
26,27 13	13,17 1,24	1,13 24	—	35,34 2,10	2,19 13	28,32 2,24	4,10 27,22	4,28 10,34	12,35	17,27 8,40	25,13 2,34	1,32 35,23	2,25 28,39	—	2,5 12	—	12,26 1,32	15,34 1,16	32,26 12,17	—	1,34 12,3	15,1 28	33
4,10	15,1 13	15,1 28,16	—	15,10 32,2	15,1 32,19	2,35 34,27	—	32,1 10,25	2,28 10,25	11,10 1,16	10,2 13	25,10	35,10 2,16	—	1,35 11,10	1,12 26,15		7,1 4,16	35,1 13,11	—	34,35 7,13	1,32 10	34
27,2 3,35	6,22 26,1	19,35 29,13	—	19,1 29	18,15 1	15,10 2,13	—	35,28	3,35 15	35,13 8,24	35,5 1,10	—	35,11 32,31	—	1,13 31	15,34 1,16	1,16 7,4		15,29 37,28	1	27,34 35	35,28 6,37	35
2,17 13	24,17 13	27,2 29,28	—	20,19 30,34	10,35 13,2	35,10 28,29	—	6,29	13,3 27,10	13,35 1	2,26 10,34	26,24 32	22,19 29,40	19,1	27,26 1,13	27,9 26,24	1,13	29,15 28,37		15,10 37,28	15,1 24	12,17 28	36
3,27 35,16	2,24 26	35,38	19,35 16	19,1 16,10	35,3 15,19	1,18 10,24	35,33 27,22	18,28 32,9	3,27 29,18	27,40 28,8	26,24 32,28	—	22,19 29,28	2,21	5,28 11,29	2,5	12,26	1,15	15,10 37,28		34,21	35,18	37
26,2 19	8,32 19	2,32 13	—	28,2 27	23,28	35,10 18,5	35,33	24,28 35,30	35,13	11,27 32	28,26 10,34	28,26 18,23	2,33	2	1,26 13	1,12 34,3	1,35 13	27,4 1,35	15,24 10	34,27 25		5,12 35,26	38
35,21 28,10	26,17 19,1	35,10 38,19	1	35,20 10	28,10 29,35	28,10 35,23	13,15 23	—	35,38	1,35 10,38	1,10 34,28	18,10 32,1	22,35 13,24	35,22 18,39	35,28 2,24	1,28 7,19	1,32 10,25	1,35 28,37	12,17 28,24	35,18 27,2	5,12 35,26		39

参考文献

[1] 李立斌. 机械创新设计基础 [M]. 长沙: 国防科技大学出版社, 2002.
[2] 赵松年. 现代机械创新产品分析与设计 [M]. 北京: 机械工业出版社, 2003.
[3] 曲继方. 技术创新教程 [M]. 北京: 冶金工业出版社, 2005.
[4] 黄纯颖. 机械创新设计 [M]. 北京: 高等教育出版社, 2000.
[5] 宋宪一. 现代技术创新基础 [M]. 北京: 机械工业出版社, 2002.
[6] 颜鸿森. 机械装置的创造性设计 [M]. 北京: 机械工业出版社, 2002.
[7] 曲继方. 机构创新原理 [M]. 北京: 科学出版社, 2001.
[8] 杨家军. 机械系统创新设计 [M]. 武汉: 华中理工大学出版社, 2000.
[9] 罗绍新. 机械创新设计 [M]. 北京: 机械工业出版社, 2003.
[10] 张春林. 机械创新设计 [M]. 北京: 机械工业出版社, 1999.
[11] 刘助柏. 知识创新学 [M]. 北京: 机械工业出版社, 2002.
[12] 檀润华. 创新设计—TRIZ: 发明问题解决理论 [M]. 北京: 机械工业出版社, 2002.
[13] 赵新军. 技术创新理论 (TRIZ) 及应用 [M]. 北京: 化学工业出版社, 2004.
[14] 邓家褆. 产品概念设计—理论、方法与技术 [M]. 北京: 机械工业出版社, 2002.
[15] 邹慧君. 机械系统概念设计 [M]. 北京: 机械工业出版社, 2003.
[16] 谢里阳. 现代设计方法 [M]. 北京: 机械工业出版社, 2005.
[17] 黄华梁. 创新思维与创造性技法 [M]. 北京: 高等教育出版社, 2007.
[18] 张美麟. 机械创新设计 [M]. 北京: 化学工业出版社, 2005.
[19] 吕仲文. 机械创新设计 [M]. 北京: 机械工业出版社, 2005.
[20] 刘莹. 创新设计思维与技法 [M]. 北京: 机械工业出版社, 2004.
[21] 黄靖远. 机械设计学 [M]. 2 版. 北京: 机械工业出版社, 2005.
[22] 黄靖远. 机械设计学 [M]. 3 版. 北京: 机械工业出版社, 2006.
[23] 翁海珊. 第一届全国大学生机械创新设计大赛决赛作品集 [M]. 北京: 高等教育出版社, 2006.
[24] 张春林. 机械创新设计 [M]. 2 版. 北京: 机械工业出版社, 2007.
[25] 胡家秀. 机械创新设计概论 [M]. 北京: 机械工业出版社, 2006.
[26] 罗绍新. 机械创新设计 [M]. 2 版. 北京: 机械工业出版社, 2008.
[27] 丛晓霞. 机械创新设计 [M]. 北京: 北京大学出版社, 2008.
[28] 黑龙江省科学技术厅. TRIZ 理论入门导读 [M]. 哈尔滨: 黑龙江科学技术出版社, 2007.
[29] 孙桓. 机械原理 [M]. 北京: 高等教育出版社, 2001.
[30] 徐起贺. 现代机械产品创新设计集成化方法研究 [J]. 农业机械学报, 2005, 36 (3): 102-105.
[31] 徐起贺. 基于功能进化的滚动直线导轨创新设计 [J]. 组合机床与自动化加工技术, 2004, 5: 22-23.
[32] 徐起贺. 基于 TRIZ 理论的机械产品创新设计研究 [J]. 机床与液压, 2004, 7: 32-33.